深部硬岩矿床
采动地压与控制

Deep Mining Induced Stress and Controlling Method at Hard Rock Deposits

赵兴东　编著

北　京

冶　金　工　业　出　版　社

2019

内 容 提 要

深井采矿已经成为我国矿产资源开发的重要组成部分。深部开采是处于高井深、高原岩应力、高采动应力、高岩温等特殊条件下的采矿活动，研究重点已从浅部岩体结构控制型稳定性研究，转变为深部采动作用下岩体结构失稳与控制研究。

本书概述了深部硬岩矿床采矿发展现状，系统介绍了工程地质、岩体质量分级与岩体力学参数、采动应力原理与分析方法，针对采动作用下岩体破坏特征，详细阐述了深部井巷围岩稳定性分析、深部采场设计方法与稳定性分析，以及深部采动地压调控理论与方法。

本书可作为高等院校、科研院所采矿工程及其相关专业高年级本科生、研究生的教学用书或教学参考书，也可作为隧道工程、铁路工程、地下工程、水电工程、核废料处置等领域研究人员、技术人员的工作参考用书。

图书在版编目 (CIP) 数据

深部硬岩矿床采动地压与控制/赵兴东编著. —北京：冶金工业出版社，2019. 2

ISBN 978-7-5024-8063-9

Ⅰ.①深… Ⅱ.①赵… Ⅲ.①硬岩矿山—矿山开采
Ⅳ.①TD8

中国版本图书馆 CIP 数据核字（2019）第 038619 号

出 版 人　谭学余

地　　址　北京市东城区嵩祝院北巷 39 号　邮编　100009　电话　(010)64027926

网　　址　www.cnmip.com.cn　电子信箱　yjcbs@cnmip.com.cn

责任编辑　刘小峰　美术编辑　郑小利　版式设计　孙跃红

责任校对　李　娜　责任印制　李玉山

ISBN 978-7-5024-8063-9

冶金工业出版社出版发行；各地新华书店经销；三河市双峰印刷装订有限公司印刷

2019 年 2 月第 1 版，2019 年 2 月第 1 次印刷

787mm×1092mm　1/16；17.75 印张；428 千字；268 页

99.00 元

冶金工业出版社　投稿电话　(010)64027932　投稿信箱　tougao@cnmip.com.cn
冶金工业出版社营销中心　电话　(010)64044283　传真　(010)64027893
冶金工业出版社天猫旗舰店　yjgycbs.tmall.com

（本书如有印装质量问题，本社营销中心负责退换）

本书内容所涉及的研究得到以下基金资助：

国家自然科学基金 NSFC-山东联合基金项目：
胶西北滨海深部含金构造探测与采动灾害防控机理研究（U1806208）

国家重点研发计划：
深部金属矿建井与提升关键技术（2016YFC0600803）

国家自然科学基金面上项目：
基于岩体动力响应特征的岩爆控制方法研究（51474052）

序

随着浅部资源的减少和枯竭，我国金属矿产资源的开采正处于向深部全面推进的阶段。深部矿岩的地质构造、赋存条件以及地应力环境等均与浅部有所不同，深部开采面临高地应力、岩性恶化、高温环境，开采技术条件更加复杂。深部采矿与地压管理必须对已有采矿模式及其工艺技术进行根本变革，优化采矿方法与开采顺序，精准监测开采过程中岩体能量聚集、演化、岩体破裂、损伤和能量动力释放的过程，特别是精准捕捉能量释放的前兆和过程，减少和控制开采开挖引起的扰动能量的聚集，采取能吸收能量的支护措施，阻止和减弱岩爆的冲击破坏作用，减轻和控制岩爆的发生。

作者多年来一直从事采矿地压与控制研究工作，通过对南非、加拿大等国家深井矿山考察、交流，结合我国深井矿山特点，编著了《深部硬岩矿床采动地压与控制》一书。该书针对深部复杂应力环境下采动灾害防控关键问题，从矿山整体含地质构造和岩体质量信息的真实三维建模出发，叠加区域构造应力场，研究深部采动应力理论解算方法；突破传统依据矿床地质与技术经济条件为基础的采矿设计思维，提出采动应力与工程尺度岩体交互作用的采矿设计理论，动态正反演分析包括采动应力的矿山采动岩体多参数响应特征；重点研究局域高采动应力集中致灾机理、发生条件及其影响因素，形成深部采场结构失稳评判准则，分析不同采动条件下深部采场响应特征与表征方法；构建矿山采动灾害风险评估定量矩阵模型，将采动灾害时空位置叠加到三维地质模型中，从矿山整体掌控采动灾害发生时空位置与概率。基于采动地压与采动灾害时空分布特征，提出采动灾害序次预调控理论，借助宏观采区分布、区域采动顺序、细观采场结构等动态调控并降低深部开采地压集中程度，确保深部采矿活动处于低应力区。针对岩爆等动载作用下采场结构稳定性控制，提出释能支护系统，有效抵抗和控制往复动载作用造成的破坏，为深部采矿设计与灾害防控提供理论与技术支撑。

北京科技大学教授

中国工程院院士

前　言

　　深部硬岩金属矿床开采已经成为世界矿产资源开发的重要组成部分。对于深部开采，南非、加拿大等国家最具代表性。其中，南非的 South Deep、TauTona、Savuka 等矿开采深度已经达到 3500m，向 4000m 开采深度迈进；加拿大的 Creighton、Kidd Creek、LaRonde 等矿开采深度达到或超过 3000m。南非 South Deep 矿竖井建设深度达到 2990m，美国 Lucky Friday 银铅矿深竖井建设深度达到 2900m。当前，我国深部采矿建设处于加速发展阶段，诸如云南会泽铅锌矿、辽宁思山岭铁矿、山东新城金矿、沙岭金矿、瑞海集团等一批深部开采矿山已经完成或在建 1500m 超深竖井，三山岛金矿、会泽铅锌矿等规划建设 2000m 超深竖井。

　　与浅部开采相比，深部硬岩矿床开采受高井深（1500~2000m，部分竖井达到 3000m）、高区域构造应力（垂直应力达到 60MPa 以上）、高岩温（40℃以上）、高采动应力等特殊开采条件限制，致使深部采矿所处地质构造、区域构造应力场特征、岩体损伤机制以及岩体内能量积聚-迁移-释放规律均发生了显著变化。深部采矿活动打破区域构造应力场平衡，当采场围岩体内累积的采动应力远超其自身岩体强度时，造成采场围岩出现层裂、屈曲、岩爆、脆-延性转化等现象，诱致深部采场产生冒落、垮塌、动力冲击等破坏，矿石损失贫化加剧，严重劣化深部采矿环境，危及生命财产安全，带来重大经济损失，甚至造成矿井停产。例如印度 Kolar 矿开采深度超过 3000m，由于严重的岩爆灾害频繁发生，迫使矿山关闭。因此，对于深部硬岩矿床开采必须充分考虑采动地压对深部采矿的影响，正确认识深部采动地压、系统研究地压活动规律，将是深部采矿必由之路。

　　自 2009 年以来，作者访问过一些深井矿山、研究机构、大学、咨询公司等，如南非的 South Deep、Kloof、TauTona、Savuka 矿，Harmony 矿业公司，ISSI 微震监测公司，CSIR、金山大学，SRK 咨询公司等；加拿大 Kidd Creek、Hemlo、Creighton、Coleman 矿，膏体充填公司（Paste Backfill Company），UBC、多伦多大学，SRK、ESG 咨询公司等；美国科罗拉多矿业学院；俄罗斯乌拉尔矿业公司等。围绕深竖井建设、岩体力学、采矿方法、采矿地压与控制、通风降温等理论与技术难题，进行现场考察、学术交流，深入了解、分析国外深部采矿研究思路、研究方法与发展战略，结合我国深部采矿实际情况开展研究工作。

本书综合国内外深部硬岩金属矿床开采的理论与工程实践，重点阐述深部采动应力分析计算、深部采动岩体破坏特征与分析方法、深部采场设计理论与采动地压调控方法，并按照以下思路展开内容：

（1）深部硬岩金属矿床开采需从矿山工程地质、岩石力学等基础出发，整体把控区域构造地质、矿区工程地质与矿床地质间的空间结构形态与展布特征；依据工程地质条件、区域构造应力场分布、岩石力学等基础资料，进行岩体质量分级、岩体力学参数计算，构建含工程岩体构造与矿山地质灾害风险等级的矿体三维空间地质模型。

（2）研究采动应力诱发机理，探讨不同结构形状采场（巷道）的采动应力理论解析与数值计算方法；研究采动岩体损伤、失稳破坏判据，重点分析不同类型采动岩体失稳破坏机理、工程判据、影响因素与触发条件；应用弹性力学、弹塑性力学分析深部井巷受力状态与作用特征，分析深部井巷围岩判定条件、破坏形态、破坏深度、影响因素等，提出深部井巷围岩稳定性评价方法。

（3）突破依据矿床地质、水文地质、技术经济等影响因素进行的定性采矿设计思想，提出基于深部采动致灾工程岩体响应的采矿动态设计理论与方法，结合深部采矿应力分布规律、作用半径、影响范围及其响应特征；依据深部采动应力与岩体力学特性，构建了深部采场结构设计数学方法，分析、计算深部采场结构参数，定量计算采场结构参数；从矿山整体出发，叠加矿山地质灾害信息，应用所选的采矿方法与采场结构参数，数值分析不同采动顺序下，深部开拓井巷、采场结构的空间应力状态、采动地压分布规律，研究深部采动致灾机理、发生条件、判别准则与表征方法；借此优化深部井巷开拓系统布局，从矿山整体考虑调整回采顺序。

（4）根据应力迁移原理，借助矿柱、采场充填、卸压爆破等动态调控深部采动区域应力状态与分布特征，使采矿活动处于低应力区域；在此基础上，基于岩爆、爆破等动力作用下岩体破坏响应特征，提出释能支护系统，研发新型释能锚杆，从而有效控制或减缓深部采动地压危险程度。

在本书的编写过程中，参考了大量国内外相关的研究成果和文献资料，在此谨向这些书籍、报告的作者、出版社致以诚挚的谢意！

感谢博士研究生张姝婧、李怀宾、李洋洋、赵一凡、朱乾坤，硕士研究生郭振鹏、牛佳安、周鑫所做的研究工作；感谢博士研究生曾楠、邓磊，硕士研究生魏慧、黄雪松、郑建新所做的资料整理工作。正是他们的坚持和努力，为本书的成稿奠定了基础。

感谢中国工程院蔡美峰院士在百忙中为本书作序！蔡院士充分肯定了采动地压对深部采矿的重要影响，认为本书的出版对现阶段我国深部采矿地压与防控具有重要的价值，鞭策作者进一步与深部开采矿山生产实践结合，从深部矿床的区域构造应力场与深部岩体工程结构出发，系统深入研究深部采动地压发生过程与致灾机理，对深部采动地压防控提出指导建议。

由于作者水平所限，书中不足之处在所难免，恳请读者批评与指正。

赵兴东

2019 年元月于东北大学

目　　录

1 深部硬岩矿床采矿发展现状

1.1 深部硬岩矿床开采现状

随着地下浅部矿产资源日趋枯竭，深部采矿已经成为世界采矿的重要组成部分。国外开采深度超千米的金属矿山有 100 余座，主要集中在南非、加拿大、美国、澳大利亚、俄罗斯、赞比亚等国家。

世界上开采深度超过 2000m 的矿山主要集中在南非、加拿大等国家，其中南非有 14 个矿区开采深度超过 2000m，部分矿山开采深度超过 3000m[1]；2015 年，南非大约 40% 的黄金开采在 3000m 以下。世界上开采最深的矿山是位于南非金山盆地西部金矿田的 Tau Tona（Western Deep No. 3 shaft）金矿（3900m）、Savuka 金矿（3900m）和 Mponeng 金矿（4500m）；1957 年，Tau Tona 金矿开凿 2000m 超深竖井，于 1962 年投产，井下原岩温度达到 60℃。世界上开采深度超过 3500m 的矿山，主要有南非 Kloof 金矿、Western Deep Levels 金矿、East Rand Proprietary 金矿（3585m）和 Driefontein 金矿等[2]；2012 年，在南非豪登省的 South Deep 金矿花费 7 年时间，投资 50 亿美元，开凿了世界上最深的竖井（2991.45m），将开采大约 4.5 亿吨金矿石。在北美，加拿大 Falconbridge 公司的 Kidd Creek 铜金矿开采深度 3120m，采用下向深孔和下向充填采矿，日产矿石量约 7000t；加拿大 Goldcorp 的 Red Lake 开凿 2195m 深竖井；加拿大 Creighton 矿开拓深度达 2550m，采用下向深孔和上向水平充填采矿，日产矿石量 6000~7500t[3]；加拿大 Agnico-Eagle's 公司的 La Rond 金矿开采深度 3048m，其新 4#竖井井底深度超过 3000m，是世界上采用下向深孔空场嗣后充填法开采最深的矿山。美国北爱达荷的 Hecla Lucky Friday 铅锌矿，开凿直径 5.5m、深达 2900m 的深竖井。在欧洲，芬兰开采最深的矿为 Pyhäsalmi 矿，开采深度 1444m；俄罗斯开采最深的矿山为 Skalistaja（BC10）矿，其竖井提升深度为 2100m；俄罗斯乌拉尔铜矿开凿竖井深度为 1720m，采用 8 绳落地摩擦式提升系统。在亚洲，印度的 Kolar 金矿区有 3 座金矿井采深超过 2400m，其中 Champion Reef 金矿开拓 112 个中段，开采深度达到 3260m，开采诱发严重岩爆灾害，致使该矿已停产关闭[4]。在澳洲，开采最深的矿山为昆士兰的 Mount Isa 矿，开采深度 1800m。

在国内，金属非金属矿山在建和拟建矿井深度超过 1000m 达到 45 条，主要有辽宁抚顺红透山铜矿（1600m）、本溪思山岭铁矿（1506m）、本溪大台沟铁矿（1500m）、鞍山陈台沟铁矿（1300m）、辽阳弓长岭铁矿；山东济宁铁矿、新城金矿（1527m）、三山岛金矿西岭矿区（1800m?）、中金山东沙岭金矿（1633m）、莱州招金瑞海矿业（1500m）、金青顶矿区（1260m）；云南会泽铅锌矿（1526m）、大红山铁矿；吉林夹皮沟金矿（1500m）；安徽冬瓜山铜矿、泥河铁矿；湖北程潮铁矿（1160m）；湖南湘西金矿；贵州道坨锰矿（1500m）；新疆阿舍勒铜矿（1424m）等。

其中，本溪思山岭铁矿矿体埋深达到 2000m 以上，其铁矿石储量 24.87 亿吨，平均品位 TFe31.19%，MFe19.05%；为有效开采深部矿体，共设计 7 条竖井开拓，包含 2 条主井（1505m）、1 条副井（1503m）、1 条进风井（1150m）、1 条措施井（1320m）、2 条回风井（1 条 1400m、1 条 1120m）[5]；辽宁大台沟铁矿在 8～23 线地段进行钻探，共施工 35 个钻孔，见矿深度一般在 1100～1400m，终孔深度在 1701～2465m，探明铁矿石资源储量 52 亿吨，远景储量在 100 亿吨以上，目前在 1 号坑建 1250m 深探矿井[6]；云南会泽铅锌矿探矿 3#明竖井，井口地平基准标高 2380m，井底标高 854m，井深 1526m，井筒断面直径为 6.5m，井下设 4 个马头门，井口段采用钢筋混凝土支护，厚度 1000mm，井筒基岩采用混凝土砌衬，井壁厚度 400mm，在竖井开凿至 1400 余米时，井筒出现岩爆、大量涌水，严重影响井筒正常施工。提升选用 1 台摩擦式提升机，14m³ 底卸式箕斗和 4800mm×1800mm 罐笼[7]；辽宁抚顺红透山铜矿七系统探矿工程，由 -827m 中段以下新开拓至 -1253m 中段，盲竖井井底深度已达 1600m，在该盲竖井施工深至 1400 余米（-1137m）时，井筒围岩产生岩爆现象；山东黄金集团新城金矿在建 1527m 深竖井，井筒穿过断层、含水岩层，施工困难；三山岛金矿西岭矿区勘探出矿体多赋存于 -700m 以下，在 -1800m 深时矿体仍未封闭，其赋存深度达到 2060.5m，估算金属储量近 200t，拟建 2000m 超深竖井；贵州道坨锰矿拟建 1500m 深竖井；会泽铅锌矿拟建 2000m 超深竖井；中金集团沙岭金矿主井设计深度 1598.5m，副井设计深度 1633.5m。河北邯郸磁西、万东和史村煤矿煤层埋深 900～1800m，在磁西煤矿 1#井建成 1320m 深竖井[8]。由此可见，在我国未来的 5～10 年之内，拟建或在建 1500～2000m 深竖井将达到 10 条以上。

综上分析，南非在 1952 年开始建设 2000m 深竖井，当前国外竖井建设深度近 3000m；南非矿体薄、缓倾斜，主要采用竖井和平巷开拓，采用充填法与长壁法开采；加拿大矿体厚大、倾角较陡，多采用竖井和斜坡道联合开拓，机械化程度高，采用空场嗣后充填采矿、下向充填采矿与进路式采矿方法。当前，我国竖井建设深度达到 1500m，未来 5～10 年，我国将建设 2000m 超深竖井；南非深井采矿主要开采黄金、钻石和铀矿；加拿大主要开采镍、铜、金等贵重金属，且其矿石品位高，矿山开采规模在 8000t/d 左右；我国深井开采矿种为铁矿、铜矿、锌矿、金矿、锰矿等，相比矿石品位低，需要规模化开采来保证矿山企业经济效益[9]。

对于深部矿产资源的开采和研究工作，南非一直走在世界的前列。在 1998～2002 年，南非开展深部采矿计划（Deep Mine Programme），研究金山矿田 3000～5000m 金矿安全高效开采，主要围绕高原岩应力及其开采诱发的岩爆、高温度、通风制冷技术、高垂深及长水平距离人、材料及岩石运输等技术开展研究[10]；2001～2004 年，南非开展未来采矿计划（Future Mine Programme），主要针对矿产资源管理、开采技术、工作组织培训、职业环境、通信技术等开展研究。南非深井开采研究计划及超深开采研究成果已经成为未来深井采矿设计准则及实践基础。加拿大政府通过与矿业公司联合，成立了采矿革新研究中心（CEMI），主要致力于地质勘探、深部采矿、原岩应力、岩温、采矿自动化以及矿山环境、可持续发展研究。

在深部开采条件下，原岩应力达到 95～135MPa，达到或远超过岩体强度，在深部采动条件下无疑使深部矿体安全、高效开采面临更多挑战[11]。深部采矿将导致井下岩爆灾害频发，严重的岩爆冲击常造成井下作业人员伤亡、矿石损失贫化严重、井巷开拓系统破坏、支护困难；对于深部硬岩开采另外一个难题是高岩温，例如：南非金山区域深部井下开采原岩温度高达 45℃ 以上，应用大功率制冷站使井温度降低到 28℃，确保工人能够在井下工作[12]。高井深提升装备，囿于钢丝绳自重，目前最长提升钢丝绳长度约为 3km，钢丝绳自重 70t，而罐笼能够运输有效荷载为 10t。由于矿井开采深度限制，井下开拓系统受矿体形态影响，长距离运输人员、材料、岩石非常耗时、耗能，需要快速转运（送）工人、材料等到采场工作面。快速开凿超深竖井、开拓平巷是加快矿山投产的重要保证。深井开采有两个要求，即：深部矿体回采能力（在深部能够回采）和快速到达采场能力。对于深井开采而言，最终（后）的限制是开采深度；随矿井开采深度的增加，原岩应力不断增加，但最终限制人类开采的最严重问题是热害。在深井开采中涉及十项关键技术，即：深竖井设计、长钢丝绳选择、深竖井开凿、提升设备选择、通风降温技术、开拓、回采方法、采场支护、微震管理及三维地下成像。

　　"深部（井）开采" 和 "深竖井" 两个词应用非常广泛。深井开采主要与岩石类型、原岩应力和岩温等条件直接相关，判断是否进入深井开采，通常考虑勘探、采矿、支护以及监测的岩体力学性质、岩温条件、开采方法和破岩以及人员、材料和岩石转运等因素的特殊性，尤其是工程地质条件、采掘技术、地压控制和矿井通风等差异性变化。在南非，深井开采指矿山开采深度超过 2300m，原岩温度超过 38℃ 的矿山；超深井开采指其开采深度超过 3500m 的矿山。加拿大定义超深井开采指开采深度超过 2500m 以下，既能保证人员和设备安全，同时矿山能获得经济效益的矿山。德国将埋深超过 800~1000m 的矿井称为深井，将埋深超过 1200m 的矿井称为超深井开采；日本把深井的 "临界深度" 界定为 600m，而英国和波兰则将其界定为 750m[13]。我国深部开采指开采深度超过 800m 的矿山；深竖井指矿井建设深度在 800~1200m 之间的竖井；超深井指矿井建设深度超过 1200m 深的竖井。国外对采矿深度定义见表 1.1。

表 1.1　矿山开采深度划分及其特征

序号	深度	深度等级	评　价
1	<500m	非常浅	硬岩开采矿山，主要以结构面控制型破坏为主
2	500~1000m	浅部	一些露天开采矿山属于深部开采；对于此深度的地下硬岩矿，将会产生一定应力破坏问题
3	1000~1500m	中等深度	对于采煤而言，该采煤深度为最深开采深度，属于兆深开采；对于硬岩金属矿山，属于应力和结构面控制型破坏共同作用区域，造成采场（巷道）发生明显破坏
4	1500~3000m	深部	应力破坏为主，应力量测和分析是最大挑战
5	3000~4000m	超深	逻辑上稳定性问题是最大挑战
6	>4000m	兆深	此深度无开采经验，无水区域

　　近年来，作者对南非、加拿大、俄罗斯等多个超深井开采矿山考察发现，深部硬岩金属矿床开采矿山岩爆灾害频发、原岩温度高、矿石损失贫化严重，不同深部采场围岩变形破坏表现见图 1.1，不同开采深度采场围岩应力变化特征参数见表 1.2。因此，对于深部开采矿山，应从矿山整体出发，以地质勘探和岩石力学为基础，构建矿山地质风险评估模型，叠加矿山原岩应力信息和岩体力学参数，以采动应力为基础进行采场结构设计和充填材料选择，充分考虑矿山整体开采顺序与地压调控顺序，借助隔离矿柱、充填强度，减缓

地压传递或释放时间，采用卸压爆破、释能支护系统有效控制深部地压，为深部矿体的安全、高效、经济开采提供理论基础与技术支撑。

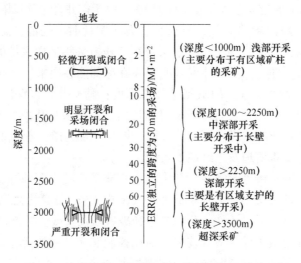

图 1.1　南非浅部、中等深度、深部和超深采矿环境
（图中具体采矿深度划分以矿山实际条件确定）

表 1.2　国外不同采矿深度采场特征参数变化值

特征参数	浅部	中等深度	深部	超深
开采深度/m	<1000	1000~2250	2250~3500	>3500
能量释放率/MJ·m^{-2}	<8	8~40	40~80	>80
垂直原岩应力/MPa	<25	25~60	60~95	>95
应力破坏	少或没有	中等	深	非常深
采场收缩变形/mm·m^{-1}	低<10	中等（10~30）	高（30~60）	非常高（>60）
地质对上下盘围岩稳定影响	强烈	中等	中等	中等?
岩爆灾害风险	小	中等~严重	严重	非常严重?

1.2　深部采矿技术发展现状

地下金属矿床开采方法的发展是随着开采深度、地质条件、充填技术、矿山机械、地压显现特征等在不断进行发展、演化（图 1.2）。对于厚大矿体开采，加拿大应用充填法开采，瑞典使用分段崩落法、美国应用矿块崩落法嗣后充填开采，部分矿山采用自然崩落法开采。20 世纪 30 年代，加拿大安大略省 Sudbury 地区很多矿山，诸如 Kirkland Lake 矿、Porcupine Areas 矿，魁北克省的 Noranda 矿，曼尼托巴省的 Flin Flon 矿，BC 省的 Kimberley 矿，最初主要采用留矿法、方框支架法回采矿石，利用废石、砂和砾石替代坑木充填空区，但不作为采场主要支护系统。1933 年，在诺兰达的 Horne 矿开始试验使用炉渣和铁矿尾矿充填采场，研究 30∶1 的砂灰比进行大体积采场充填，10∶1 的砂灰比充填采场底板，回采矿柱以减少矿石损失贫化。

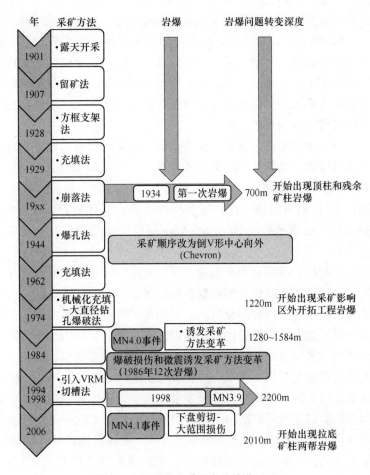

图 1.2　地下矿山采矿方法演化过程

研发高效的采矿方法主要取决于高性能充填材料、改进的支护系统及新型采矿装备（如运输设备、多臂钻机、大孔径钻机、铲运机等），大大提高了地下金属矿床开采效率。在 20 世纪 60 年代早期到 70 年代机械化充填采矿法取代传统充填采矿法。在 20 世纪 60 年代，下向分层充填采矿法取代了方框支架采矿法，20 世纪 70 年代垂直后退式采矿法取代了下向分层充填采矿法，分层充填法约占 50%，深孔爆破约占 30%。分层充填采矿法特点是方便、灵活，当矿体开采条件受到限制时，修改、调整采矿设计，提高生产效率和设备利用率，改善作业安全条件，降低采矿成本。

国外金属矿山进入深部开采阶段较早，因而深部开采技术相对较成熟。从矿岩开采条件并结合深部开采情况看，加拿大深井开采矿山使用（嗣后）充填采矿法。南非深部采矿方法主要受矿体薄、倾角缓、矿岩硬与磨蚀性强等条件限制，难以实现机械化开采；因矿体赋存条件不同，南非深部采矿方法主要有：长壁法、进路式充填法、梯段式充填法、上向分层充填法等。例如，南非 West Deep 金矿田采用长壁法开采，每隔 2400m 留设 44m 宽连续矿柱，空区采用高浓度尾砂充填、发泡混凝土、大直径原木支柱或木垛等进行采场支护。

而对于深部厚大矿体开采，主要采用机械化充填法或嗣后充填法采矿，主要采矿方法有：下向充填采矿、空场嗣后充填采矿、垂直后退式开采、进路式充填采矿和上向水平分层充填采矿，并在一定开采深度留设水平或垂直隔离矿柱，控制或减缓地压下传速度，采用凿岩台车凿岩，（遥控）铲运机出矿。随着矿山开采深度增加，采矿方法的发展与革新需进一步提高矿山开采效率。加拿大采矿设计理念，提出依据采动应力设计采场结构参数和回采顺序，确保采矿工作区处于低应力区；南非提出以矿山开采风险和回采顺序调控地压为基础进行采矿；加拿大为提高矿山开采效率和机械化水平，发展深孔崩落空场嗣后大规模充填采矿方法替代传统的充填采矿。

充填技术、岩石力学研究的进展是采矿方法设计变革的重要基础。垂直深孔后退式和反向阶梯爆破法正逐渐取代效率低下的分层充填回采，大大降低生产成本，主要优点是：(1) 采场布局简单，采准时间短；(2) 减少开拓工程量；(3) 钻孔、爆破、运输标准化和缩短回采周期；(4) 减少辅助工序，比如二次破碎、清理矿石、设备安装和连接等；(5) 爆破块度合理化，提高出矿效率；(6) 减少回收矿柱期而引起的充填体贫化；(7) 工作环境更加安全。

与国外采矿工业相比，我国金属矿山进入深部开采时间较晚。但对于深部开采技术的研究与应用问题，经过多年不断探索和经验总结取得了一定的进展。红透山铜矿在进入深部开采前主要采用留矿法和上向分层充填法。但当该矿进入深部开采以后，最大主应力方向与矿区岩层方向近于直交，采场长度沿矿体走向方向布置，采场上下盘处于不利的稳定状态。在回采过程中，采场顶板频繁出现冒落、两帮围岩大量坍塌、间柱应力集中、上行开采困难，甚至严重阻碍采矿效率[14]。金川二矿区 1#矿体进入深部采矿后，该矿不断地进行采矿方法改进，以适应深部高应力开采要求，采矿方法变化过程是：空场嗣后胶结充填采矿法→上向分层胶结充填采矿法→下向分层胶结充填采矿法→下向分层高进路胶结充填采矿法→下向分层机械化盘区胶结充填采矿法[15]。凡口铅锌矿深部矿体采用无轨机械化高分层充填采矿工艺，一步中深孔回采矿房，采后用尾砂胶结充填，二步骤回采矿柱，采后尾砂充填。在垂直矿体走向方向上盘区中部采场超前，呈人字形向上推进。采用大型地下无轨采矿设备组成凿岩、运药、装药、撬毛、顶板管理、出矿、二次破碎和运料等一套完整的无轨机械化采矿作业流程。高分层充填采矿法，通过分次微差一次性爆破与全盘区大型无轨机械化配套高效作业，实现分层充填采矿法集中强化采矿[16]。

对于未来深部矿体开采，设备大型化、智能化、生产连续化、管理现代化是采矿技术及装备的发展趋势，尤其在深部矿床高强度开采、无废化采矿、海底采矿、智能化、非传统采矿（无爆破采矿、水力采矿等）等方面将不断取得突破[17~19]。采矿工艺将逐渐适应各矿体特点，岩石力学将进一步发展，安全生产监控系统将进一步完善，地质雷达与微震监测、三维激光测量等技术在采矿过程中将进一步推广应用。超大规模地下深部资源的安全高效开采关键技术，是未来我国深部低贫矿开采研究的重点方向，地下采矿技术发展的主流是无轨高效采矿装备及其回采工艺。

1.3　深部复杂应力环境下硬岩开采地压研究进展

深部硬岩开采与浅部开采的明显区别在于深部采矿所处的特殊应力环境。在高原岩应力和采动应力作用下，深部硬岩采场（巷道）围岩产生层裂、折曲、岩爆、挤压大变形等非线性力学破坏。要深入研究深部硬岩采矿地压形成过程及其控制，要先从矿山工程地质和构造地质学出发，应用矿山岩体力学和原岩应力测试技术，借助现场原位测试、数值计算等方法，分析深部硬岩采场地压显现的发生内因及其影响因素，并提出相应的地压控制理论与方法，实现对深部硬岩采场围岩稳定性控制。

1.3.1 地应力测试及分析

科学地认识深部硬岩采场围岩变形破坏过程的方法是从围岩变形、破坏的根本作用力——地应力出发进行研究，其大小和方向对深部采场围岩稳定影响很大，地应力测量是确定工程岩体力学属性、进行围岩稳定性分析，实现深部采场设计科学化的必要前提条件。随着地下金属矿床开采深度的不断增加，深井硬岩巷道原岩应力水平也不断升高，特别是在地质构造活动强烈的地区，残余构造应力更大，水平构造应力往往大于垂直自重应力，形成高水平地应力硬岩采场，增加了深部硬岩采场地压显现及巷道围岩破坏的剧烈程度，造成了深部硬岩巷道支护更加困难。

地壳中垂直地应力分布规律比较简单，即垂直应力随深度增加呈线性增大，南非地应力测试结果显示，在3500~5000m深度，地应力值达到95~135MPa[20]。而水平应力的变化规律比较复杂，根据世界范围内116个现场资料统计，开采深度在1000m范围以内时，水平应力为垂直应力的1.5~5.0倍，开采深度超过1000m时，水平应力为垂直应力的0.5~2.0倍。深部开采过程中，开采扰动产生的采动应力场诱发的高应力集中致使采场围岩受到的压剪应力超过其承载能力，围岩由表及里进入破裂碎胀和塑性扩容状态，出现大变形而整体失稳。所以，在深部硬岩采场围岩破坏模式和稳定性控制研究中，应首先对研究区域原岩应力场和采动应力场进行测量与精细反演分析。

由于地应力的非均匀性，以及地质、地形构造和岩体物理力学性质等方面的影响，地应力场分布规律研究一直是岩石力学领域的研究重点与难点，当前的研究方法主要有现场实测法、理论计算法[21,22]。依据不同的测量原理，地应力现场实测法可分为直接测量法和间接测量法。直接测量法主要有：扁千斤顶法、水压致裂法、刚性包体应力计法、钻孔崩落法和声发射法；间接测量法包括：套孔应力解除法、局部应力解除法、松弛应变分析法、地球物理探测法等。此外，近年来还出现了包括压磁法、压容法、体应变法、分量应变法及差应变法等相对应力测量方法。原岩应力的理论计算方法包括：（1）将岩体自重应力场视为初始地应力场；（2）海姆法则；（3）侧压系数法（金尼克的弹性理论计算法）；（4）边界荷载调整法；（5）应力函数法；（6）有限元数学模型回归分析法；（7）地应力场趋势分析法；（8）三维有限元反演法等。现场实测法是提供初始地应力数据最直接、有效的途径，但由于场地和经费等的限制，不可能进行大量的测量；而地应力成因复杂，影响因素众多，各测点的测量成果往往仅能反映局部的应力状况，所以，必须在地应力实测的基础上，结合现场地质构造条件，采用有效的数值计算方法，对地应力场进行反演分析，以获得较大范围的区域地应力场。

1.3.2 深部硬岩采场围岩变形破坏特征

深部硬岩采场围岩的地质力学特点决定了深部采场与浅部采场破坏的明显区别在于其所处的"三高一扰动"（高井深、高原岩力、高岩温、开采扰动）的复杂力学环境，在深部金属矿床开采时，深部采场开采后引起采场围岩二次应力场的快速调整，由于开挖扰动等工程作用，采场围岩各处的变形、损伤状态和应力环境各不相同，且随开采时间效应不断地进行演化，由此导致采场围岩的产生不同的变形破坏现象。深部采场围岩变形破坏过程是指高地应力条件下、在含有不同地质构造岩体内开挖不同形式采场、其围岩产生明显区别于浅部围岩弹性变形、脆性破坏的岩爆、脆-延性转化的塑性大变形等一系列新的特征科学现象，其破坏主要表现为：岩体将发生屈服、岩爆、脆-延性转化大变形、强流变准静态破坏特征，致使其围岩稳定性难以控制。

在深部硬岩开采条件下，通常会发生岩爆灾害，且随着地下矿开采深度增加，岩爆发生变得越来越频繁（图1.3）。早在1640年德国Altenberg锡矿发生灾难性岩爆事件以来，在南非、中欧、美洲、澳大利亚、中国等许多地下矿山均发生过岩爆灾害，并造成大量伤亡事故。据南非的采矿工程师协会统计，在1994~1998年间，南非深部开采金矿因岩爆事故有1634名矿工死亡。从我国安全生产监督管理总局网站统计数据可以看出，在2013年，我国金属非金属矿山由于巷道围岩破坏造成的安全事故约126起，其中由于岩爆灾害造成的伤亡事故占金属非金属矿山伤亡事故的40.2%。由此可见，高应力条件下巷道开挖诱发岩爆灾害是造成矿山伤亡事故的最大诱因，并随着矿山开采深度增加，该风险也不断地在增加，是制约我国未来深部金属矿床开采的一大瓶颈问题。

图1.3　采场（巷道）发生岩爆灾害

在1990~1995年期间，加拿大多个科研部门合作开展了"加拿大岩爆研究五年计划"研究岩爆灾害问题，对深井开采诱发岩爆灾害、采场（巷道）支护等做了重点研究，提出"控制岩爆灾害发生，保护开挖后岩体免于受岩爆震动影响"方法和关键技术措施。综合当今世界对岩爆的研究成果，可总结为以下几个方面：（1）在现场实录方面，调研了岩爆对采场（巷道）围岩破坏程度、支护系统、开采诱发破坏特征和其他地质结构特征等，以及岩爆对人员伤亡情况，量测和分析了岩爆发生后围岩的动力响应特征。（2）在岩爆发生机理方面，从强度、刚度、稳定、能量、断裂、损伤、分形以及突变理论方面对岩爆的孕育与发生机理进行了研究，形成了岩爆的强度理论、能量理论、刚度理论、断裂损伤理论、动力扰动理论和岩爆倾向理论等，提出了各种经验公式、数值分析方法以及判据。（3）在岩爆预测方面，对于岩爆灾害发生的预测方法主要有：理论分析方法（应力判据、能量判据等）和现场实测法（钻屑法、地音监测法、经验类比分析法、矿山微震监测和电磁辐射法等）。尽管对岩爆机理研究取得了长足的进展，但Wagner认为"对于世界上深井开采而言，岩爆是最严重且最难理解的问题"。对岩爆灾害机理及预测研究的主要目的是揭开诱发岩爆的内因，为有效控制岩爆灾害的发生奠定基础，Brady认为

"对于地下矿山开采而言，无处不在的岩爆其解决的关键在于有效的地压控制"[23]。

在深部开采中，通常认为优质硬岩不会产生明显的流变，但在20世纪50年代，南非研究者通过对诸多矿山工程实践调查表明，在深井高应力条件下开挖巷道，围岩静态破坏特征主要表现为随开挖时间变化的脆-延转化大变形和强流变特性（图1.4、图1.5），致其围岩发生挤压大变形破坏现象越来越突出，主要是由于深井开采时局部应力场的变化，围岩随时间发生的移动破坏严重影响深部巷道围岩的稳定。各国学者针对深井巷道围岩非线性演化问题及其变形过程的非线性特征，从不同方面开展了系列研究工作，并从不同角度揭示出挤压大变形复杂现象中的规律性。King等人通过对爆破后巷道围岩进行现场变形监测，其高应力硬岩变形率为6mm/天，并持续37天；Leeman以时间函数连续监测不同爆破次序巷道围岩变形时效特性；Hodgson也连续监测巷道的连续变形，发现其持续变形主要是由于工作面前方破裂区时效迁移特性导致巷道围岩变形逐步增大。如果巷道掘进速度超过破裂区迁移速度，岩体内积聚能量不能得以释放，导致巷道围岩发生岩爆的几率大大提高。在围岩变形破坏机理方面，通常应用弹性或者弹塑性模型确定巷道围岩应力-应变关系，但此类模型的缺点未考虑时间因素；在时间因素作用下，围岩变形力学分析就变成流变问题，常采用由Maxwell模型和Kelvin模型串联形成的经典Burgers黏弹性模型，对高应力软岩巷道围岩的瞬时弹性、蠕变、应力松弛、弹性后效及黏性流动等变形特性进行定性分析。基于时效性的黏弹性破裂区是深部巷道围岩破裂的主要形式。在数值模型中，充分考虑岩体Burgers黏弹性模型，能进一步辨识深部硬岩巷道围岩挤压大变形破坏机理。

 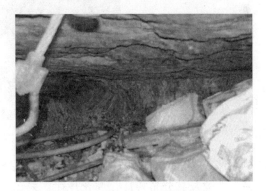

图1.4 南非巷道围岩脆-延性大变形   图1.5 南非采场帮脆-延性破坏

1.4 深部硬岩矿床采动应力作用

采动应力（Mining induced stress）指在原岩应力场条件下开采矿体而诱发形成的重分布应力。采动应力形成的基础是原岩应力与采矿活动，即采矿诱发的采动应力（大小与方向）作用到采场（巷道）围岩体，致使采场（巷道）围岩体发生各种破坏。采动应力场在空间分布上有一定的范围，而且随着采矿活动的进行与时间的推移不断变化。

采动应力是所有深部地下岩体产生变形、失稳破坏的根本来源。在没有受开采工程扰动的情况下，岩体处于原始平衡状态。深部硬岩矿体开采，打破岩体原有应力平衡状态，引起岩体的变形和向自由面方向的位移，导致围岩应力的重新分布。采场围岩产生的位移和采动应力集中（大规模的开采活动所导致的应力集中水平更是远超工程岩体的抗压强度），将致使采场围岩局部的或整体的失稳和破坏（图1.6（a）、（b）），并存在导致地质弱面活化而引发结构控制型岩爆发生的可能（图1.6（c）），与岩体受力状态、岩体结构和质量、岩体物理力学性质、工程地质条件、采矿方法、回采顺序、支护方式、原岩应力状态以及时间等因素有关。

(a) 巷道帮部层裂

(b) 巷道顶板冒顶

(c) 结构控制型岩爆及爆坑

图1.6　采动应力集中导致巷道围岩变形破坏

　　深部采动地压主要研究深部采动诱发的采动应力，作用到深部采场（巷道）围岩出现采动裂隙及其分布特征、演化规律，采动岩体变形损伤及灾变机制、采动岩体分级及其稳定性控制等方面。对于采动应力的分析，应从深部采场、井巷、硐室等所处的地应力环境、岩体力学特性以及某种采场（巷道）几何形状和加载条件，根据边界条件、平衡方程、岩体本构方程以及应变协调方程，求解采场空间周边的采动应力、位移表达式。常见的地下采矿工程采场几何形态为矩形、直墙拱形、椭圆形、圆形以及其他特殊用途而专门设计的开挖空间。

　　Kirsch 计算得出圆形硐（洞）周应力位移分布的完整解[24]。Poulos、Jaeger 和 Cook 等应用椭圆曲线坐标表示的椭圆形采场周边的应力分布解，但此解的实际工程应用受限；Brady 使用一组几何参数来规定采场围岩中一点的应力状态，且该应力状态是相对于局部坐标系，大大简化椭圆形采场围岩中的应力状态计算。在弹性应力条件下，解算椭圆形采场围岩中的最大（小）采动应力，结合相应的破坏准则，代入塑性法则中计算。对于矩形和其他复杂形状的开挖空间，均可通过弹性力学的复变函数方法求得其应力解。

对于常规及复杂的开采空间，采用弹塑性力学理论很难求得其精确解，主要因为岩体是非均质、各向异性、非连续，而且内部存在应力的复合地质结构，进行弹塑性力学求解时，无法完全将上述因素考虑进去。随着计算机技术的发展，数值模拟技术从二维空间模拟拓展到三维空间模拟，从而使得采矿、岩土工程领域的研究更接近真实状况，模拟结果也更加可靠。目前，常见的数值模拟计算方法和软件有边界元法（EXAMINE2D/3D、MAP3D 等）、有限元法（ABAQUS、ANSYS 等）、离散元法（UDEC、3DEC、PFC 等）、有限差分法（FLAC）以及混合计算方法（FDEM、CDEM 等）。这些数值模拟计算方法和软件特点鲜明，需根据所要研究问题进行有针对性的选择和使用[25]。

1.5　深部采动地压调控方法

深部开采会引起原岩内应力状态变化、转移和重分布过程，实质上是原岩体中已聚集能量的变化、转移和重分布过程。这种原岩体贮存能量的变化，将导致岩体能量经历释放、迁移和重贮存转移等过程。深部开采围岩释放的能量和迁移的能量将造成围岩塑性变形或破裂，当此能量超过围岩塑性变形或破裂时消耗的能量，导致采场围岩出现动力灾害。为此，在进行深部硬岩矿床开采时，必须要通过地压调控来减缓地压显现强度和影响范围，以达到安全高效开采的目的。

深部地压调控是通过某些地压调控方法，将采动诱发应力集中区域应力减缓或转移，从而达到减轻地压显现造成的围岩变形破坏。深部地压调控方法主要有留设隔离矿柱、充填采空区、卸压爆破、调整回采顺序等。

隔离矿柱是空场法采矿过程中，每隔 3~4 个中段距离留设一定厚度的水平隔离矿层。其作用是支撑上下盘围岩，缓解、降低上部地压对深部采场作用，并且能预防上部塌落对下部采场产生的动力冲击及由此产生的气浪[26]。隔离矿柱的设计方法有极限跨度法、经验公式法以及极限平衡分析方法等[26]。

在国内外深部硬岩矿床开采中，充填采矿应用广泛，是在回采结束后及时充填采场空区，防止地压增大造成采场闭合。充填体作用：（1）改变了采场围岩的受力状态，使其由单向（或双向）受力状态转为三向受力状态，提高围岩自承能力；（2）尽管充填体的强度不高，但可以维护岩体结构稳定，避免采场围岩结构突然失稳；（3）让压作用机理，由于充填体变形远远大于原岩体变形，因此，充填体在维护采场围岩结构稳定的条件下，控制采场地压缓慢释放速度，同时充填体反作用于采场围岩，对围岩起到一种柔性支撑作用。

卸压爆破是在高应力区通过凿岩、爆破的方式，在围岩体深部形成破碎区，此时采场围岩的采动载荷将向未受扰动的岩体深部转移（图 1.7）。在硬岩采矿中，卸压爆破作用为[27]：（1）卸压爆破将在岩体中产生许多裂隙，爆破产生裂隙

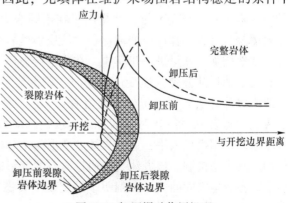

图 1.7　卸压爆破作用机理

将导致采场围岩局部应力得到调整、迁移；（2）卸压爆破明显降低岩体的承载能力，使得岩体强度和弹性模量降低，保证采场处于低应力区；（3）改变岩体的破坏力学机制，卸压爆破后岩体完整性降低，呈现出屈服破坏特征而不是原来的弹脆性破坏，不会发生突然和剧烈的破坏。卸压爆破适用性较强，可广泛应用于巷道、天井、井筒、矿柱和采场等。此外，一些非爆破卸压方法也逐渐得到应用，如水压致裂、二氧化碳相变致裂等技术。

在深部硬岩开采实践中，调整回采顺序也是常用的地压调控方法。合理的回采顺序，能使岩体开挖聚集的能量得到及时有效释放，避免开采过程中的应力集中和变形破坏，防止大规模突发性地压活动的出现[28]。

1.6　岩爆诱发岩体动力响应特征

深井巷道围岩工程响应的特征科学现象依其发生原因可以归纳为两类：静力的和动力的。静力特征现象表现为在深部巷道围岩无动力弹射现象的岩石脆性破坏；动力特征现象表现为深部矿井中的岩块弹射、冒落等岩爆现象[30]。Zubelewicz[31]和 Mueller[32]认为，岩爆是在岩体的静力稳定条件被打破时发生的动力失稳过程。岩爆诱发巷道围岩表面动力响应特征主要表现为：破坏时有响声，表现为片帮、岩块弹射、爆裂剥落、岩体抛掷性破坏等[33,34]；其最显著的动力破坏特征是岩块从巷道（采场）围岩表面高速弹出，其表面 1m 厚的岩体能以 $5\sim10m/s$ 的速度向巷道内抛出[35,36]，其抛掷距离可达 $10\sim20m$ 之远，其弹射能在 $5\sim20kJ/m^2$，最大弹射能可达到 $50kJ/m^{2[37]}$。岩爆等级不同，其诱发的岩体动力响应也不同，轻微岩爆的岩石呈片状剥落，而强烈岩爆可将巨石猛烈抛出，甚至一次岩爆就能抛出数以吨计的岩块和岩片，严重威胁着井下施工人员和设备的安全。

对于岩爆诱发岩体动力响应特征研究，各国学者从不同角度对其进行深入研究。Fairhurst 和 Cook 用破裂方向指向最大主应力方向的事实成功解释了单轴压应力的纵向破裂现象[38]。Hsiung 认为诱发岩爆的条件包括高地应力、岩体的高强度及存在自由表面，岩爆和任何岩石在应力作用下发生失稳的机制是一致的，都要经历微裂隙的扩展、聚合与累积的过程[39]。我国学者何满潮教授[40]利用自行设计的深部岩爆实验系统，对深部高应力条件下的花岗岩进行实验研究。从花岗岩发生岩爆后的破坏形式来看，分为 3 种：低能量释放率条件下的颗粒弹射破坏为主、中等能量释放率条件下的片状劈裂破坏为主和高能量释放率下的块状崩裂破坏为主。谷明成等[41]则常用三轴加、卸载实验的方法进行岩石的室内岩爆实验研究工作，并指出了在不同应力状态下岩石破坏形式与岩爆的对应关系。岩爆是具有大量弹性应变能储备的硬质脆性岩体，由于巷道开挖，径向约束卸除，环向应力骤然增加，能量进一步集中，在集中应力作用下，产生突发性剪胀脆性破坏，伴随声响和震动消耗部分弹性应变能。同时，剩余能量转化的动能使围岩急剧向动态失稳发展，造成岩片（块）脱离母体，获得有效弹射，猛然向临空方向抛（弹）射的特征，经历了快速"劈裂-剪折-弹射"渐进破坏过程的动力破坏现象。唐春安[42]利用突变理论，从两体相互作用模型入手，通过岩体的变形速率分析，系统地研究了破裂体和非破裂体相互作用及其失稳机制。该方法直接通过岩石的变形速率变化来描述失稳发生的过程，通过变形系统各变量之间的关系，阐明了系统发生失稳的原因。潘一山[43]根据 Lemaitre 的应变等效原理，严格地导出圆形巷道发生岩爆的解析解，给出了巷道发生岩爆的临界载荷及临界损伤区大小。王挥云[44]在本构关系中引入损伤效应函数，分析圆形巷道的岩爆现象，得到了岩爆发生的临界损伤范围和临界荷载。康政虹[45]从扰动响应判据入手，分析了岩爆发生的原因，认为干扰性因素可能是巷道开挖、地震和围岩震动等多方面的。潘岳等[46]建立了硬脆性岩巷发生"封闭式"冲击地压的尖点突变模型，并给出了冲击发生的临界条件。

为进一步剖析岩爆诱发岩体破坏动力响应，各国学者应用不同的监测手段对岩爆发生、孕育过程进行监测，获取岩爆发生其震级、能量等指数，以及岩体动力响应特征。南非地质调查所等[47,48]机构利用大量地震仪及水银管倾斜仪等设备在地表及井下建立了严密的地震监测网，对岩爆及其可能诱发的灾害性地震进行了监测研究。J. M. Alcott 等[49]以加拿大某矿山的微震监测资料为基础，提出了利用震源参数进行岩爆灾害评价方法，总体思路是利用能量及明显的地震运动等标准对岩爆诱发的动力响应过程进行分析。G. Senfaute等[50]利用地震遥感监测方法研究了法国 Colliery 省采矿震动与岩爆灾害之间的关系，试图通过该方法来圈定岩爆易发区。唐礼忠等[51]在冬瓜山铜矿建立了由微震监测系统、常规应力变形监测系统和人工观察系统组成的岩爆与地压综合监测系统。通过对数据的分析，实时掌握开采引起的岩体应力活动和变形规律、预测岩爆、地压危险区和危险程度。

Cook 较早采用能量判据对南非深部金矿开采的岩爆倾向性进行预测，采用能量释放率对南非硬岩矿山岩爆诱发的动力响应特征进行分析。Durrheim[52] 等对不同的矿山（TauTona、Kloof 和 Mponeng 金矿等）应用微震监测系统、高速摄影仪等对开掘巷道表面的围岩响应特征进行监测，研究在硬岩中开挖巷道表面质点峰值速度（PPV），并分析了开挖表面记录的质点峰值速度与坚硬岩体之间的不同震源定位距离、震源半径、震源定位距离、震级等岩爆源参数之间的函数响应关系，计算了支护系统的能量吸收与巷道围岩位移线相关性，是质点峰值速度（PPV）的平方的函数。岩体动力响应特征成为高应力、岩爆倾向环境下岩体支护材料和支护系统设计选择中的关键参数，因此，应用矿山微震监测、高速摄影等对岩爆诱发的岩体动力响应特征进行监测，运用数据挖掘技术挖掘大量岩爆实例监测数据，分析岩爆诱发岩体质点峰值速度、释放能量率等特征参数作为支护系统选择依据，可望给岩爆作用下巷道围岩稳定性控制研究开辟新的研究途径，具有一定的学术意义与应用价值。

1.7 矿山释能支护系统

当岩爆灾害发生之后，不可避免产生围岩破坏，最主要问题是通过采取有效的支护技术确保巷道破坏能够被维护，使其仍然保证其服务功能。即：在岩爆灾害发生之后，巷道支护系统仍能保持其承载能力。在高应力、具有岩爆倾向以及大变形环境下，动力特征成为支护系统选择及设计的关键参数。实际上，在选择支护系统时，需要考虑钻孔直径、环境因素（潮湿程度）、腐蚀、胶结材料（水泥或者树脂）等影响，并且要知道这些影响因素对不同静力环境的影响。作为新型的动力（屈服）支护锚杆（如新型锥体锚杆、屈服锚索、屈服锚杆等）其发生是非常艰难，需要根据具体条件不断改进以满足各种不同需求（设备要求、提高承载能力、较高刚度特性等）。

早在 20 世纪 90 年代，南非首先提出能量吸收支护体系[53]。南非首先发明第一种能量吸收锚杆，即锥体锚杆（Cone 锚杆）。锥体锚杆主要在圆钢一端锻造成扁平的圆锥形体，在圆钢表面喷涂一薄层润滑材料，致使锚杆在荷载作用下易于分离。该种锚杆通常采用水泥浆或者树脂进行全长锚固。当锚固在锚杆托盘与圆锥体之间的岩石膨胀时，将在锚杆杆体产生拉力。当拉拔力超过预设值时，锚固端的圆锥体将费力地从锚固体中滑移。因此，该锚杆发挥其作用并吸收岩爆产生的动能。最初该锚杆设计是采用水泥浆锚固，之后调整为采用树脂进行锚固。新型锥体（Cone）锚杆在其端头增加树脂搅拌功能，被广泛应用于加拿大易于诱发岩爆灾害深井巷道进行支护[54]。

在南非，主要是应用释能锚杆支护岩体，释放岩体内的动能[55]。岩体内的动能一部分为释能锚杆吸收，另一部分动能通过碎裂岩体被岩体表面支护结构释放。在南非支护系统中，常使用结带。在高应力岩体中掘进巷道时，常采用释能锚杆（锥体锚杆、改进的锥体锚杆、管缝锚杆以及锚索）与金属网或者纤维喷射混凝土组合支护。在澳大利亚，主要通过管缝锚杆、长锚索并辅以金属网、钢带或者喷射混凝土组合支护解决高应力碎裂蠕变岩体稳定性控制。对具有岩爆倾向的岩体，主要采用长锥体锚杆与金属网或者纤维喷射混凝土组成动力支护系统控制其稳定[56,57]。在加拿大，采用短锚杆和金属网支护破碎岩体，偶尔采用纤维喷射混凝土和金属网。通常锚杆主要为管缝锚杆、螺纹钢锚杆和锥体锚杆。在经常发生岩爆的巷道，主要采用螺纹钢锚杆和锥体锚杆与金属网组成动力支护体系，增强岩体的刚度[58]。在北欧，其支护理念与加拿大相似，采用短锚杆与金属网支护浅层破碎岩体，使其形成整体[59~61]。在北欧不使用管缝锚杆，但钢纤维喷射混凝土应用比较广泛。

岩爆等动力灾害研发的动力支护系统应具有以下特征[30,62]：（1）该系统应能承受剪切和拉伸荷载；（2）该支护系统既能允许在开挖岩体表面产生一定大的变形，同时又能控制其变形位移量以保证开挖结构的有效工作空间；（3）该系统不仅能吸收岩爆释放能量，又能抵制动力转换或者降低岩体冲击荷载的作用；（4）该系统能抵抗多次岩爆灾害发生。

目前，在国际上有如下动力支护系统：（1）Durabar 锚杆[59]：是在锥体锚杆基础上改进的一种锚杆，在光滑杆体设计几个褶皱，在锚杆的尾部设计成一个光滑的圆环。当进行拉拔力测试时，托板承受荷载锚杆沿着波形面滑移。其最大滑动位移等同于锚杆尾部长度（约为 0.6m），属于两点锚固锚杆，但此种锚杆未进行动力测试。（2）膨胀（Swellex）锚杆[59]：是一种典型的膨胀锚杆，该锚杆主要通过锚杆杆体与锚杆孔管壁之间的摩擦力锚固岩体。最新研制的 Mn24 型号 Swellex 锚杆具有较好的能量吸收能力，其能量吸收范围为 18~29kJ。（3）Garford 刚性锚杆[63~65]：主要由圆钢、锚头及粗牙螺纹钢套组成，采用树脂锚固。粗牙螺纹钢套主要用于搅拌树脂。该锚杆的工程锚头能产生较大的位移量。该锚固头采用厚壁圆钢制作，压入钢管套中 350mm。圆钢直径压缩至原始尺寸插入粗牙螺纹钢套中。当锚固端与托板间压缩岩石膨胀时，圆钢被从锚固端拔出。当被拔出之后，其锚固力仍然保持不变，该锚杆能够产生 390mm 位移。（4）Roofex 锚杆[66]：是一种动力韧性锚杆，由锚固端和圆钢组成，采用树脂进行锚固。圆钢从锚固端中滑动，产生 80kN 的恒定支护阻力。Roofex 锚杆动力荷载约为 60kN，其动力测试能量为 12~27kJ。（5）D 锚杆[59,67]：由圆钢带一定数量的具有一定间隔的锚固点组成，锚杆安装后，由于锚固点较圆钢直径宽，能自动固定在锚杆孔中。使用树脂或者水泥浆液全长锚固。两锚固点之间的岩体膨胀时，在两锚固点之间的拉力将控制岩体膨胀。当荷载为 200kN，锚杆的拉伸位移为 100~120mm，承受冲击荷载的能量为 36~39kJ。采用矿山动力支护系统会吸收岩爆发生时释放的能量，并使其产生的动能在岩体表面产生大幅下降。例如，如果速度标准是从 3m/s 减小到 2m/s，能量吸收要求从 20.93kJ/m^2 减少至 12.83 kJ/m^2。为此，研发有效控制岩爆危害的矿山动力支护系统，实现"爆而不倒"、留有足够的安全空间确保人员和机械设备的安全，为我国深井开采及高应力矿体安全、高效开采提供技术保障[30]。

1.8 研究内容和方法

深部硬岩矿床采动地压与控制是深部采矿设计与稳定性控制亟待解决的重要课题，是实现深井开采中自动化采矿、智能化采矿和无人采矿的重要前提。围绕深部硬岩矿床采动地压与控制的问题，本书主要包括以下内容：

（1）工程地质。主要论述矿山工程地质的内容和调查方法，介绍赤平投影、岩体结构面稳定分析方法。

（2）岩体质量分级与岩体力学参数。详细论述 Q、RMR、GSI 三种岩体质量分级方法的使用及注意事项，并通过经验公式构建岩体质量分级与宏观岩体力学参数之间的关系。

（3）采动应力原理与分析方法。明确采动应力、采动应力场的定义，分析采动应力形成机制及作用机理；采用力学方法，分别计算出圆形、椭圆形、矩形及其他不规则开挖空间边界的应力解及扰动范围；详细介绍了常用的采动应力计算数值模拟方法、原理和相应的数值模拟软件。

（4）采动作用下岩体破坏特征。受采动应力作用围岩会产生不同的破坏现象，结合岩石本构方程、岩体强度准则分析采动作用下岩体层裂、岩爆和挤压大变形的特征和形成机制。

（5）深部井巷稳定性分析。在超深竖井稳定性分析方面，确定超深竖井井筒典型破坏模式及其影响因素；系统阐释超深竖井井筒破坏深度的理论、数值模拟和现场实测方法，确定深部巷道围岩典型破坏模式及其影响因素；给出巷道在有、无支护情况下的弹塑性力学解；分析得出深部巷道围岩破坏判断准则。

（6）深部采场设计方法与稳定性分析。深部采场结构、采矿设计等会对采场围岩稳定性产生重要影响，本章首先基于采动应力分布规律与致灾机理，提出采场尺寸及结构的设计方法，进行采矿结构、矿柱、充填等设计；分析采场围岩的破坏形式及其影响因素，并给出采场围岩稳定性分析方法。

（7）深部采动地压控制理论与方法。在分析深部硬岩矿床采动应力产生机理、作用机制和潜在致灾结果的基础上，提出隔离矿柱、充填开采、卸压爆破和调整回采顺序等深部采动地压动态调控方法和地压调控力学机制。论述了深部开采的支护设计方法，尤其是释能支护原理、方法与释能支护设计。

对于深部硬岩采矿的采动地压分析、采场结构设计、采动地压控制等，可以根据矿山工程地质条件、原岩应力、岩体力学等基础条件，分别采用经验法、理论分析、现场观测、数值模拟等方法来研究深部采动地压作用机理与控制：

（1）经验法。主要在地质岩芯、工程地质调查、岩石力学实验、原岩应力分析的基础上，分别对矿体进行岩体质量分级与岩体力学参数计算，应用 *Q*、*RMR*、*GSI* 等岩体质量分析方法，分析深部采场稳定程度、自稳时间等，据此设计采场结构尺寸、采场跨度、矿柱、顶柱、充填等，提供基础的采场支护方法及其支护参数。

（2）理论分析。以深部原岩应力、岩体力学参数为基础，通过许多理论基本假设，分别应用弹性、弹塑性等基础理论，对不同形状的采场结构，构建矿体开采平面应力或平面应变的力学模型，考虑研究规模、边界条件、地质条件等，应用岩石本构模型、岩体强度准则、协调方程，分析不同开挖边界采动应力、应变分析及其发展趋势，揭示采场围岩体相互作用、力学行为及其响应机制。

（3）现场观测。指在矿体开采过程中，通过构建连续位移、应力、微地震、声波等监测系统，对采动过程进行连续、实时监测采场（巷道）位移、应力、微地震活动；通过对监测数据的统计、分析，反映采场地压-支护相互作用关系，据此相对应地修改采场结构尺寸、采动顺序，提出合理的采场（巷道）地压控制方法。

（4）数值模拟。随着计算技术的发展以及诸多数值方法的发展和普及，应用有限元、离散元、边界元等数值方法，将研究区域细分为较小的计算单元，分别采用连续、非连续、等效以及离散等更简单的数学描述，来近似计算和分析深部采矿过程的采动应力分布规律，解决采场结构、矿柱、采矿顺序等造成的非线性失稳破坏的复杂采矿工程问题。采矿工程采用的连续数值方法有：有限差分法、有限元法（FEM）、边界元法（BEM）等；非连续数值方法有：离散元法（DEM）、混合裂隙网络法（DFN）等。

具体研究技术方法见图1.8。

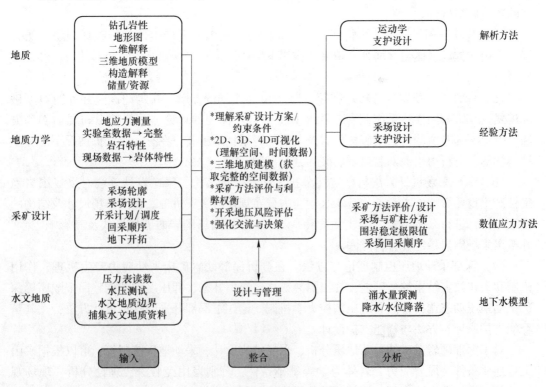

图1.8　深部采动地压研究方法

参 考 文 献

[1] Christopher Pollon. Digging deeper for answers [J]. CIM Magazine, 2017, 12 (2): 36~37.

[2] Schweitzer J K, Johnson R A. Geoeehnical classification of deep and ultra-deep witwatersrand mining areas, South Africa [J]. Mineralium Deposita, 1997, 32: 335~348.

[3] Nonn Tollinsky. Companies tackle challenges of deep mining [J]. Sudbury Mining Solutions Journal, 2004, 1 (2): 6.

[4] Lynn Willies. A visit to the Kolar Gold Field, India [J]. Bulletin of the Peak District Mines Historical Society, 1991, 11 (4): 217~221.

[5] 赵兴东, 李洋洋, 刘岩岩, 等. 思山岭铁矿 1500m 深副井井壁结构稳定性分析 [J]. 建井技术, 2015, 36 (s2): 84~88.

[6] 李伟波. 大台沟铁矿超深地下开采的战略思考 [J]. 中国矿业, 2012, 21 (s): 247~271.

[7] 曾宪涛, 杨永军, 夏洋, 等. 会泽 3#竖井岩爆危险性评价及控制研究 [J]. 中国矿山工程, 2016, 45 (4): 1.

[8] 刘石铮, 董华斌. 千米深井开采问题探讨 [J]. 河北煤炭, 2010 (3): 7.

[9] 赵兴东. 超深竖井建设基础理论与发展趋势 [J]. 金属矿山, 2018, 47 (4): 1~10.

[10] 古德生, 李夕兵. 有色金属深井采矿研究现状与科学前沿 [C]. 中国有色金属学会学术年会, 2003.

[11] 何满潮, 谢和平, 彭苏萍, 等. 深部开采岩体力学研究 [J]. 岩石力学与工程学报, 2005, 24 (16): 2803~2813.

[12] 岳发强, 胡宪铭, 张景奎. 南非金矿深部开采的井下降温技术 [J]. 黄金, 2013 (9): 34~37.

[13] 何满潮. 深部的概念体系及深部工程评价指标 [C]. 深部岩体力学与工程灾害控制学术研讨会暨中国矿业大学 (北京) 百年校庆学术会议, 2009.

[14] 解世俊, 孙凯年, 郑永学, 等. 金属矿床深部开采的几个技术问题 [J]. 金属矿山, 1998 (6): 3~6.

[15] 李爱民. 金川二矿区采矿方法及深部开采工艺的改进 [J]. 中国矿山工程, 2005, 34 (6): 5~10.

[16] 周爱民, 李庶林, 李向东. 深部难采矿床开采技术 [C]. 全国矿山采选技术进展报告会, 2006.

[17] 孙豁然, 周伟, 刘炜. 我国金属矿采矿技术回顾与展望 [J]. 金属矿山, 2003 (10): 6~9.

[18] 韩志型, 王维德. 深部硬岩矿山未来采矿工艺的发展 [J]. 采矿技术, 1995 (33): 8~13.

[19] 王运敏, 黄礼富. 现代金属矿采矿技术发展趋势 [C]. 全国采矿新技术高峰论坛暨设备展示会, 2008.

[20] 谢和平. "深部岩体力学与开采理论" 研究构想与预期成果展望 [J]. 工程科学与技术, 2017, 49 (2): 1~16.

[21] 蔡美峰. 地应力测量原理和技术 [M]. 北京: 科学出版社, 1995.

[22] 康红普. 煤岩体地质力学原位测试及在围岩控制中的应用 [M]. 北京: 科学出版社, 2013.

[23] Brady B H G, Brown E T. Rock Mechanics for Underground Mining [M]. Springer, 2006.

[24] 吴家龙. 弹性力学. 第3版 [M]. 北京: 高等教育出版社, 2016.

[25] 何满潮. 工程地质数值法 [M]. 北京: 科学出版社, 2006.

[26] 许宏亮. 桓仁铅锌矿深部开采隔离矿柱留设方案研究 [D]. 沈阳: 东北大学, 2008.

[27] 赵兴东. 谦比希矿深部开采隔离矿柱稳定性分析 [J]. 岩石力学与工程学报, 2010, 29 (s1): 2616~2622.

[28] Saharan M R. Dynamic modelling of rock fracturing by destress blasting [D]. Montreal: McGill University, 2004.

[29] 卢萍. 深部采场结构参数及回采顺序优化研究 [D]. 重庆: 重庆大学, 2008.

[30] 赵兴东, 杨晓明, 牛佳安, 等. 岩爆动力冲击作用下释能支护技术及其发展动态 [J]. 采矿技术, 2018, 18 (3): 23~28.

[31] Zubelewicz A, Mroz Z. Numerical-simulation of rock burst processes treaded as problems of dynamic insta-bility [J]. Rock Mech. Rock Eng. , 1983, 16 (4): 253~274.

[32] Mueller W. Numerical simulation of rockbursts [J]. Mining Science & Technology, 1991 (12): 27~42.

[33] 徐林生, 王兰生. 国内外岩爆研究现状综述 [J]. 长江科学院院报, 1999, 16 (4): 24~27.

[34] 谭以安. 岩爆类型及其防治 [J]. 现代地质, 1991 (4): 450~456.

[35] Ortlepp W D, Stacey T R. The need for yielding support in rockburst conditions, and realistic testing of rockbolts [C]. Proceedings International Workshop on Applied Rockburst Research, Santiago, Chile, 1994: 249~259.

[36] Jager A J, Wolno L Z, Henderson N B. New developments in the design and support of tunnels under high stress [C]. Proceedings International Deep Mining Conference: Technical Challenges in Deep Level Min-ing. Johannesburg, South African Institute of Mining and Metallurgy, 1990: 1155~1172.

[37] Kaiser P K, McCreath D R, Tannant D D. Rockburst support [R]. Canadian Rockburst Research Program 1990-1995, 1977: 324.

[38] 李广平. 岩体的压剪损伤机理及其在岩爆分析中的应用 [J]. 岩土工程学报, 1997, 19 (6): 49~55.

[39] 徐则民, 黄润秋, 范柱国, 等. 长大隧道岩爆灾害研究进展 [J]. 自然灾害学报, 2004, 13 (2): 16~24.

[40] 何满潮, 苗金丽, 李德建, 等. 深部花岗岩试样岩爆过程实验研究 [J]. 岩石力学与工程学报, 2007, 26 (5): 865~876.

[41] 谷明成, 何发亮, 陈成宗. 秦岭隧道岩爆的研究 [J]. 岩石力学与工程学报, 2002, 21 (9): 1324~1329.

[42] 唐春安. 岩石破裂过程中的灾变 [M]. 北京: 煤炭工业出版社, 1993.

[43] 潘一山, 徐秉业. 考虑损伤的圆形洞室岩爆分析 [J]. 岩石力学与工程学报, 1999, 18 (2): 34~38.

[44] 王挥云, 李忠华, 李成全. 基于岩石细观损伤机制的岩爆机理研究 [J]. 辽宁工程技术大学学报, 2004, 23 (2): 188~190.

[45] 康政虹, 高正夏, 丁向东, 等. 基于扰动响应判据的洞室岩爆分析 [J]. 河海大学学报 (自然科学版), 2003, 31 (2): 188~192.

[46] 潘岳. 巷道 "封闭式" 冲击的尖点突变模型 [J]. 岩土力学, 1994 (1): 34~41.

[47] 冯夏庭, 王泳嘉. 深部开采诱发的岩爆及其防治策略的研究进展 [J]. 中国矿业, 1998 (5): 42~45.

[48] Corner B. Seismic research associated with deep level mining - rock burst prediction and vibration damage to buildings in south-africa [J]. Geophysics, 1985, 50 (12): 2914~2915.

[49] Alcott J M, Kaiser P K, Simser B P. Use of microseismic source parameters for rockburst hazard assess-ment [J]. Pure & Applied Geophysics, 1998, 153 (1): 41~65.

[50] Senfaute G, Chambon C, Bigarré P, et al. Spatial distribution of mining tremors and the relationship to rockburst hazard [J]. Pure & Applied Geophysics, 1997, 150 (3-4): 451~459.

[51] 唐礼忠, 潘长良, 杨承祥, 等. 冬瓜山铜矿微震监测系统建立及应用研究 [J]. 采矿技术, 2006, 6 (3): 272~277.

[52] Cichowicz A, Durrheim R J. The site response of the tunnel sidewall in a deep gold mine, analysis in the

time domain ［C］. South African Rock Engineering Symposium Sares, 1997.

［53］ Player J R. Field performance of cone bolts at Big Bell Mine ［C］. In: Villaescusa E, Potvin Y, eds. Ground Support 2004, Proc. 5th Int. Symp. Ground Support in Mining & Underground Construction, Perth, 2004.

［54］ Falmagne V, Simser B P. Performance of rockburst support systems in Canadian mines ［C］. In: Villaescusa E, Potvin Y, eds. Ground Support 2004, Proc. 5th Int. Symp. Ground Support in Mining & Underground Construction, Perth, 2004.

［55］ Gregg J B. Design of support for the containment of rockburst damage in tunnels — an engineering approach ［C］. Ortlepp W D. Proc. International Symposium on Rock Support, Sudbury, 1992: 593～609.

［56］ Lessard T Li, Brown E T, Singh U, Coxon J. Dynamic support rationale and systems ［C］. In: ISRM 2003-Technology Roadmap for Rock Mechanics, Proc. 10th Congr, Int. Soc. , Rock Mech. , Johannesburg, 2003: 763～768.

［57］ Li T, Brown E T, Coxon J, Singh U. Dynamic capable ground support development and application ［C］. In: Villaescusa E, Potvin Y, eds. Ground Support 2004, Proc. 5th Int. Symp. Ground Support in Mining & Underground Construction, Perth, 2004.

［58］ Cai M. Principles of rock support in burst-prone ground ［J］. Tunnelling & Underground Space Technology Incorporating Trenchless Technology Research, 2013, 36 (6): 46～56.

［59］ Li C C. A new energy-absorbing bolt for rock support in high stress rock masses ［J］. International Journal of Rock Mechanics & Mining Sciences, 2010, 47 (3): 396～404.

［60］ Li C, Marklund P I. Field tests of the cone bolt in the Bolidenmines ［R］. Bergmekanikdag, Svebefo Stockholm, 2005: 33～34.

［61］ Li C C, Doucet C, Carlisle S. Dynamic tests of a new type of energy absorbing rockbolt-the D-bolt ［C］. In: Diederichs M, GrassellG, eds. 3rd Canada-US Rock Mechanics Symposium ［M］. Toronto: Canadian Instatute of Mining, 2009: 9.

［62］ 吕谦. 静力拉伸条件下 NPR 锚索力学特性实验研究 ［D］. 北京: 中国矿业大学 (北京), 2018.

［63］ Varden R, Lachenicht R, Player J, et al. Development and implementation of the garford dynamic bolt at the Kanowna Belle Mine ［C］. Tenth Underground Operators' Conference, Launceston, TAS, 2008.

［64］ Charette F, Plouffe M. A new rock bolt concept for underground excavations under high stress conditions ［J］. 6th International Symposium on Ground Support in Mining and Civil Engineering Construction, 2008: 225～240.

［65］ Ansell A. Dynamic testing of steel for a new type of energy absorbing rockbolt ［J］. Journal of Constructional Steel Research, 2006, 62 (5): 501～512.

［66］ 松柏. 软岩巷道支护用的 Roofex 锚杆 ［J］. 建井技术, 2007 (2): 39.

［67］ Li C. Dynamic test of a high energy-absorbing rock bolt ［C］. International Society for Rock Mechanics and Rock Engineering, Beijing, 2011.

2 工程地质

2.1 调查内容与方法

工程地质是研究与人类工程活动相关的地质问题的学科，提供工程规划、设计、施工，所需要的地质资料[1~3]。工程地质调查是以地质学及其相关科学为指导，采用各种地质调查手段和综合性方法，查明区域范围内地形地貌、地质条件，重点研究岩石、地层、构造、矿体、水文条件等地质现象，以此研究矿区、采场以及井巷稳定性与控制方法。工程地质调查对象可分为区域地质调查、水文地质调查、环境地质调查等。

2.1.1 调查内容

工程地质调查内容（图2.1）包括[4,5]：

（1）宏观：地理位置、区域地形地貌、地质构造（断层等）、气象、水文、洪水水位随季节变化等。

（2）细观：地层、岩性、岩层构造（节理、结构面等走向、倾向、倾角、结构面特性等）、地下水、岩石物理力学性质、地应力、地震、不良地质现象及特殊地质问题分布范围、形成条件、发育程度、分布规律等。

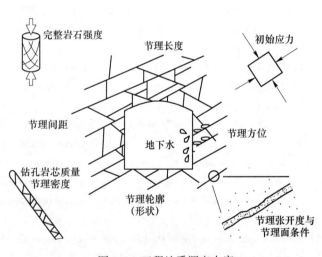

图 2.1　工程地质调查内容

2.1.2 调查方法

工程地质调查方法有直接观察法和间接勘查法。

2.1.2.1 直接观察法

A　无人机量测矿区地形地貌、地表沉降

应用无人机对研究区域地表地形进行航空摄影测量，获取地表三维空间数字测量数据，通过对量测数据拼接、除噪、拼组，形成研究区域三维空间数字模型（图2.2），统计分析地表地形特征及其沉降影响范围[6~8]。

B　人工测量法

人工测量常用的方法有统计窗法（图2.3）和测线法（图2.4)[9,10]。

图 2.2 无人机测量某矿地表地形与塌陷区

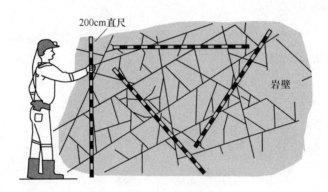

图 2.3 统计窗法

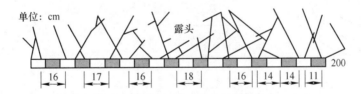

图 2.4 测线法

　　测线法主要应用地质罗盘和测尺，调查岩体节理、裂隙的产状、规模、密度、形态及其组合关系（图 2.5）。除了对单个节理、裂隙的形态等进行描述外，还需要将其组合关系进行统计研究。调查内容包括：（1）节理方位，即节理面在空间上的分布状态，用倾向和倾角表示，统计结果用玫瑰花图和极点等密度图表示（图2.6）；（2）节理间距，是反映岩体完整程度和岩石块体大小的重要指标，用线裂隙率 K_s（条/m）表示（表2.1、图2.7）；（3）节理延伸，即节理裂隙沿走向的延伸长度（m）；（4）节理张开度、粗糙度与填充情况（图2.8）；（5）节理分布密度，确定节理、裂隙的优势方位及其状况。

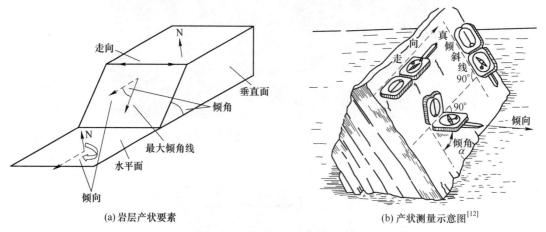

(a) 岩层产状要素   (b) 产状测量示意图[12]

图2.5　岩层产状要素及测量示意图

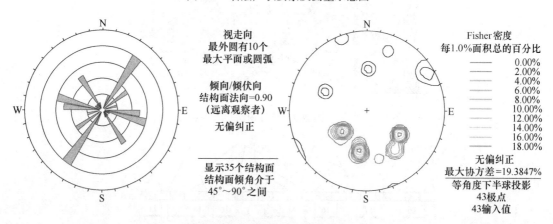

图2.6　某矿斜坡道岩体节理倾向玫瑰图和等密度图

表2.1　岩体节理组数判断图表[13]

节理组数		J_n		节理组数
完整岩石，无节理	○	0.5	○	极少节理
1组节理	○	2	3	○	1组节理和一些不规则节理

节理组数		J_n			节理组数
2 组节理	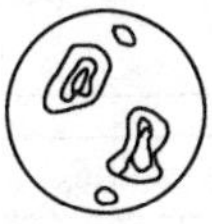	4	6	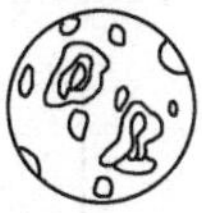	2 组节理和一些不规则节理
3 组节理	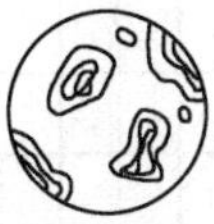	9	12	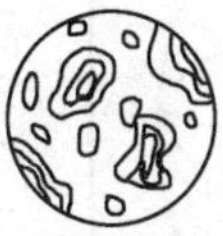	3 组节理和一些不规则节理
4 组或多于 4 组节理，不规则的严重节理化的立方体	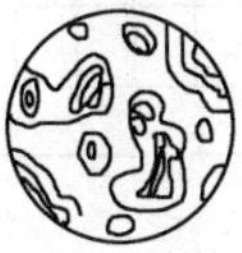	15	20	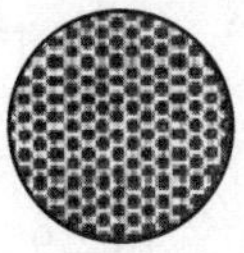	碎裂岩石

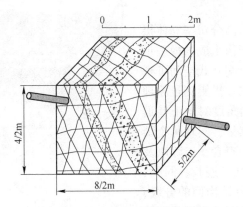

图 2.7 岩体节理空间分布特征

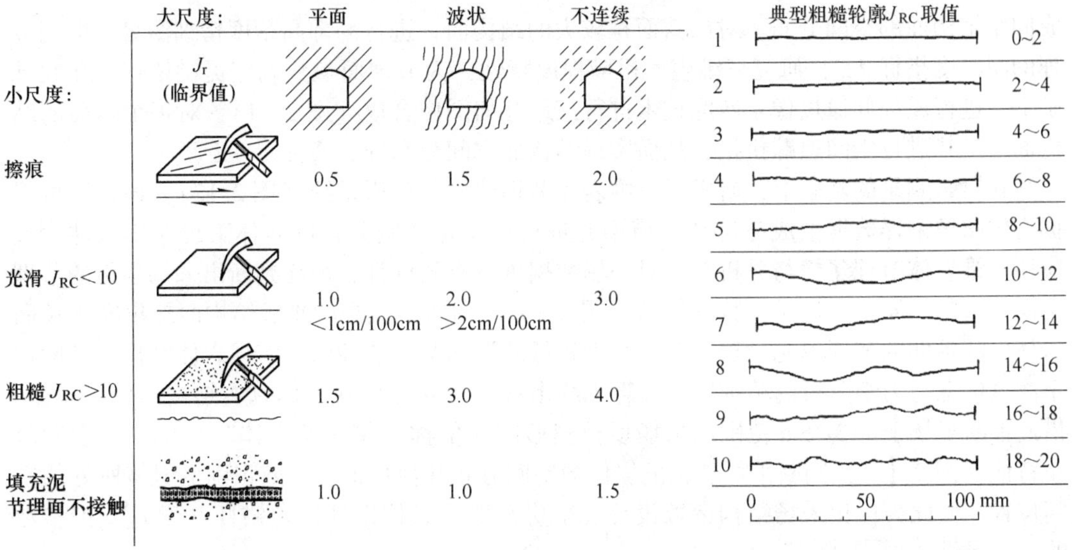

大尺度：	平面	波状	不连续		典型粗糙轮廓 J_{RC} 取值
小尺度： J_r (临界值)				1	0~2
				2	2~4
擦痕	0.5	1.5	2.0	3	4~6
				4	6~8
				5	8~10
光滑 $J_{RC}<10$	1.0 <1cm/100cm	2.0 >2cm/100cm	3.0	6	10~12
				7	12~14
粗糙 $J_{RC}>10$	1.5	3.0	4.0	8	14~16
				9	16~18
填充泥节理面不接触	1.0	1.0	1.5	10	18~20

图 2.8 岩体节理粗糙系数[13]

　　岩体节理面产状的统计法主要有玫瑰图法、直方图法（图 2.9）、极点图法、等密度图法等概率统计法，按倾角和倾向对节理进行分组，然后在每组节理中，做出各参数的概率直方图，拟合出各参数最佳的概率密度分布函数[11]。

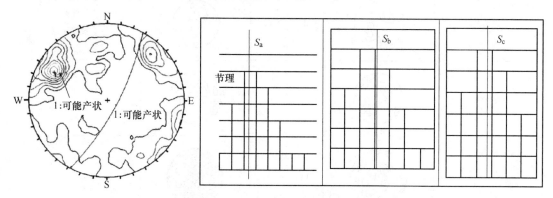

图 2.9　岩体节理间距直方图表示法

C　摄影测量法

　　摄影测量系统主要由高分辨率立体摄像的照相机，进行三维图像生成的模型重建软件和对三维图像进行交互式空间可视化分析的分析软件包组成。摄影测量原理（图 2.10）是从两个不同角度对地下巷道不同开挖断面进行数字测量，实现每个结构面个体的识别、定位、拟合、追踪以及几何形态信息参数（产状、迹长、间距、断距等）的获取，并进行结构面的分级、分组、几何参数统计，计算每组结构面的迹长、间距和断距，按照这些平均参数生

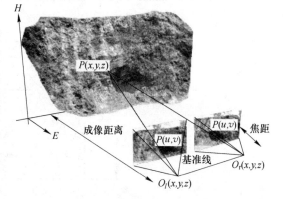

图 2.10　立体图像合成原理
（两个图像上相应的点 P (u, v)
组成三维空间物体点 p (x, y, z)）

成同组结构面的空间分布，对出露面积较大的结构面，进行局部高精度精细测量，得到节理的粗糙度指标 J_{RC}，研究三维表面粗糙程度特性，为节理面参数确定提供依据。在此基础上，进行成像并通过像素匹配技术进行三维几何图像合成（图 2.11），对每个断面的结构面按产状进行空间追踪拼接，从而实现结构面空间分布的真实标定。

　　在摄影测量的基础上，研发了三维岩体节理建模与分析系统（图 2.12），该系统可根据岩体图像采样数据生成三维节理模型并进行可视化切割分析的岩体工程应用软件[14]。应用三维岩体节理建模与分析系统对采场数据进行有效统计，最终判断出采场顶板的节理走向、倾向、倾角、迹长等数据信息（图 2.13）。对级别较高的Ⅲ级结构面按出露迹长向岩体内部延伸的节理单元处理，对于级别较低的Ⅳ和Ⅴ级节理面，实现岩体结构足尺度数字测量信息与力学分析的精细定量计算无缝衔接，建立能反映岩体真实结构的数字模型，借此推断采场上部 3~5m 范围内采场顶板楔形体（俗称"倒三角岩体"）的三维空间分布特征（图 2.14），判断采场顶板危岩体的空间分布几何特征，有效识别危岩体所处的空间位置，借此为优化采场结构参数设计、矿房布置、点柱设计以及锚杆（索）支护参数的选择提供依据[15~18]。

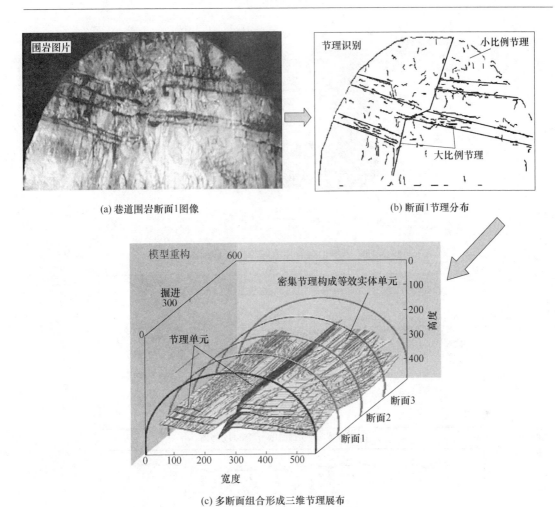

(a) 巷道围岩断面1图像　　　　　　　　　　(b) 断面1节理分布

(c) 多断面组合形成三维节理展布

图 2.11　巷道工程三维可视化模型及力学计算处理

图 2.12　三维岩体节理建模与分析系统

图 2.13　采场顶板岩体节理分析（仰视图）

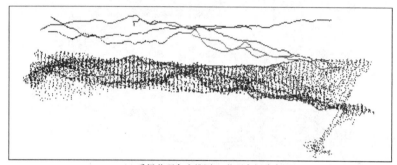

(a) 采场节理向上推测1m节理空间分布图

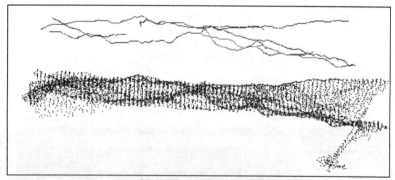

(b) 采场节理向上推测2m节理空间分布图

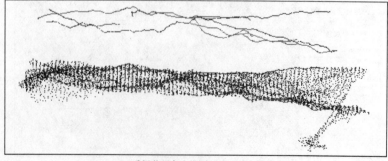

(c) 采场节理向上推测3m节理空间分布图

图 2.14　采场节理向上推测节理空间分布图

D　三维激光数字测量法

三维激光数字测量技术能够全方位、精确地获取空间数据信息的技术,又称"实景复制技术",是一种新型全自动高精度空间数据测量技术,通过高速三维激光数字测量的方法(图 2.15),以点云的形式大面积、高分辨率地快速量测被测对象表面的三维坐标、颜色、反射率等信息。与传统测量方法相比,三维激光数字测量技术采集数据不需要合作目标,能快速、准确地获取被测目标体的空间三维数据,具有高采样率、高精度、非接触性等特点。可以对复杂环境空间进行量测,并直接将各种复杂空间的三维空间数据完整的采集到计算机中,进行数据存储,重构出被测目标的三维空间模型,以及点、线、面、体等各种制图数据。三维激光数字测量仪是集激光测距、机电自动化、大数据快速采集分析处理的非接触测量技术,具有非接触性、量测速度快、自动化程度高、分辨率高、精度高、主动性、空间信息多样性、数据用途广泛性的特点[19,20]。

在量测节理原始点云数据基础上,对量测的点云数据进行去噪处理,去除扫描过程中因为硬件条件和现场因素产生的非正常点;进行切片处理之后,将切片模型导出为 DWG 格式,采用 AUTOCAD 进行二维断面处理,并且对缺失点进行补充,形成较为完整的等密度断面图,导入到 CAD 中的各断面图 2.16,从而获取符合现场实际情况并且满足实际需要的区域模型。

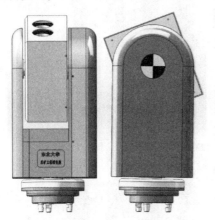

图 2.15　三维激光数字测量仪

图 2.16　某洞库围岩三维点云数字模型

2.1.2.2　间接勘查法

A　地质钻孔

在地质勘查工作中,常用钻探设备向地下钻成一定直径的圆柱状孔,从钻孔取出岩芯、矿芯、岩屑,获取岩矿层各种地质信息、地下水等,岩芯是研究和了解地下地质和矿产情况的重要实物材料(图 2.17)。

岩芯编录信息不仅包括:颜色、风化程度、岩石结构、结构面间距、硬度、岩性以及赋存深度;还应包括:结构面类型、张开度、是否存在填充物、粗糙度以及产状等;针对结构面填充物,包括含水量、颜色、厚度、连贯性、硬度、填充物类型及来源等。

B　钻孔成像

钻孔成像勘探是地质测井勘探中一种重要的勘探方法[21~24]。钻孔成像设备能以照相胶片或视频图像的方式直接提供钻孔孔壁的图像。

图 2.17 　地质岩芯

通过钻孔和岩芯进行岩体节理分组，常用方法有两种：一是通过钻孔三维成像，以及相关软件识别，获取围岩的节理产状信息，应用 DIPS 进行围岩节理组划分，可计算平均节理间距；二是通过岩芯，结合节理分组经验进行围岩节理组数的确定，但其无法计算每组节理的平均间距。

应用钻孔电视收集钻孔图像信息（图 2.18（a）），利用钻孔电视图像软件对图像信息

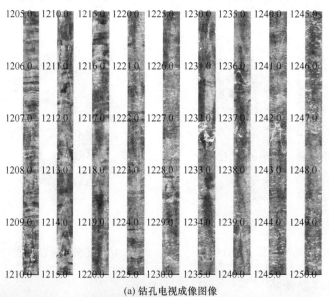

(a) 钻孔电视成像图像

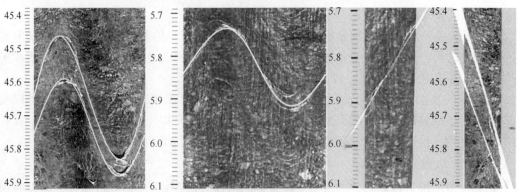

(b) 节理裂隙识别

图 2.18 　钻孔电视成像与节理产状确定

进行处理，对节理裂隙进行划分，最终得到节理的产状信息（图 2.18（b））；然后利用 DIPS 软件进行节理组数的划分（图 2.19）。

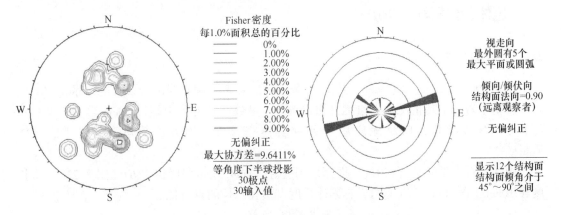

图 2.19 某矿竖井区段节理等密度图和倾向玫瑰图

C 微地震成像

微地震成像（图 2.20）采用人工激发震源，使震源附近质点产生震动，形成的地震波在地下介质中传播，当遇到两种不同弹性介质界面时，便产生反射，利用反射波的强度、频谱、相位、波长和反射波的传播时间和空间关系（反射波的走时规律）解决相关地质问题，对勘探目的层形成干扰，甚至以多次波的形式屏蔽沉积矿床。一般在石油或煤田勘探中广泛应用，而在岩浆岩体中的地震分析也可应用。

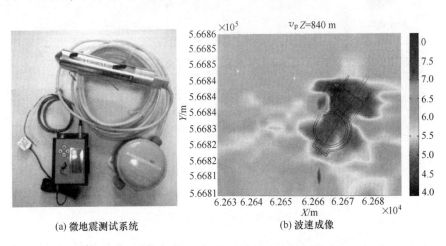

(a) 微地震测试系统　　　　　　(b) 波速成像

图 2.20 微地震测试系统与波速成像分析

微地震不同于微震监测，主要因为：（1）微地震监测属于低频（14Hz）信号连续监测，其传播距离远，研究区域尺度大。（2）在浅部区域建立在线监测系统，采动造成的低频岩移微地震活动信息质量高，这与微震监测大不相同，因为微震监测信号繁杂、冗余，微震信号与干扰信号不易剔除区别；而微地震监测点布设远离采区，高频微震信号通过自然衰减剔除，监测的微地震活动直接反映区域岩移微地震信息。（3）区域岩体微地震监测信息震级、波速场、空间定位易于计算，尤其区域波速场反演，能精细反演深部海床岩移趋势。（4）通过对深部采动过程岩体移动微地震监测，有效反演采动诱发岩体能量场初始、迁移与积聚过程。

2.2　岩体质量指标（RQD）

2.2.1　RQD 定义

早在1964年，笛尔（Deer）基于14条隧洞工程实际调查提出岩石质量指标（RQD），是一种基于岩芯节理情况的无量纲（量纲为1）参数，是岩芯中超过10cm岩芯长度总和与岩芯总长度比值，广泛地应用于评价岩体完整性，该方法简单、有效评估岩体质量[29]。

国际岩石力学学会（ISRM）推荐采用岩芯（ϕ54.7mm）确定 RQD（图2.21）：将长度在10cm（含10cm）以上的岩芯累计长度占钻孔总长的百分比。

$$RQD = \frac{\Sigma \text{岩芯长度} \geq 10\text{cm}}{\text{岩芯总长度}} \times 100\% \qquad (2.1)$$

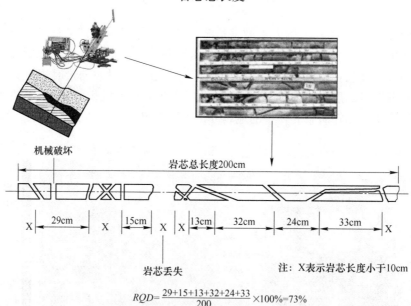

图 2.21　ISRM 推荐岩芯 RQD 值计算方法

虽然 RQD 值确定比较简单，但它要求调查者了解如何钻进和如何测量岩芯长度和数岩芯的数目，关于 RQD 确定的最低标准是：

（1）良好的钻进技术；

（2）采用至少 NX（54.7mm）或 NQ（47.6mm）直径钻头；

（3）为了获得高质量的数据，钻杆长度应不超过1.5m；

（4）只统计长度10cm以上的岩芯；

（5）只统计质地坚硬且良好的岩芯；

（6）将机械破坏（钻进导致）的岩芯视为完整岩芯（图2.22）；

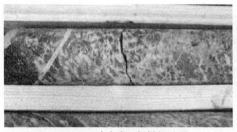
(a) 大角度、新鲜断面

(b) 片理近似平行的裂隙簇；粗糙且有棱角

(c) 大角度岩芯饼化

(d) 岩芯旋转

图 2.22　岩芯典型机械破坏图

（7）将天然碎石带（如节理组）排除在外（图 2.23）；

（8）将破碎带视为天然破碎带；

（9）将沿岩芯轴向或近似平行的节理视为完整岩芯；

（10）只统计天然的节理和裂隙；

（11）钻取岩芯后应立即进行 RQD 编录。

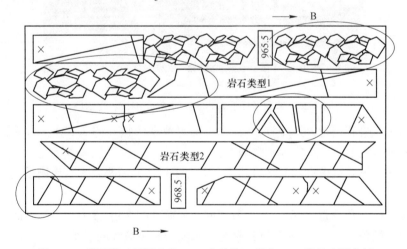

图 2.23　碎石带（圆圈内从 RQD 中排除）岩芯 RQD 编录步骤实例

　　图 2.24 为破碎带岩芯编录实例。首先，区域 B 内的碎屑需要堆积在一起近似成为岩芯的形状。区域 B 的 RQD 值为 0，是工程设计和建设中的软弱区域，需要进行岩体质量分级。

　　图 2.25 为钻探取芯遇到自然碎石带（节理组）的典型案例。建议自然碎石带也应包含在内，而且自然碎石带还应以主要地质构造的形式记录于地质编录表中。每 10cm 长 4 组节理应看作是碎石带。

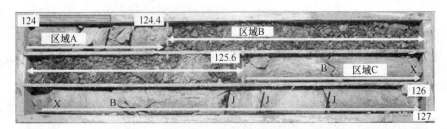

图 2.24　破碎带示意图

图 2.25　天然碎石带（破碎区）图示

图 2.26 为节理平行于岩芯钻进方向时 *RQD* 编录示例。将沿岩芯钻进方向或近似平行的节理视为完整岩芯。

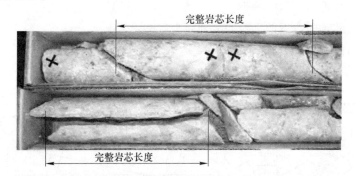

图 2.26　节理平行于岩芯轴向时 *RQD* 编录步骤示例

在利用钻孔岩芯进行 *RQD* 编录时，也可确定节理产状（图 2.27）。测量岩芯结构面产状需要两种常用的技术，实施步骤如下：

一是在沙子里或机械夹具上将岩芯重定向，采用法向露头技术直接测量，该方法比较直接。

二是 α、β、γ 角测量。其中，α 为节理面与岩芯轴的夹角；β 为沿岩芯表面从方向线开始顺时针旋转的角；γ 为节理面椭圆长轴与椭圆面内某一条线的夹角。

2.2.2　测线法确定 *RQD* 值

在矿山工程地质调查时，有时没有岩芯，常采用测线法进行工程地质调查，同时确定调查区域岩体 *RQD* 值（图 2.28）。

测线法确定 *RQD* 值如图 2.29 所示。在实践中，先将钢钉钉入岩体内，然后将皮尺固定于钢钉上并紧贴岩体表面。钢钉沿着皮尺方向的间距在 3m 左右，且必须确保皮尺处于张紧和伸直状态。在测量时每个测线位置应当拍照且包含测线编号或其他易于识别的标

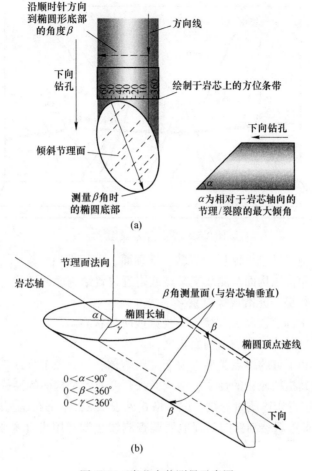

图 2.27　岩芯产状测量示意图

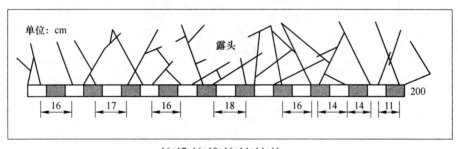

$$RQD = \frac{16+17+16+18+16+14+14+11}{200} \times 100\% = 61\%$$

图 2.28　测线法确定 *RQD* 值

志。一旦测线确定，位置（测线编号和节点坐标）、日期、岩石类型、岩体表面产状、测线产状和调查者姓名等就都应记录于调查表 2.2 中，调查者应该仔细、系统地记录沿测线方向与测线相交的结构面的特征，主要包括：

（1）到节理交叉点处的距离（图 2.29 中的 *D*）。爆破产生的裂隙不予记录；

（2）岩体表面上可观察到的端点数（0，1，2）；

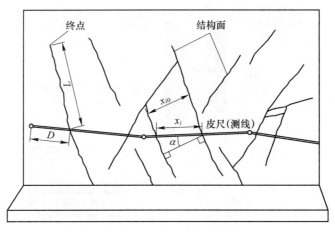

图 2.29 测线法示意图[30]

（3）结构面类型（节理、断层、岩脉、层理面、剪切带）；

（4）采用罗盘测量结构面与测线交叉点或附近位置结构面的产状（倾向和倾角）；

（5）粗糙度（粗糙、光滑或擦痕）；

（6）平整度（平面、波状或起伏、不规则或阶梯状）；

（7）迹长或测量岩体表面的结构面长度；

（8）测线上方和下方的终点类型（交于完整岩体、另一条节理或消失）；

（9）备注，尤其是填充物的性质、结构面张开度或者结构面的渗透性。

测线法主要是进行岩体质量分级，记录格式见表 2.2，本书在编写时根据现场条件和岩体质量分级的要求重新绘制新的工程地质调查测线法调查用表（见附表 2.1），以供在现场调查时参考。

表 2.2 岩体结构和特征

测线编号： 北： 岩体表面倾角： 页码：第 页，共 页
方位： 东： 岩体表面倾向： 记录人：
倾角： 删节水平（m）： 上下： 日期：
海拔高度： 位置： 起点： 终点：

位　　置		结构面				几何参数							备注
								测线上方			测线上方		
距离/m	端点	类型	倾向	倾角	岩石类型	粗糙度	平整度	T1	T2	迹长	T1	T2	

2.2.3 RQD 值的其他确定方法

2.2.3.1 RQD 与 J_v 的关系[31]

Barton（1983 年）提出如果岩芯数据不可靠，分析 RQD 和节理间距间关系（图

2.30），计算 RQD 值。

$$RQD = 115 - 3.3J_v \tag{2.2}$$

式中，J_v 为每立方米岩体节理数量，适用于 J_v 在 4.5~30 之间。$J_v < 4.5$ 时，$RQD = 100\%$，$J_v > 30$ 时，$RQD = 0$。

$$RQD = \frac{1}{S_A} + \frac{1}{S_B} + \frac{1}{S_C} + \cdots \tag{2.3}$$

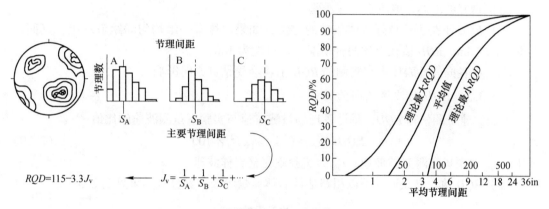

图 2.30　节理间距和 RQD 理论关系

2.2.3.2　RQD 与节理密度 λ 的关系

节理密度 λ 是指单位长度内的节理数，是衡量节理发育程度的标志，可简单表示为节理间距 s_j 的倒数（参见图 2.31），即：

$$\lambda = 1/s_j \tag{2.4}$$

$$RQD = \frac{L_1 + L_2 + \cdots + L_n}{L} \times 100\% \tag{2.5}$$

$$\lambda = \frac{节理条数}{长度} = n/l \tag{2.6}$$

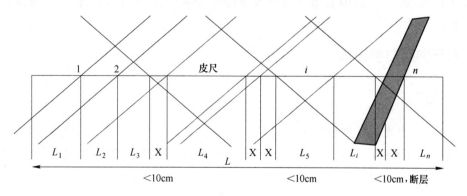

图 2.31　节理密度 λ 测量示意图

Priest 和 Hudson[32,33] 推导出 RQD 与线性节理密度 λ 的关系式：

$$RQD = 100\,e^{-\lambda t}(\lambda t + 1) \tag{2.7}$$

式中，t 为长度阈值。当于 $t = 0.1\text{m}$ 时，对于传统定义的 RQD，式（2.7）可以表示为：

$$RQD = 100(0.1\lambda + 1)e^{-0.1\lambda} \tag{2.8}$$

当 $\lambda = 6/m$ 和 $16/m$ 时，可以近似表示为：

$$RQD = 110.4 - 3.68\lambda \tag{2.9}$$

注意：从岩芯获得的 RQD 值不是节理密度可靠的参数，主要由于：

（1）节理密度值取决于编录者区分天然裂隙、爆破或钻进造成裂隙的能力；

（2）可能受待钻进岩石材料的强度影响；

（3）良好的取芯率取决于钻探经验；

（4）RQD 不是表征良好岩体条件的方法，如果岩体有一组均匀间距节理组，其间距为 0.1m 或 5m，RQD 值在上述两种情况下都可能为 100；

（5）在各向异性岩体中，实测的 RQD 值将会受钻进方向影响。

2.2.3.3　RQD 与波速之间的关系

地震波速量测估算 RQD，是计算现场量测波速与实验室量测波速的比值[34]：

$$RQD(\%) = (v_{PF}/v_{P0})^2 \times 100 \tag{2.10}$$

式中，v_{PF} 为现场实测 P 波波速；v_{P0} 为实验室完整岩样波速。

由于 RQD 值较易获取，可以粗略估计岩体质量等级，其分级结果见表 2.3。

表 2.3　岩石质量指标

分类	很差	差	一般	好	很好
$RQD/\%$	<25	25~50	50~75	75~90	>90

2.2.4　RQD 的局限性

RQD 是一种简单的岩体质量评价方法，其仅考虑完整岩芯的长度，而未考虑岩芯其他条件，诸如：（1）节理产状；（2）节理连续性；（3）节理岩体的互嵌作用；（4）块体尺寸；（5）外部载荷；（6）节理面和充填物性质；（7）地下水条件；（8）原岩应力条件。受上述因素影响，RQD 很难直观有效地评价岩体质量。但作为岩体质量分级的一项指标，RQD 应用广泛。

2.3　岩石物理力学性质

2.3.1　物理性质

2.3.1.1　密度、容重和比重

密度：单位体积岩石（包括岩石内空隙体积在内）所具有的质量。岩石密度的表达式为：

$$\rho = \frac{M}{V} \tag{2.11}$$

容重：单位体积岩石所受的重力。岩石容重的表达式为：

$$\gamma = \frac{W}{V} = \frac{Mg}{V} \tag{2.12}$$

式中，ρ 为岩石密度，g/cm^3；γ 为岩石容重，kN/m^3；M 为岩石质量，kg；V 为被测岩石体积，m^3；W 为被测岩石重量，kN；g 为重力加速度，一般取 9.8m/s^2。

岩石力学计算及工程设计中常用岩石容重。根据岩石的含水状况，将容重分为天然容重（γ）、干容重（γ_d）和饱和容重（γ_m）。

测定岩石的容重的方法有量积法、水中称重法、蜡封法等。

2.3.1.2 孔隙率

孔隙率（又称孔隙度）指岩石孔隙的体积和岩石总体积的比值，可用单位体积岩石中孔隙所占的体积表示，也可以用百分数表示。孔隙率用 n 表示，可用下式计算：

$$n = \frac{V_\rho}{V} = \frac{G - \gamma_d}{G} \times 100\% \qquad (2.13)$$

式中，V 为岩石体积，m^3；V_ρ 为岩石孔隙总体积，m^3。

孔隙率反映的是孔隙和裂隙在岩石中所占的百分率，孔隙率越大，岩石的空隙和裂隙就越多，岩石的力学性能就越差。

2.3.1.3 水理性

岩石与水相互作用时所表现的性质称为岩石的水理性，包括岩石的吸水性、透水性、溶解性、软化性和抗冻性。

（1）天然含水率 w。自然状态下岩石中水的质量 m_w 与烘干岩石质量 m_{rd} 的比值，称为天然含水率，以百分比表示，即：

$$w = \frac{m_w}{m_{rd}} \times 100\% \qquad (2.14)$$

（2）吸水率 w_a。吸水率 w_a 是岩石在常温常压下吸入水的质量与岩石的烘干质量 m_{rd} 的比值，以百分比表示，即：

$$w_a = \frac{m_o - m_{rd}}{m_{rd}} \times 100\% \qquad (2.15)$$

式中，m_o 为烘干岩样浸水 48h 后的总质量，其余符号意义同前。

（3）饱和吸水率又称为饱水率，是岩石在强制状态（高压或真空，煮沸）下，岩石吸入水的质量与岩样烘干质量的比值，以百分率表示，即：

$$w_{sa} = \frac{m_{sa} - m_{rd}}{m_{rd}} \times 100\% \qquad (2.16)$$

式中，w_{sa} 为岩石的饱和吸水率；m_{sa} 为真空抽气饱和或煮沸后岩石试件的质量；m_{rd} 为岩样在 105~110℃ 温度下烘干 24h 的质量。

（4）饱水系数 k_w 是指岩石吸水率与饱水率的比值，以百分率表示：

$$k_w = \frac{w_a}{w_{sa}} \times 100\% \qquad (2.17)$$

2.3.1.4 碎胀性

矿岩破碎后其体积比原岩体积变化的特性称为岩石的碎胀性，碎胀系数用 K_p 表示。破碎后松散岩块的体积 V_p 与整体状态下原岩体积 V 之比，称为碎胀系数。

$$K_p = \frac{V_p}{V} > 1 \qquad (2.18)$$

碎胀系数是岩石物理性质的重要参数之一，主要取决于破碎后矿岩的粒度组成和块度形状，是采矿工程常用数据。岩石碎胀系数不是一个固定值，随时间和工况状态发生变化。

2.3.1.5　波速

岩石弹性波速与岩石材料属性相关，实验室内岩石弹性波速测试主要有高频超声脉冲技术、低频超声脉冲技术、共振法（ISRM，1978）。常见岩样的 P 波波速、S 波波速见图 2.32。

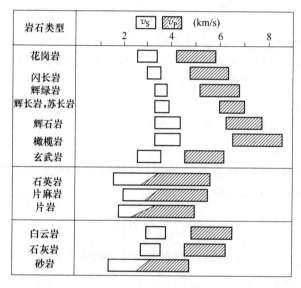

图 2.32　不同岩石 P 波、S 波波速变化范围

2.3.1.6　软化系数

岩石中含水量的大小影响岩石的强度。含水越多，岩石的强度越低，通常以软化系数 η_c 反映这种关系。软化系数指岩石试件在饱水状态下的抗压强度 σ_c 与在干燥状态下的抗压强度 σ_c' 的比值，即：

$$\eta_c = \frac{\sigma_c}{\sigma_c'} \qquad (2.19)$$

2.3.1.7　抗冻性

岩石经过反复冻结与融化，会使其强度降低，甚至引起破坏。

抗冻性是指岩石抵抗冻融破坏的性能，是评价岩石抗风化稳定性的重要指标。抗冻性用抗冻系数 C_f 表示，指岩石试件在 ±25℃ 的温度区间内，反复降温、冻结、融解、升温，然后测量其抗压强度的下降值（$\sigma_c - \sigma_{cf}$），以此强度下降值与冻融试验前的抗压强度 σ_c 之比的百分率作为抗冻系数 C_f，即：

$$C_f = \frac{\sigma_c - \sigma_{cf}}{\sigma_c} \times 100\% \qquad (2.20)$$

式中, σ_c 为冻融试验前岩石试件的抗压强度; σ_{cf} 为冻融试验后岩石试件的抗压强度。

2.3.2 力学性质

岩石强度是反应岩体工程稳定性的重要指标, 是计算工程岩体强度的必备参数。根据国际岩石力学学会推荐的试验方法对岩样进行加工, 单轴压缩变形试验和剪切强度试验的试件为圆柱形, 其尺寸高宽比为 2:1。巴西盘劈裂试验的试件是 ϕ50mm×25mm 的圆盘。

2.3.2.1 点荷载强度试验

点荷载强度指标试验是布鲁克和富兰克林 1972 年发明的, 是一种最简单的岩石强度试验, 其试验所获得的强度指标值可用做岩石分级的一个指标, 有时可以代替单轴抗压强度。

点荷载试验获得的强度指标用 I_s 表示, 其值等于:

$$I_s = \frac{p}{y^2} \tag{2.21}$$

ISRM 将直径为 50mm 的圆柱体试件径向加载点荷载试验的强度指标值 $I_{s(50)}$ 确定为标准试验值, 其他尺寸试件的试验结果根据下列公式进行修正:

$$I_s = kI_{s(D)} \tag{2.22}$$
$$k = 0.2717 + 0.01457D \quad (当 D \leqslant 55\text{mm} 时) \tag{2.23}$$
$$k = 0.7540 + 0.0058D \quad (当 D > 55\text{mm} 时) \tag{2.24}$$

式中, $I_{s(50)}$ 为直径为 50mm 的标准试件的点荷载强度指标值, MPa; $I_{s(D)}$ 为直径为 D 的非标准试件的点荷载强度指标值, MPa; k 为修正系数 (表 2.4); D 为试件直径, mm。

现场进行岩体质量分级时需用 $I_{s(50)}$ 作为点荷载强度指标值。$I_{s(50)}$ 可由下式转换为单轴抗压强度:

$$\sigma_c = 22I_{s(50)} \tag{2.25}$$

式中, σ_c 为 $L:D = 2:1$ 的试件单轴抗压强度。

表 2.4 不同岩石转换系数

岩石类型	转换系数
花岗岩	5~15
辉长岩	6~15
安山岩	10~15
玄武岩	9~15
砂岩	1~8
泥岩	0.1~6
石灰岩	3~7
片麻岩	5~15
片岩	5~10
板岩	1~9
大理岩	4~12
石英岩	5~15

抗拉强度为:

$$\sigma_t = 1.25 I_{s(50)} \tag{2.26}$$

2.3.2.2 单轴抗压强度

岩石在单轴压缩荷载作用下达到破坏前所能承受的最大
压应力称为单轴抗压强度,或称为非限制性抗压强度。圆柱
体试件长度与直径之比(L/D)对试验结果影响很大。对不同
长度与直径之比试件可用下式校正:

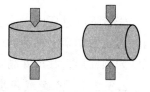

图 2.33　点载荷试验示意图

$$\sigma_c = \frac{\sigma_c'}{0.788 + 0.22\dfrac{D}{L}} \tag{2.27}$$

式中,σ_c 为实际的岩石单轴抗压强度,MPa;σ_c' 为试验所测得的岩石单轴抗压强度,MPa;
D 为试件直径,mm;L 为试件长度,mm。

岩石点荷载指数与岩石单轴抗压强度之间的对应关系见表 2.5。

表 2.5　点荷载指数与岩石单轴抗压强度对应关系

点载荷强度/MPa	单轴抗压强度/MPa	评分
>10	>250	15
4~10	100~250	12
2~4	50~100	7
1~2	25~50	4
不使用	10~25	2
不使用	3~10	1
不使用	<3	0

2.4　地应力

地应力是存在于地壳中的未受到工程扰动的天然应力,也称岩体初始应力、绝对应力
或原岩应力,由瑞士地质学者海姆(Haim)在 1905~1912 年间首次提出,包括由岩体重
量引起的自重应力和地质构造作用引起的构造应力等。

地应力与岩体的自重、构造运动、地下水及温差等有关,同时又随时间、空间变化的
应力场。地应力是引起采矿工程围岩、支护变形和破坏、矿井产生动力破坏的根本作用
力,准确的地应力资料是确定工程岩体的力学属性,进行岩体稳定性分析和计算,矿井动
力破坏区域预测,实现采矿决策和科学化设计的必要前提条件。

2.4.1　理论解析法

运用地质、数学或力学等进行理论分析、计算得出地应力的方法[35,36]。

2.4.1.1　海姆公式

瑞士地质学家海姆在观察了大型越岭隧道围岩工作状态之后,认为原岩体铅垂应力为
上覆岩体自重。在漫长的地质年代中,由于岩体不能承受较大的差值应力和时间有关的变

形影响，使得水平应力与铅垂应力趋于均衡的静水压力状态。图 2.34 为岩体单元体的应力状态示意图。

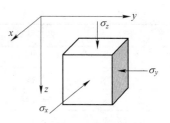

由海姆法则可知：

$$\sigma_z = \gamma h \qquad (2.28)$$

式中，γ 为上覆岩层的平均容重，kN/m^3；h 为单元体距离地表的深度，m。

由于静水压力无剪应力，所以任意方向都是主应力方向，可表示为：

图 2.34 岩体单元体应力状态示意图

$$\sigma_x = \sigma_y = \sigma_z = \gamma h \qquad (2.29)$$

2.4.1.2 金尼克公式

金尼克认为地下岩体为线弹性体，其铅垂应力等于上覆岩体自重；在水平方向上，岩层的侧向应力 σ_x 与 σ_y 相等，且水平方向上应变为零：

$$\begin{cases} \sigma_x = \sigma_y \\ \varepsilon_x = \varepsilon_y = 0 \end{cases} \qquad (2.30)$$

由广义虎克定律可知：

$$\begin{cases} \varepsilon_x = [\sigma_x - \nu(\sigma_y + \sigma_z)] = 0 \\ \varepsilon_y = [\sigma_y - \nu(\sigma_x + \sigma_z)] = 0 \\ \varepsilon_z = [\sigma_z - \nu(\sigma_x + \sigma_y)] \neq 0 \end{cases} \qquad (2.31)$$

由此可解出：

$$\sigma_x = \sigma_y = \frac{\nu}{1-\nu}\sigma_z = \frac{\nu}{1-\nu}\gamma h \qquad (2.32)$$

Terzaghi 和 Richart（1952）给出一个侧压力系数 λ，λ 值与深度无关，可表示为[37]：

$$\lambda = \frac{\nu}{1-\nu} \qquad (2.33)$$

式中，ν 为岩石泊松比，典型岩石泊松比值范围 $\nu = 0.1 \sim 0.4$。

Sheorey（1994）发展了一个弹性-静力-热地壳模型，综合考虑地壳曲线、弹性常数变化、密度和热膨胀系数，将水平应力表示为[38]：

$$\sigma_h = \frac{\nu}{1-\nu}\gamma h + \frac{\beta E_h G}{1-\nu}(h + 1000) \qquad (2.34)$$

式中，ν 为岩石泊松比；γ 为岩石容重，N/m^3；h 为地表以下深度，m；E_h 为水平方向量测岩石的平均变形模量，Pa；β 为岩石线性热膨胀系数，$1/℃$（表 2.6）；G 为地温梯度，$℃/m$。

表 2.6 部分岩石线性热膨胀系数（Sheorey 等，2001）

岩石类型	热膨胀系数 $\beta / \times 10^{-6}℃^{-1}$
花岗岩	6~9
石灰岩	3.7~10.3
大理岩	3~15

岩石类型	热膨胀系数 $\beta / \times 10^{-6} ℃^{-1}$
砂岩	5~12
片岩	6~12
白云岩	8.1
砾岩	9.1
角砾岩	4.1~9.1
煤	30

2.4.2　统计回归法

2.4.2.1　Hoke-Brown 统计分析

Hoke-Brown 总结了世界各地的应力测量结果，并在此基础上查阅了大量相关文献，绘制出了图 2.35 和图 2.36。

从图 2.35 可以看出，实测所得的垂直应力与其上覆一定厚度岩层质量具有线性函数关系，证明了海姆法则和金尼克解的正确性。因此，岩体的垂直应力 σ_v 满足下式：

$$\sigma_v = \gamma h \tag{2.35}$$

式中，γ 为上覆岩层容重，kN/m^3；h 为距离地表的深度，m。

令 λ 为平均水平应力与垂直应力之比，图 2.36 表示 λ 值与测点埋藏深度的关系曲线。

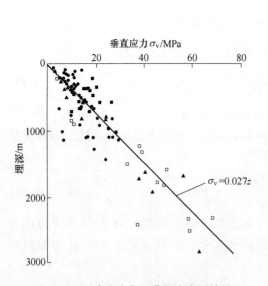

图 2.35　垂直应力与埋藏深度实测结果

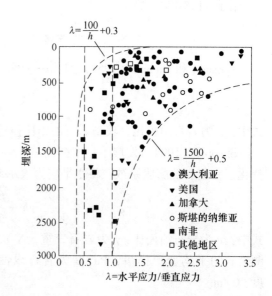

图 2.36　λ 值与埋藏深度关系

$$\frac{100}{h} + 0.3 < \lambda < \frac{1500}{h} + 0.5 \tag{2.36}$$

图 2.36 中曲线表明，在深度小于 500m 时，水平应力明显大于垂直应力，与海姆和金尼克解的结果不符。当深度超过 1000m 时，海姆公式认为水平应力与垂直应力趋于

相等。

2.4.2.2 我国地应力实测值及其分布

李新平等人共收集来自黑龙江、吉林、辽宁、山东、山西、陕西、河北、河南、安徽、云南、江苏、湖南、广东等省以及内蒙古、新疆、宁夏等自治区内的 628 组深部实测地应力数据。根据实测垂直应力数据，做出了垂直应力随深度分布的散点图（见图 2.37）。

对所有实测垂直应力数据与埋深的关系进行线性回归，得：

$$\sigma_v = 0.02808h + 2.195 \quad (R = 0.982) \quad (2.37)$$

据实测水平应力数据，分别做出最大水平主应力与最小水平主应力散点图（图 2.38）。

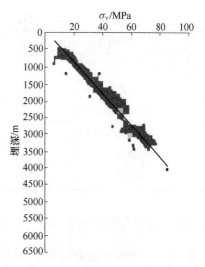

图 2.37 垂直应力随深度分布的散点图

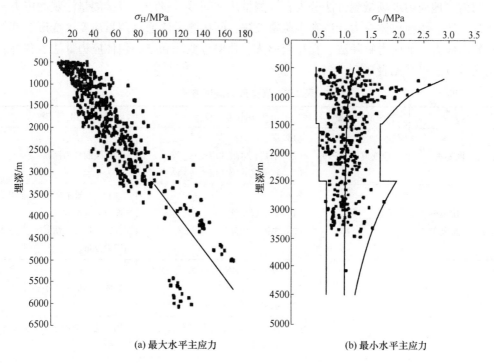

(a) 最大水平主应力   (b) 最小水平主应力

图 2.38 我国最大水平主应力和最小水平主应力随深度变化散点图

σ_H、σ_h 与埋深 h 的线性回归方程为：

$$\begin{cases} \sigma_H = 0.0238h + 7.648 \quad (R = 0.896) \\ \sigma_h = 0.018h + 0.948 \quad (R = 0.963) \end{cases} \tag{2.38}$$

我国学者根据岩石种类的差异，分析水平应力随深度变化规律，水平应力与深度为一次函数关系。其中最大水平主应力为 σ_H（单位：MPa）：

$$\sigma_{H(h)} = \gamma h + R \tag{2.39}$$

式中，γ 为相关性系数；R 为自由项。取值见表 2.7。

表 2.7　相关性系数 γ 及自由项 R 随岩性变化统计表

岩石种类	相关系数 γ 取值	自由项 R 取值
岩浆岩最大主应力	0.0318	5.8950
岩浆岩最小主应力	0.0198	0.2325
沉积岩最大主应力	0.0240	4.9125
沉积岩最小主应力	0.0183	1.5673
变质岩最大主应力	0.0264	4.0567
变质岩最小主应力	0.0194	1.6859

2.4.3　地应力现场测量

地应力的原位测量起始于 20 世纪 30 年代。1932 年，美国人劳伦斯在 Hoover Dam 地下隧道中采用岩体表面应力解除法进行了原岩应力的测量。

目前，地应力现场量测方法分为直接测量法和间接测量法。直接测量法观测应力，如扁千斤顶法、刚性包体应力计法和水压致裂法；间接测量法通过测量应变、变形及其他物理量转求应力，如应力解除法、孔径变形法、孔壁应变法和空心包体应力计法。各种岩体应力测试方法总结见表 2.8。

表 2.8　岩体应力测试方法

测量方法		被测量物理量	所用仪器、设备	用　　途
应力恢复法		应变或压力	(1) 扁千斤顶； (2) 钢弦或电阻式应变仪； (3) 频率仪或应变仪	岩体表面应力测量
应力解析法	孔底平面应变	应变	(1) 孔底应变计； (2) 电阻应变计	(1) 已知主应力方向求岩体平面应力大小和方向； (2) 用三个钻孔汇交测取三向应力分量
	孔壁应变	应变	(1) $\phi36$ 或 $\phi46$ 橡皮叉式三向应变仪； (2) 电阻应变仪或应变采集系统	岩体三向应力大小和方向
	孔径变形	变形	(1) 36-2 型钢环式孔径变形仪； (2) 应变仪	用三孔汇交测求岩体的三向应变分量
钻孔应力计法		应力	(1) 玻璃应力计； (2) 简易光弹仪	长期监测岩体内应力变化
水压致裂法		压力	(1) 封堵器； (2) 液压泵等	已知一个应力方向的条件下，测求岩体三向应力
物理方法	声波法	声速、声衰减、声发射	(1) SYC3 型岩石声波参数仪； (2) 声发射仪	(1) 测量岩体三向应力； (2) 长期观测应力变化； (3) 探测岩体声发射源
	地震法	弹性波	(1) 微震仪； (2) 测震仪	(1) 测量地质构造应力； (2) 测量岩体动力特性

2.5 结构面

岩体由结构面与岩块构成，指岩体中结构面与岩块的排列组合特征。岩体力学性质是岩块和结构面力学性质的综合反映，结构面对岩体力学性质的影响取决于结构面的发育程度。如岩性完全相同的两种岩体，由于结构面的空间方位、连续性、密度、形态、张开度及其组合关系不同，其岩体力学性质有很大的差异。

2.5.1 结构面定义

结构面指岩体中存在着的各种不同成因、不同特性的地质界面，包括物质分异面和不连续面，如层理、片理、节理、断层、褶皱等，统称为结构面，反映了地壳运动影响下地应力作用性质和特征，具有一定方向、延展较大的二维面状地质界面。

按结构面成因可分为：原生结构面（沉积结构面：层理、层面、不整合等；火成结构面：岩浆岩的流层、接触面等；变质结构面：片理、板理等）、构造结构面（节理、断裂、层间错动的破碎带等）、次生结构面（风化裂隙、冰冻裂隙等）。

按结构面的受力情况不同可分为：压性结构面（片理面、褶皱轴面、压性节理面等）、张性结构面（张断裂面、张性节理面等）、扭性结构面（X型（平移）断裂面、平面上的X型节理面等）、压扭性结构面、张扭性结构面。

2.5.2 结构面状态

岩体中的结构面，变化非常复杂，致使岩体出现不连续、非均质性和各向异性。工程实践表明：结构面的产状、形态、延展尺度、密集程度及其胶结与充填情况等，是影响岩体强度和工程稳定性的重要因素。

2.5.2.1 产状

结构面产状与最大主应力的关系控制着岩体的破坏机理与强度。如图2.29所示，当结构面与最大主平面的夹角β为锐角时，岩体将沿结构面产生滑移破坏（图2.29（a））；当$\beta=0$时，岩体横切结构面的剪断破坏（图2.29（b））；当$\beta=90°$时，岩体沿平行结构面产生劈裂拉张破坏（图2.29（c））。岩体破坏方式不同，岩体强度也将发生变化。

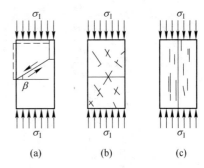

图2.39 结构面产状对岩体破坏机理的影响

2.5.2.2 连续性

结构面的连续性反映结构面的贯通程度，常用线连续性系数、迹长和面连续性系数等表示。

线连续性系数（K_1）指沿结构面延伸方向上，结构面各段长度之和（$\sum a_i$）与测线长（B）的比值（图2.40），即：

$$K_1 = \sum a_i / B \tag{2.40}$$

K_1在0~1之间变化。K_1值越大，说明结构面的连续性越好，岩体的工程地质性质越差；当 $K_1 = 1$ 时，结构面完全贯通。

国际岩石力学学会（ISRM，1978）主张用结构面迹长（在露头中对结构面可追踪的长度）来描述和评价结构面连续性，并制订了相应的分级标准（表2.9）。

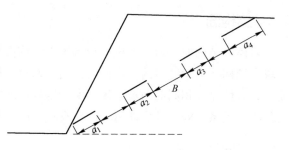

图 2.40　结构面连续性系数示意图

2.5.2.3　密集度

岩体中发育的各组结构面的密集程度，一般以岩体裂隙度和切割度作为衡量指标。

表 2.9　结构面连续性分级

描　　述	迹长/m
很低连续性	<1
低连续性	1~3
中等连续性	3~10
高连续性	10~20
很高连续性	>20

若岩体中有几组不同方向的结构面时，如图 2.41 所示的两组构面 J_a 和 J_b 则沿测线 $x-x$ 方向上结构面的平均间距：

$$M_{ax} = \frac{d_a}{\cos\xi_a}$$

$$M_{bx} = \frac{d_b}{\cos\xi_b}$$

$$M_{nx} = \frac{d_n}{\cos\xi_n}$$

$$K_a = \frac{1}{M_{ax}}$$

$$K_b = \frac{1}{M_{bx}}$$

$$K_n = \frac{1}{M_{nx}}$$

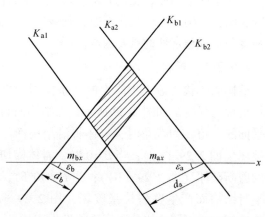

图 2.41　两组节理的裂隙计算图

该测线上的裂隙度 K 为各组结构面裂隙度之和，即：

$$K = K_a + K_b + \cdots + K_n \tag{2.41}$$

式中，K_a，K_b，$\cdots$，K_n 分别为各组结构面的裂隙度。

按裂隙度 K 的大小，可将节理（结构面）分为节理（$K = 0 \sim 1\text{m}^{-1}$），密节理（$K = 0 \sim 10\text{m}^{-1}$），非常密节理（$K = 10 \sim 100\text{m}^{-1}$）及压碎或糜棱化（$K = 100 \sim 1000\text{m}^{-1}$）。

2.5.2.4 延展尺度

在工程岩体范围内，延展度大的结构面完全控制了岩体强度。按结构面延展的绝对尺度，可将结构面分为细小（其延展尺度小于1m）、中等（1~10m）和巨大（大于10m）三种。但该分类方法不能准确表明结构面对不同的岩体工程结构的影响。因比，应对照工程岩体的类型和大小具体分析其影响程度。

按结构面的贯通情况，可将结构面分为非贯通性、半贯通性和贯通性三种类型（图2.42）。

非贯通性结构面：结构面较短，不能贯通岩体或岩块，但其存在使岩体或岩块的强度降低，变形增大（图2.42（a））。

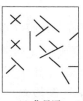

| (a) 非贯通 | (b) 半贯通 | (c) 贯通 |

图2.42 岩体内结构面贯通类型

半贯通性结构面：结构面虽有一定长度，但尚不能贯通整个岩体或岩块（图2.42（b））。

贯通性结构面：结构面连续长度贯通整个岩体，是构成岩体、岩块的边界，对岩体的强度影响较大，岩体破坏常受结构面控制（图2.42（c））。

2.5.2.5 块体尺寸

块体尺寸是描述结构面密度和岩体表现的重要参数之一。块体尺寸取决于结构面间距、节理组数、节理切割潜在岩块稳定性；块体形态取决于节理组数、节理切割潜在岩块方向（图2.43）。

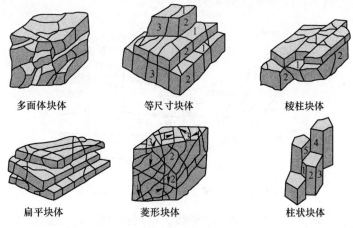

多面体块体　　等尺寸块体　　棱柱块体

扁平块体　　菱形块体　　柱状块体

图2.43 块体形态实例

对于单个岩块表面形态容易量测和表征。对于存在三组结构面的岩体，岩块体积可表述为：

$$V_{\rm b} = \frac{S_1 S_2 S_3}{\sin\gamma_1 \sin\gamma_2 \sin\gamma_3} \tag{2.42}$$

式中，S_1，S_2，S_3 为不同组节理间距；γ_1，γ_2，γ_3 为不同组节理间夹角。

假设以节理相交右侧夹角，则岩块体积可表示为：

$$V_b = S_1 S_2 S_3 \tag{2.43}$$

2.5.2.6 软弱夹层

软弱夹层[39]指岩体中夹有一定厚度的力学性质软弱的结构面或软弱带。按成因分有原生软弱夹层、构造及挤压破碎带、泥化夹层及其他夹泥层等。与周围岩体相比，软弱夹层具有高压缩性和低强度的特点。因此，软弱夹层控制着工程岩体的变形破坏机理和稳定性，其中泥化夹层危害较大。

常见结构面充填物成分有黏土质、砂质（多为层间错动的碎屑）、角砾（多为断层角砾）、石膏沉淀物以及含水次生蚀变矿物（如滑石、绿泥石）等。其中，以黏土质充填，特别是在充填物中含润滑性质的矿物（如绢云母、绿泥石、蛇纹石、高岭石、伊利石、蒙脱石、滑石等）较多时，其力学性能最差，含非润滑性质的矿物（如石英、方解石）较多时，其力学性能相对较好，此外，充填物粒度的尺寸对结构面强度影响很大。粗颗粒含量高时，其力学性能越好；细颗粒含量越多，特别是黏土矿物颗粒含量越多时，其力学性能越差。

泥化夹层具有以下特性：（1）由原岩的超固结胶结式结构变成了泥质散状结构或泥质定向结构；（2）黏粒含量很高；（3）含水量接近或超过塑限，密度比原岩小；（4）常具有一定的胀缩性；（5）力学性质比原岩差，强度低，可压缩性高；（6）由于其结构疏松，抗冲刷能力差，因而在渗透水流作用下，易产生渗透变形。

2.6 地下水

地下水指埋藏和赋存于地表以下不同岩土层中的孔隙水。地下水按埋藏条件可分为上层滞水、潜水和承压水三种类型（图2.44）[46,47]。

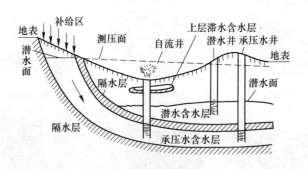

图2.44 上层滞水、潜水和承压水含水层

对于采矿工程，地下水弱化岩体抗压强度、节理抗剪强度。例如，饱和条件下蒙脱石黏土质页岩完全失去强度；饱和砂岩单轴抗压强度是干砂岩强度的85%；降低节理、断层、结构面内填充物的强度，直接影响工程岩体稳定性，常引起不可预计的地质灾害。

以某竖井工程为例，影响竖井施工的水文条件主要为风化裂隙水和基岩裂隙水，水量不大，根据地质勘探报告，井筒的含水层主要包括两段，第一段含水层主要位于地表到井深323.91m地段，岩性主要以风化千枚岩为主，渗透系数为8.2×10^{-6}cm/s，对照表2.10，折减系数可取0.18。第二段含水层主要位于井深962.50～1035.93m段，岩性为石英砂岩、石英岩和大理岩，渗透系数为2.5×10^{-6}，折减系数可取0.12，g取10cm/s^2。

表 2.10　岩体渗透性等级表

岩土体渗透性等级	渗透系数 $K/\mathrm{cm} \cdot \mathrm{s}^{-1}$	外水压力折减系数 β_{e}
极微透水	$K<10^{-6}$	$0 \leqslant \beta_{\mathrm{e}} <0.1$
微透水	$10^{-6} \leqslant K<10^{-5}$	$0.1 \leqslant \beta_{\mathrm{e}} <0.2$
弱透水	$10^{-5} \leqslant K<10^{-4}$	$0.2 \leqslant \beta_{\mathrm{e}} <0.4$
中等透水	$10^{-4} \leqslant K<10^{-2}$	$0.4 \leqslant \beta_{\mathrm{e}} <0.8$
强透水	$10^{-2} \leqslant K<1$	$0.8 \leqslant \beta_{\mathrm{e}} \leqslant 1$
极强透水	$K \geqslant 1$	

参 考 文 献

[1] 张咸恭, 王思敬, 张倬元. 中国工程地质学 [M]. 北京: 科学出版社, 2000.

[2] 张倬元. 工程地质分析原理: 工程地质专业用 [M]. 北京: 地质出版社, 1981.

[3] 戚筱俊. 工程地质及水文地质 [M]. 北京: 中国水利水电出版社, 1997.

[4] 地矿部地质环境管理司等起草. 工程地质调查规范: 1: 2.5 万~1: 5 万 [M]. 北京: 中国标准出版社, 1990.

[5] 地矿部地质环境管理司等起草. 工程地质调查规范: 1: 10 万~1: 20 万 [M]. 北京: 中国标准出版社, 1990.

[6] 徐晓萍. 无人机航测技术在矿区地形测量中的应用 [J]. 资源信息与工程, 2018, 33 (3): 114~115.

[7] 顾建峰. 低空无人机航摄测量在矿区变化监测中的应用研究 [J]. 世界有色金属, 2018 (15): 244~246.

[8] 宋增巡. 无人机在辽宁省某矿山中的测绘应用研究 [J]. 世界有色金属, 2018 (15): 34~35 [2018-10-13].

[9] 贾洪彪. 岩体结构面三维网络模拟理论与工程应用 [M]. 北京: 科学出版社, 2008.

[10] 汪小刚. 岩体结构面网络模拟原理及其工程应用 [M]. 北京: 中国水利水电出版社, 2010.

[11] 奚春雷. 岩体节理数据的概率统计 [D]. 沈阳: 东北大学, 2003.

[12] 李增学. 煤矿地质学 [M]. 北京: 煤炭工业出版社, 2013.

[13] Singh B. Engineering Rock Mass Classification: Tunnelling, Foundations and Landslides [M]. Elsevier Ltd Oxford, 2011.

[14] 赵兴东, 刘洪磊, 郭甲腾, 杨素俊. 三山岛金矿采场顶板危岩体推测方法 [J]. 东北大学学报 (自然科学版), 2011, 32 (7): 1028~1031.

[15] 赵兴东, 刘杰, 张洪训, 由伟, 刘丰韬. 基于摄影测量的岩体结构面数字识别及采场稳定性分级 [J]. 采矿与安全工程学报, 2014, 31 (1): 127~133.

[16] 胡高建, 杨天鸿, 胡忠强, 于庆磊, 赵永, 周靖人. 基于 Mathews 稳定图等方法的多角度采空区群稳定性分析评价 [J]. 采矿与安全工程学报, 2017, 34 (2): 348~354.

[17] 张飞, 杨天鸿, 胡高建. 复杂应力扰动下围岩稳定性评价与采场参数优化 [J]. 东北大学学报 (自然科学版), 2018, 39 (5): 699~704.

[18] 郑超, 杨天鸿, 刘洪磊, 于庆磊, 于天亮. 大孤山铁矿边坡岩体结构数字识别及力学参数研究 [J]. 煤炭学报, 2011, 36 (3): 383~387.

[19] 赵兴东, 徐帅. 矿用三维激光数字测量原理及其工程应用 [M]. 北京: 冶金工业出版社, 2016.

[20] 赵子乔. 基于岩体分级和三维激光扫描的围岩稳定性分析 [D]. 沈阳：东北大学，2014.

[21] 王锡勇，李冬伟，成功，罗鹏程. 高放废物地质处置的岩体深部结构面特征研究——以甘肃北山高放废物地质处置地下实验室工程为例 [J]. 物探与化探，2018，42（3）：481~490.

[22] 袁广祥，王洪建，黄志全，李建勇，黄向春，万军利. 花岗岩体钻孔中结构面的分布规律——以深圳大亚湾花岗岩体为例 [J]. 工程地质学报，2017，25（4）：1010~1016.

[23] 邹刚. 钻孔窥视法在围岩结构测试中的应用 [J]. 煤矿现代化，2016（4）：56~57.

[24] 徐光黎，李志鹏，宋胜武，陈卫东，张世殊，董家兴. 地下洞室围岩 EDZ 判别方法及标准 [J]. 中南大学学报（自然科学版），2017，48（2）：418~426.

[25] 柳建新，赵然，郭振威. 电磁法在金属矿勘查中的研究进展 [J/OL]. 地球物理学进展，2018：1~18 [2018-10-13]. http://kns.cnki.net/kcms/detail/11.2982.P.20180725.1141.076.html.

[26] 徐小连，刘金涛. 瞬变电磁法在地下溶腔探测中的应用——以湖北应城盐矿为例 [J]. 人民长江，2017，48（5）：56~60.

[27] 戴前伟，侯智超，柴新朝. 瞬变电磁法及 EH-4 在钼矿采空区探测中的应用 [J]. 地球物理学进展，2013，28（3）：1541~1546.

[28] 梁爽，李志民. 瞬变电磁法在阳泉二矿探测积水采空区效果分析 [J]. 煤田地质与勘探，2003（4）：49~51.

[29] 蔡美峰. 岩石力学与工程 [M]. 北京：科学出版社，2013.

[30] Brady B H G, Brown E T. Rock Mechanics for Underground Mining [M]. Springer, 2006.

[31] 陈剑平，肖树芳，王清. 随机不连续面三维网络计算机模拟原理 [M]. 长春：东北师范大学出版社，1995.

[32] Priest S D, Hudson J A. Discontinuity spacings in rock [J]. International Journal of Rock Mechanics & Mining Sciences & Geomechanics Abstracts, 1976, 13（5）：135~148.

[33] Zhang L. Determination and applications of rock quality designation（RQD）[J]. Journal of Rock Mechanics and Geotechnical Engineering, 2016, 8（3）：389~397.

[34] Barton N. Rock quality, seismic velocity, attenuation and anisotropy [M]. London：Taylor & Francis Group, 2007.

[35] 蔡美峰. 地应力测量原理和技术 [M]. 北京：科学出版社，1995.

[36] 康红普. 煤岩体地质力学原位测试及在围岩控制中的应用 [M]. 北京：科学出版社，2013.

[37] 王志刚. 基于优化方法的地应力与套管承载规律研究 [D]. 北京：中国石油大学，2009.

[38] 刘超儒. 深部煤矿井地应力分布特征及对巷道围岩应力场的影响研究 [D]. 北京：煤炭科学研究总院，2012.

[39] 孙广忠. 岩体结构力学 [M]. 北京：科学出版社，1988.

[40] 沈明荣，陈建峰. 岩体力学 [M]. 上海：同济大学出版社，2015.

[41] 刘佑荣，唐辉明. 岩体力学 [M]. 北京：化学工业出版社，2009.

[42] 夏才初，孙宗颀. 工程岩体节理力学 [M]. 上海：同济大学出版社，2002.

[43] 周维垣. 高等岩石力学 [M]. 北京：水利电力出版社，1990.

[44] 杜时贵. 岩体结构面抗剪强度经验估算 [M]. 北京：地震出版社，2005.

[45] 杜雷功. 坝基软弱结构面抗剪强度指标取值方法 [M]. 北京：中国水利水电出版社，2012.

[46] 张人权. 水文地质学基础 [M]. 北京：地质出版社，2011.

[47] 俞养田. 水文地质 [M]. 北京：冶金工业出版社，1993.

附表 2.1　工程岩体地质调查表

调查位置：　　　　　　参考点坐标：　　　　　　露头面条件：　　　　　　测线编号：　　　　　　RQD 值：

调查（巷道）方位：　　调查长度：　　　　　　　删节长度：　　　　　　　节理平均间距：　　　　节理组数：

序号	位置/m	岩石类型	结构面类型	产状（°）		半迹长/m	张开度/mm	平整度	末端可见性	粗糙度	蚀变	胶结充填状态	含水状况
				倾向	倾角								

测量者：　　　　　　记录者：　　　　　　测量日期：　　　　年　月　日　　　　　　　　第　　页

说明：

1. BG—层理；VH—岩脉；CN—接触；JN—节理组；JS—节理组；FL—断层；FS—断层剪切带。
2. 节理组数：一组，二组，三组，四组，五组……（现场调查后采用 Dips 软件进行分组分析）。
3. 张开度（单位：mm）：非常紧密（VT）<0.1，紧密（T）0.1~0.25，局部张开（PO）0.25~0.5，张开（O）0.5~2.5，中等宽（MW）2.5~10，宽（W）>10；对于张开较小的结构面可以用塞尺测量，对于张开度较大的结构面应用卷尺或三角尺测量。
4. 平整度：C—方解石；Q—石英；G—泥；CL—黏土；A—空气；BX—角砾岩；胶结。观察记录结构面的胶结类型和胶结程度，无胶结结构面的充填情况。
5. 平整度：平面连续，波状连续，不连续。
6. 填充：平面连续，波状连续，不连续。
7. 末端可见性：0—不连续结构面终止于节理一个或两个末端可见；1，2—不连续结构面终止于节理五类。
8. 蚀变：未风化，结构构造未变，岩质新鲜，锤击声清脆，岩块断口边锋利，用手摸有割手感；
   微风化，结构构造未变，岩质新鲜，色泽光鲜，少见风化裂隙，锤击声清脆，岩质新鲜，色泽光鲜，少见风化裂隙，用手摸有割手感；
   弱风化，结构构造部分破坏，矿物色泽较明显变化，裂隙面出现风化矿物或存在风化夹层，色泽暗沉，风化裂隙发育，岩块断口多为铁锰质渲染（黑色），岩块断口用手摸无割手感，具泥痕，锤击声哑，岩石不易干水。
   强风化，结构构造大部分破坏，矿物色泽明显变化，长石，云母等多风化，风化裂隙很发育，岩芯用手可扳断，岩芯易挖掘。
   全风化，结构构造全部分破坏，矿石成分除石英外，大部分风化成土状，风化裂隙很发育，岩芯锤击易碎，岩块用手可扳断，风镐易挖掘。
9. 粗糙度：极粗糙，粗糙，一般，光滑，搭擦。
10. 结构面位置：以结构面与测线交点在测线上的坐标作为结构面的位置；若露头面凹凸不平，结构面迹线未靠近测线，应把结构面延伸到测线上读取数据。
11. 半迹长（删节半迹长）：在布置半迹长的一侧，测量露测结构面在该测线外侧的半迹长，当该侧结构点延伸至线外侧时，可测量其删节半迹长，并标明确标示为半迹长，则在半迹长一栏内用"*"标注。

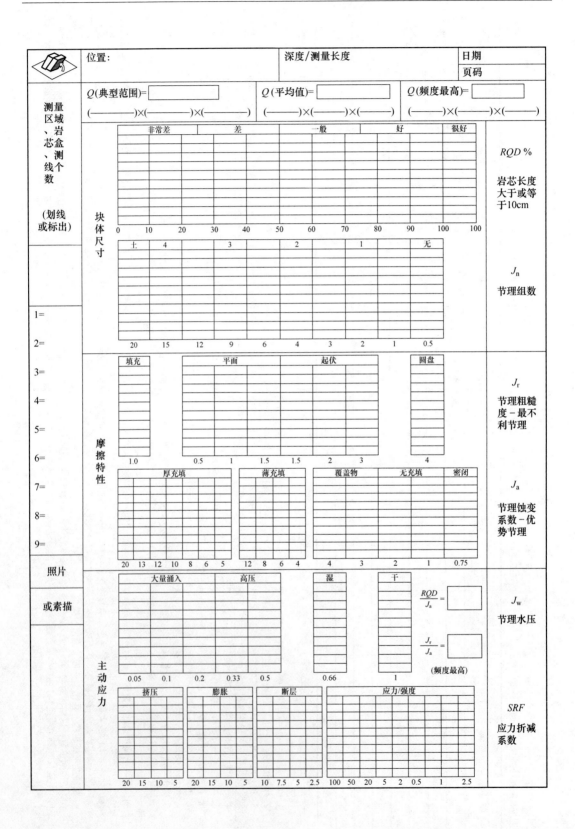

3 岩体质量分级与岩体力学参数

岩体质量分级是建立在丰富的工程实践和大量岩石力学试验基础上，综合考虑影响岩体稳定性的各种地质条件和岩石物理力学特性，通过工程地质调查（地应力、断层、节理裂隙、地下水等），据此划分岩体质量等级，对岩体稳定性进行评价，广泛应用于不同类型的工程设计与施工中，诸如采矿、隧道、水利、边坡及地基工程等。工程岩体质量分级是指导岩体工程建设的科学依据，是确定工程岩体力学参数的基础。

3.1 岩体地质力学（*RMR*）分级

Bieniawski（1976）[1~4]依据矿山工程地质条件，提出了岩石地质力学分级系统 *RMR*（Rock Mass Rating）。岩体地质力学分级指标值 *RMR* 由岩块强度 A_1、*RQD* 值 A_2、节理间距 A_3、节理条件 A_4、地下水 A_5 及节理方向对工程影响的修正参数 A_6，共 6 种指标参数组成。进行岩体质量分级时，按各种指标的数值按表 3.1A 的标准评分，求和得总分 *RMR* 值，然后按表 3.1B 和表 3.1C 的规定对总分做适当的修正。用修正的总分对照表 3.1D 求得所研究岩体质量级别及相应的无支护地下工程的自稳时间和岩体强度指标（c，φ）值。

$$RMR = A_1 + A_2 + A_3 + A_4 + A_5 + A_6 \tag{3.1}$$

表 3.1 岩体地质力学（*RMR*）分级表

A 分类参数及其评分值

参数			数值范围					
1	完整岩石材料的强度	点载荷强度指标/MPa	8	4~8	2~4	1~2	对于低值范围宜用单轴抗压试验		
		单轴抗压强度/MPa	>250	100~250	50~100	25~50	5~25	1~5	<1
	评分值		15	12	7	4	2	1	0
2	岩芯质量 *RQD*/%		90~100	75~90	50~75	25~50	<25		
	评分值		20	17	13	8	3		
3	节理间距/m		>2	0.6~2	0.2~0.6	0.06~0.2	<0.06		
	评分值		20	15	10	8	5		
4	节理面条件		表面非常粗糙、不连续、无间隙、未风化节理	表面微粗糙、间隙<1mm、轻微风化节理	表面微粗糙、间隙<1mm、轻高度风化节理	镜面或泥质夹层<5mm厚，或连续节理张开度1~5mm、高度风化节理	软泥质夹层、厚度>5mm，或连续节理张开度>5mm		
	评分值		30	25	20	10	0		

	参数		数值范围				
5	地下水	每 10m 巷道涌水量/L·min⁻¹	无	<10	10~25	25~125	>125
		节理水压力与最大主应力之比	0	<0.1	0.1~0.2	0.2~0.5	>0.5
		一般条件	完全干燥	潮湿	湿	滴水	流水
		评分值	15	10	7	4	0
6	节理方向评估		非常有利	有利	一般	不利	非常不利
	巷（隧）道		0	−2	−5	−10	−12
	地基		0	−2	−7	−15	−25
	边坡		0	−5	−25	−50	−60

B　节理方向对巷（隧）道的影响（通过以下条件，对 A_6 进行评分）

走向与巷（隧）道轴垂直				走向与巷（隧）道轴向平行		与走向无关
沿倾向掘进		逆倾向掘进		倾角 20°~45°	倾角 45°~90°	倾角 0°~20°
倾角 45°~90°	倾角 20°~45°	倾角 45°~90°	倾角 20°~45°			
非常有利	有利	一般	不利	一般	非常不利	不利

C　节理面条件详细评分（1. 以下各项评分之和即为 A_4 值。2. 若以下条件相矛盾时，直接以 A_4 中条件进行评分。）

节理长度	<1m	1~3m	3~10m	10~20m	>20m
	6	4	2	1	0
节理宽度	无	<0.1mm	0.1~1.0mm	1~5mm	>5mm
	6	5	4	1	0
粗糙度	非常粗糙	粗糙	轻微粗糙	光滑	断层擦痕
	6	5	3	1	0
填充物（断层泥）	硬质充填			软质充填	
	无	<5mm	>5mm	<5mm	>5mm
	6	5	2	2	0
节理面风化程度	未风化	轻微风化	中等风化	高度风化	分解
	6	5	3	1	0

D　基于 RMR 总评分的岩体质量评价与工程特性

评分值	100~81	80~61	60~41	40~21	<20
岩体质量等级	I	II	III	IV	V
岩体描述	很好	好	中等	差	很差
平均自稳跨度/自稳时间	15m 跨度 20 年	10m 跨度 1 年	5m 跨度 1 周	2.5m 跨度 10h	1m 跨度 30min

参数	数值范围				
岩体的内聚力/MPa	>0.4	0.3~0.4	0.2~0.3	0.1~0.2	<0.1
内摩擦角	>45°	35°~45°	25°~35°	15°~25°	<15°

Bieniawski 建立 RMR 岩体质量分级指标，解决坚硬节理岩体中浅埋巷（隧）道（跨度 10m）的开挖和支护方法（表 3.2），由于其使用较为简便，在采矿现场应用较多。按 RMR 岩体质量总评分值将岩体质量等级分为 5 级。

表 3.2 依据 RMR 岩体分级巷（隧）道支护设计参考（以 10m 跨度的巷（隧）道为例）

岩体质量等级	开挖方式	锚杆 (φ20mm，全长锚固)	喷射混凝土	钢支架
Ⅰ：非常好 RMR=81~100	全断面开挖 进尺 3m	采用点锚杆支护		
Ⅱ：好 RMR=61~80	全断面开挖 进尺 1~1.5m 距工作面 20m 进行全支护	局部支护，顶锚杆 3m，间距 2.5m，偶尔采用金属网	局部顶板喷射 50mm 混凝土	无
Ⅲ：一般 RMR=41~60	台阶法开挖 上台阶进尺 1.5~3m 爆破后进行临时支护 距工作面 10m 进行全支护	巷道顶板和两帮支护锚杆 4m，间距 1.5~2m，顶板进行金属网支护	顶板喷射 50~100mm 混凝土，两帮喷射 30mm 混凝土	无
Ⅳ：差 RMR=21~40	台阶法开挖 上台阶进尺 1.0~1.5m 距工作面 10m 进行全支护	全巷道进行锚网支护，锚杆 4~5m，间距 1~1.5m	顶板喷射 100~150mm 混凝土，两帮喷射 100mm 混凝土	局部采用轻型至中型钢支架，间距 1.5m
Ⅴ：非常差 RMR<20	分次掘进 上台阶进尺 0.5~1.5m 爆破后即进行支护，工作面喷射混凝土	全巷道进行锚网支护，锚杆长 5~6m，间距 1~1.5m 底板锚杆、反拱	顶板喷射 100~150mm 混凝土，两帮喷射 150mm，工作面喷射 50mm	中型至重型钢支架，间距 0.75m，与顶板间隙内安装钢背板。需要时进行超前支护

应用实例：

某岩体工程质量分级见表 3.3。

表 3.3 某岩体工程质量稳定性等级

表号	分级参数	指标值	分数
A_1	点荷载	7MPa	12
A_2	RQD	70%	13
A_3	节理间距	300mm	10
A_4	节理条件	①	22

表号	分级参数	指标值	分数
A_5	地下水	湿	7
A_6	节理方向调整条件	②	-5
总分			59

①对于节理结构面轻微粗糙、蚀变、节理间距小于1mm，A_4得分值为25。但是获得更详细信息时，表3.1C能得到更为详细的评分。因此，$A_4 = 4$（节理长度：1~3m）+4（节理宽度：0.1~1.0mm）+3（轻微粗糙）+6（节理无填充）+5（轻微风化）= 22。

②假设巷（隧）道掘进穿过一组节理，节理倾角60°，节理走向与巷（隧）道轴向不平行，且为逆倾向掘进。按表3.1B节理方向对巷（隧）道的影响为"一般"，由表3.1A得调整系数 A_6 为-5。

3.2 修正的采矿岩体地质力学（MRMR）分级

Laubscher（1977）[5]等依据采矿工程实际情况，对岩体地质力学（RMR）分级进行修改，提出了采矿岩体地质力学（MRMR）。MRMR分级系统中（图3.1），其参数确定如下：

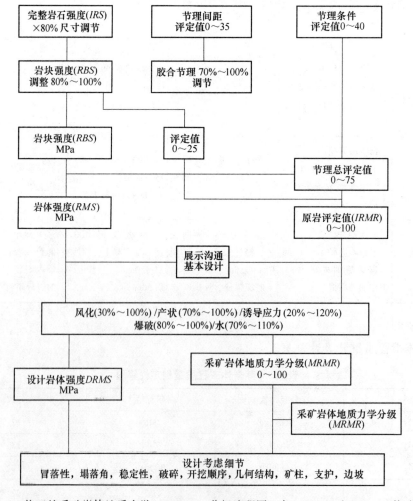

图3.1 修正的采矿岩体地质力学（MRMR）分级流程图（在 Laubsher 和 Jakubec 修改后）

$$RMR = IRS + RQD + \text{spacing} + \text{condition} \tag{3.2}$$

式中，RMR 为 Laubscher 修正的岩体质量分级；IRS 为完整岩石强度；RQD 为岩石质量指标；spacing 为节理间距；condition 为节理面条件（该参数与地下矿山开采中地下水涌水量及压力等因素密切相关）。

$$MRMR = RMR \times \text{修正系数} \tag{3.3}$$

式中，修正系数取决于开挖方式、节理方向与开挖巷道的相对方位、开挖扰动应力和开挖后受到的岩体风化程度有关。

Laubscher 的 $MRMR$ 值所用参数与 Bieniawski 的 RMR 分级系统所使用的参数类似，但有些混乱。在 $MRMR$ 分级中，条件参数包含了地下水及其水压力等因素，而在 Bieniawski 的 RMR 分级中，地下水是一个独立的参数。$MRMR$ 采动岩体地质力学分级结果相比较 RMR 分级系统应用更广泛。

RMR 和 $MRMR$ 地质力学分级结果确定加强支护。在应用调整系数之前，对于岩体有高 RMR 值需要加固支护。无论开挖后 $MRMR$ 值为多少，一般都只需要锚杆支护即可。相反，锚杆支护不适合 RMR 值比较低的岩体。

Laubscher 使用图表确定节理间距参数，取三组节理间距的最大值，决定岩块形状和大小。岩体节理参数取影响岩体稳定性最不利的节理组条件。

在巷道开挖前后，岩体修正系数与岩体信息密切相关。局部补偿系数修正主要以现场观察岩体条件为准，要考虑开挖影响数量、开挖扰动应力、开挖方法、过去和未来岩体风化影响。

3.3 巴顿岩体质量分类（Q）

根据工程地质、水文地质条件以及矿体赋存条件、节理裂隙发育规律调查，采场、巷道地应力测量和岩石物理力学性质实验结果等，采用 Barton[6] 岩体质量（Q）分级评价方法，对采场、巷道围岩进行岩体质量分级，Q 指标值由式（3.4）确定：

$$Q = \frac{RQD}{J_n} \times \frac{J_r}{J_a} \times \frac{J_w}{SRF} \tag{3.4}$$

式中，RQD 为岩体质量指标；J_n 为节理组数；J_r 为节理粗糙系数；J_a 为节理蚀变系数；J_w 为节理水折减系数；SRF 为应力折减系数。

由式（3.4）可知，Q 由三个参数组成：

（1）岩体结构（RQD/J_n）：估测块体尺寸或颗粒尺寸，岩体结构区分两个极值（100/0.5 或 10/20）。岩块尺寸划分是确定最大块体尺寸的几倍，最小块体尺寸是其块体尺寸的一半（黏土颗粒尺寸除外）。

（2）岩体节理面或填充物的粗糙度和摩擦特性（J_r/J_a）：衡量岩体节理面的粗糙度、未蚀变节理。当节理面达到峰值强度，发生剪切破坏时节理面产生强烈膨胀，利于巷道稳定。当岩体节理有薄黏土充填矿物时，岩体强度明显降低。然而，当岩体节理产生小的剪切位移后，岩体节理接触面对于保持巷道开挖稳定起关键作用。

（3）主应力 J_w/SRF：是一个经验因数，描述岩体内有效主应力。

表 3.4　巴顿岩体质量 Q 分级评价方法
表 3.4.1　岩石质量指标 RQD

	1. 岩石质量指标[7]	$RQD/\%$
A	非常差	0~25
B	差	25~50
C	一般	50~75
D	好	75~90
E	非常好	90~100

注：1. 当报告或实测 $RQD \leqslant 10$（包括 0），采用名义值 10 来评价 Q；

　　2. RQD 间隔 5 取值，足够精确，例如：100、95、90 等。

表 3.4.2　节理组数 J_n

	2. 节理组数	J_n
A	整体性好，没有或含较少节理	0.5~1
B	一组节理 	2
C	一组节理与任一节理	3
D	两组节理 	4
E	两组节理与任一节理	6
F	三组节理 	9
G	三组节理与任一节理 	12
H	四组或四组以上的节理、随机分布节理、严重节理化、岩体被切割成方糖块状等	15
J	粉碎状岩石、类土状物	20

注：1. 对巷道交叉点，取 $3.0J_n$；

　　2. 对穿脉，取 $2.0J_n$。

表 3.4.3　节理粗糙度 J_r

	3. 节理粗糙度	J_r
	（1）节理面完全接触 （2）节理面在剪切错动 10cm 位移前属于接触	
A	非连续节理	4
B	粗糙或不规则的波状节理	3
C	光滑的波状节理	2
D	带擦痕的波状节理	1.5
E	粗糙或不规则的平面状节理	1.5
F	光滑的平面状节理	1.0
G	带擦痕的平面状节理	0.5

注：描述参考小尺度特征和中等尺度特征的顺序，节理粗糙度的选择可参考图 3.2。

	（3）剪切过程中节理面不接触	
H	节理中含有足够厚的黏土矿物，能够阻止节理面接触	1.0
J	节理中含有足够厚的砂、砾岩、岩石压碎区，能够阻止节理面接触	1.0

注：1. 如果相关节理组平均间距超过 3m，J_r 值需增加 1.0；

　　2. 对于含节理的平面带擦痕的平面状节理，若平面状节理与最小强度方向一致，则 J_r 取 0.5。

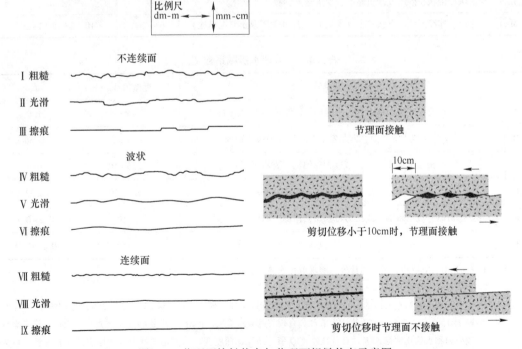

图 3.2　节理面接触状态与节理面粗糙状态示意图

表 3.4.4　节理蚀变系数 J_a

4. 节理蚀变系数	ϕ_r（近似值）	J_a
（1）节理面闭合（无矿物填充物，只有覆盖层）		
A　节理紧密接触，坚硬，无软化，不渗透性填充物，如石英或绿帘石	—	0.75
B　节理面未蚀变，仅表面褪色	25°~35°	1.0
C　节理面轻度蚀变，不含软化的矿物覆盖层、砂粒、无黏土分解岩石等	25°~30°	2.0
D　粉砂质或砂质黏土覆盖层，含少量黏土颗粒（非软化）	20°~25°	3.0
E　软化或低摩擦黏土矿物覆盖层，即高岭土或石英。也可是绿泥石、滑石、石膏、石墨等，以及少量膨胀性黏土（非连续覆盖层，厚度≤2mm）	8°~16°	4.0
（2）剪切错动 10cm 前是接触的（含薄层矿物填充物）		
F　含砂粒、无黏土分解岩石等	25°~30°	4.0
G　含强超固结、软化的黏土矿物填充物（连续，厚度<5mm）	16°~24°	6.0
H　中等或低超固结、软化的黏土矿物填充物（连续，厚度<5mm）	12°~16°	8.0
J　膨胀性黏土填充物，即蒙脱石（连续，厚度<5mm）。J_a 值取决于膨胀性黏土颗粒所占百分数、含水量等	6°~12°	8~12
（3）剪切错动时节理面不接触（含厚层矿物填充物）		
K　含区域或带状分解或压碎岩石和黏土（参见 G、H、J 关于黏土状况描述）	6°~24°	6，8 或 8~12
L　含区域或带状粉砂质或砂质黏土、少量黏土颗粒（非软化）	—	5.0
M　含厚层、连续区域或带状黏土（参见 G、H、J 关于黏土状况描述）	6°~24°	10，13 或 13~20

表 3.4.5　节理水折减系数 J_ω

5. 节理水折减系数	水压近似值/kg·cm^{-2}	J_w
A　干燥开挖或较小渗流的水，即局部渗流量小于 5L/min	<1	1.0
B　中等流量或中等压力，偶尔发生节理填充物被冲刷现象	1~2.5	0.66
C　流量大或水压高，节理无充填物，岩石坚固	2.5~10	0.5
D　流量大或水压高，大量填充物均被冲出	2.5~10	0.33
E　爆破时，流量特别大或压力特别高，但随时间增长而减弱	>10	0.2~0.1
F　持续不衰减的特大涌水或特高水压	>10	0.1~0.05

注：1. C~F 项的数值均为粗略估计值，如采取排水措施，J_w 可适当取大一些；

　　2. 本表没有考虑结冰引起的特殊问题；

　　3. 针对远离开挖影响岩体的一般特征，推荐随着深度增加（即 0~5m、5~25m、25~250m 到>250m）；当 J_w 取 1.0、0.66、0.5、0.33 等认为节理具有较好的导水连通性；RQD/J_n 足够低（例如 0.5~25），将考虑有效应力和水软化性与 SRF 适合特征修正 Q 值。随开挖深度变化的静态弹性模量和地震波速相关性，将会随着实践而发展、应用。

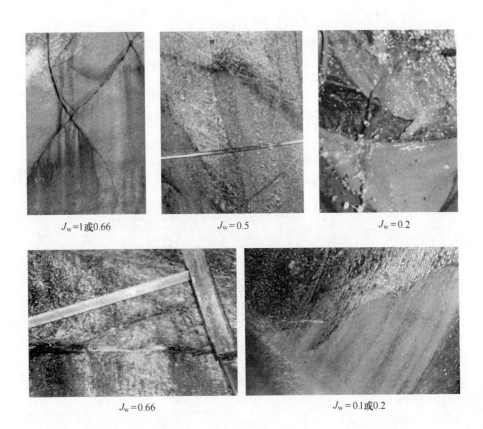

图 3.3 不同地下水条件的 J_w 值

表 3.4.6 应力折减系数 SRF

6. 应力折减系数		SRF
(1) 软弱区穿切开挖体, 引起岩体松散冒落, 参看图 3.4		
A	多处出现含黏土或化学分解的岩石软弱区, 围岩十分松散 (深度不限), 或长掘进断面穿过不同弱层	10
B	单一弱区含或不含黏土或化学分解的岩石 (开挖深度≤50m)	5
C	单一弱区含或不含黏土或化学分解的岩石 (开挖深度>50m)	2.5
D	在短段多处出现剪切带、围岩出现非黏土松散冒落 (深度不限)	7.5
E	岩石坚固 (不含黏土), 含单一剪切带 (开挖深度≤50m)	5.0
F	岩石坚固 (不含黏土), 含单一剪切带 (开挖深度>50m)	2.5
G	松散、张节理、严重节理化或呈 "方糖块" 状等 (深度不限)	5.0

注: 1. 如果有关的剪切带只影响而不穿过开挖体, 则 SRF 值减少 25%~50%。

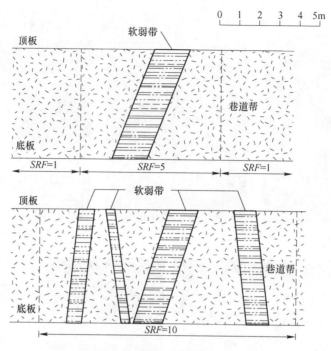

图 3.4　SRF 确定方法

	（2）坚硬岩石，应力问题	σ_c / σ_1	σ_θ / σ_c	SRF
H	近地表、低应力、张节理	>200	<0.01	2.5
J	中等应力，有利的应力条件	200~10	0.01~0.3	1
K	高应力，结构面非常紧密，利于稳定；与节理面（弱层）相比，应力方向不利于巷道稳定	10~5	0.3~0.4	0.5~2 2~5
L	中等层裂/剥落，开挖 1 小时后	5~3	0.5~0.65	5~50
M	层裂/岩爆，开挖几分钟后	3~2	0.65~1	50~200
N	开挖后发生严重岩爆、立即产生动力形变	<2	>1	200~400

注：2. 如果原岩应力场各向异性变化剧烈（据已测出结果），当 $5 \leqslant \sigma_1/\sigma_3 \leqslant 10$ 时，σ_c 降为 $0.75\sigma_c$；当 $\sigma_1/\sigma_3 \geqslant$ 10 时，σ_c 降为 $0.5\sigma_c$（σ_c 为单轴抗压强度）；σ_1，σ_3 分别为最大和最小主应力，σ_θ 为最大切向应力，由弹性理论进行估算。

3. 极少数情况下，开挖体埋深小于跨度时，建议 SRF 值由 2.5 增加至 5。

4. 对于深埋硬岩巷道，当 RQD/J_n 值为 50~200 时，L、M 和 N 项通常与开挖支护密切相关。

	（3）挤压性岩石，在高应力影响下不坚固岩石塑性流动	σ_θ / σ_c	SRF
O	中等挤压变形压力	1~5	5~10
P	严重挤压变形压力	>5	10~20

注：5. 岩体挤压变形通常发生在深度 $H > 350Q^{1/3}$。岩体抗压强度估算为 $\sigma_{cmax} \approx 7\gamma(Q)^{1/3}$（MPa），$\gamma$ 为岩石容重（t/m³）。

	（4）岩石膨胀压力，化学性膨胀取决于水的存在与否	SRF
R	中等膨胀岩石压力	5~10
S	强烈膨胀岩石压力	10~15

在估算岩体质量 Q 的过程中，除按照表内备注栏的说明以外，尚需遵守下列规则：

（1）如果无法得到钻孔岩芯，则对于无黏土充填物的岩体，其 RQD 值可由 $RQD =$ 115-3.3J_v（近似值）估算，式中，J_v 表示每立方米岩体的节理数，根据每米长度内的节理数计算（当 J_v<4.5 时，取 RQD=100）。

（2）代表节理组数的参数 J_n，常受劈理、片理、板岩劈理或层理影响。如果此类平行节理很发育，可视为一个节理组；但如果易观察的岩体节理很稀疏，或者岩芯中此类节理偶尔出现断裂，则在计算 J_n 值时，视为随机节理。

（3）当岩体内含黏土矿物时，计算适用于松散荷载系数 SRF。但如果岩体节理很少又不含黏土，岩体稳定性完全取决于应力与岩体强度之比。节理面所处各向应力场不利于岩体稳定，已在表中进行应力折减。

（4）如果当前或将来现场条件均使岩体处于饱水状态，应在饱水状态下测定完整岩块的抗压和抗拉强度（σ_c 和 σ_t）。若岩体受潮或饱和条件下岩体强度降低，则估算此类岩体强度时应更加保守一些。

利用巴顿岩体质量分级（Q）方法，计算所得的 Q 值范围为 0.001~1000，代表着围岩从极差的破碎岩体到极好的坚硬完整岩体，分 5 个岩体质量等级（见表 3.5），岩体质量等级见表 3.6。

表 3.5　巴顿岩体质量（Q）等级

Q 值	>40	10~40	1~10	1~0.1	<0.1
岩体质量等级	Ⅰ	Ⅱ	Ⅲ	Ⅳ	Ⅴ

表 3.6　巴顿岩体质量（Q）评价

Q 值	0.001	0.1	1	4	10	40	100	400	1000
岩体质量评价	异常差	极差	很差	差	一般	好	很好	极好	异常好

Q 分级依据 6 个参数确定岩体质量等。通过对诸多工程案例总结，Q 分级通过开挖支护比设计新工程的永久支护方案。

对于地下采场、硐室支护设计，依据岩体质量等级 Q 的两个影响因素定：安全要求和采场尺寸。例如：地下采场的跨度、高度。采用支护能有效提高采场跨度、高度。安全要求取决于开挖目的。公路隧道或地下水电站硐室安全要求明显高于输水隧洞或临时巷道的安全要求，引入开挖支护比系数。

为了把巷道岩石质量指标 Q 与开挖形状和支护要求建立联系，Barton 定义了一个附加参数，即：开挖体的"当量尺寸" D_e。此参数将开挖体的跨度、直径或两帮高度除以开挖"支护比" ESR 而得，即：

D_e=开挖体的跨度、直径或两帮高度（m）/开挖体支护比 ESR

开挖体支护比与开挖体的用途和其所允许的不稳定程度有关，见表 3.7。

ESR 与岩石边坡设计中所用的安全系数相反。巷道岩石质量分级指标 Q 与将开挖体的跨度、直径或两帮高度除以开挖支护比 ESR，即当量尺寸 D_e 与 Q 之间关系见图 3.5。

表 3.7　不同开挖工程类型的跨度修正系数

	开挖工程类型	开挖支护比 ESR
A	临时性矿山井巷、采场	3~5
B	垂直竖井：圆形断面 　　　　　矩形（正方形）断面	2.5 2.0
C	永久采场，水电站引水隧洞（非高压水洞），输水隧道、导洞、大型采场脉外运输巷道和工作面	1.6
D	小型公路、铁路隧道，调压硐室，隧道进口和排污隧道	1.3
E	电站泵房，存储洞库，水处理站，小型公路、铁路隧道，土木人防硐室，洞穴和巷道交岔点等	1.0
F	地下核电站，火车站，运动、公共设施和厂房等	0.8
G	100 年以上非常重要永久性地下硐室和地下开挖体	0.5

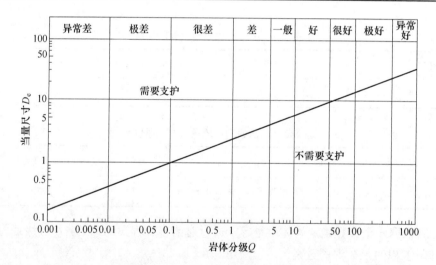

图 3.5　巷道岩体质量 Q 与开挖体跨度当量尺寸 D_e 间关系

根据 200 多个土木工程开挖与加固情况的分析，形成利用巷道岩石质量 Q 值估计加固参数的基础。支护类型及支护程度取决于岩体和修正的开挖尺寸：

修正采场（巷道）跨度或两帮高度＝采场实际跨度或两帮高度/开挖支护比（ESR）。

表 3.7 中修正系数值仅作为参考，提供了加强支护以减小危险的方式。当确定 Q 值的数据不可信时，可以采用较低的修正系数。

为了估计大型地下工程的两帮所需的支护，将两帮尺寸转化成等效顶板（跨度）尺寸；考虑重力引起的构造失稳，两帮通常比顶板稳定，对 Q 值修正：

当 $Q>10$，$Q_帮=5Q$；当 $0.1<Q<10$ 时，$Q_帮=2.5Q$；当 $Q<0.1$ 时，$Q_帮=Q$。

3.4 地质强度指标 *GSI*

1995 年 Hoek、Kaiser 和 Brown 提出地质强度指标 *GSI*[8]，根据岩体结构、岩块镶嵌状态和不连续结构面产状，并综合各类地质条件估算岩体强度。该方法突破了 *RMR*、*Q* 等方法不能很好地应用于岩体质量极差的破碎岩体的局限性，经修正后的 *GSI* 法可用于工程扰动岩体稳定性分析。*GSI* 法修正了 Hoek-Brown 岩体强度准则，估算不同地质条件下的岩体力学参数，为工程岩体数值模拟分析提供必要的岩体力学参数。*GSI* 反映了各种地质条件对岩体强度的弱化程度，描述岩体力学特性，其值变化范围从 0 到 100。

根据地质描述查表（图 3.6）判断 *GSI* 值，确定岩石块体相互镶嵌程度和节理蚀变程度表征的岩体特征，对比图 3.6，确定岩体的 *GSI* 值，其准确性取决于工程研究人员的经验及专业知识。

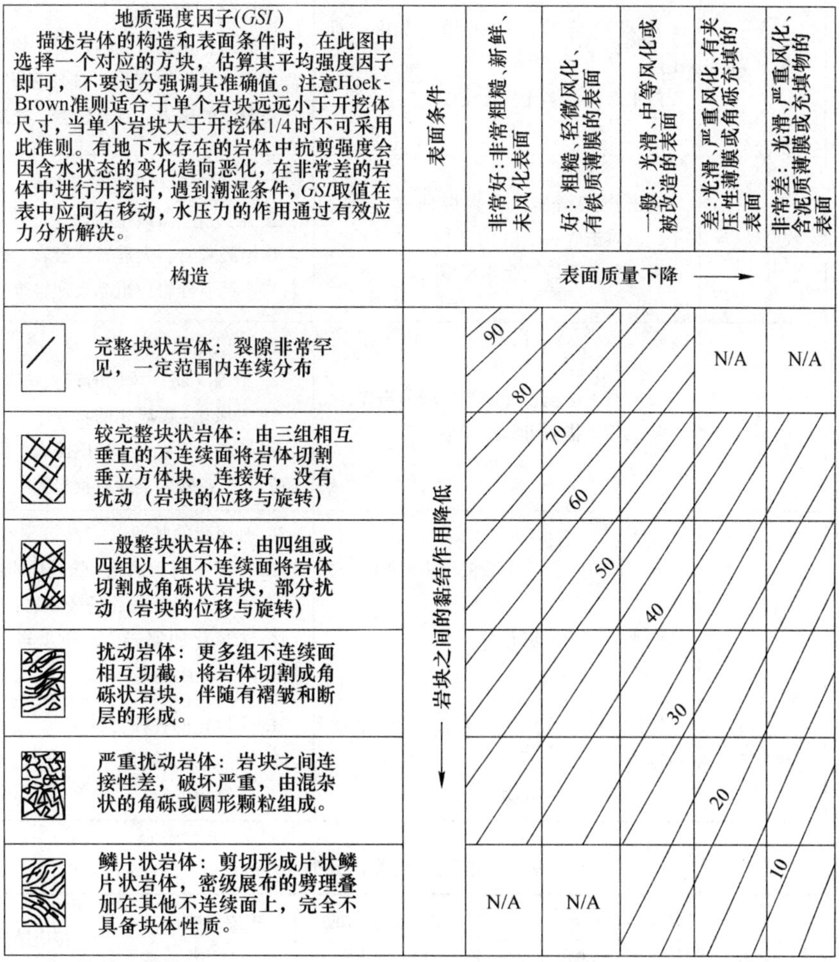

地质强度因子(*GSI*) 描述岩体的构造和表面条件时，在此图中选择一个对应的方块，估算其平均强度因子即可，不要过分强调其准确。注意Hoek-Brown准则适合于单个岩块远远小于开挖体尺寸，当单个岩块大于开挖体1/4时不可采用此准则。有地下水存在的岩体中抗剪强度会因含水状态的变化趋向恶化，在非常差的岩体中进行开挖时，遇到潮湿条件，*GSI*取值在表中应向右移动，水压力的作用通过有效应力分析解决。	表面条件	非常好：非常粗糙，新鲜，未风化表面	好：粗糙，轻微风化，有锈质薄膜的表面	一般：光滑，中等风化或被改造的表面	差：光滑，严重风化，有夹压性薄膜或角砾无填料的表面	非常差：光滑，严重风化的含泥质薄膜或无填料的表面
构造		表面质量下降 ——→				
╱ 完整块状岩体：裂隙非常罕见，一定范围内连续分布		90 / 80			N/A	N/A
较完整块状岩体：由三组相互垂直的不连续面将岩体切割垂立方体块，连接好，没有扰动（岩块的位移与旋转）	岩块之间的黏结作用降低 —→		70 / 60			
一般整块状岩体：由四组或四组以上组不连续面将岩体切割成角砾状岩块，部分扰动（岩块的位移与旋转）				50 / 40		
扰动岩体：更多组不连续面相互切截，将岩体切割成角砾状岩块，伴随有褶皱和断层的形成。					30	
严重扰动岩体：岩块之间连接性差，破坏严重，由混杂状的角砾或圆形颗粒组成。					20	
鳞片状岩体：剪切形成片状鳞片状岩体，密级展布的劈理叠加在其他不连续面上，完全不具备块体性质。		N/A	N/A			10

注：N/A 表示不适用。

图 3.6 *GSI* 分级图表

3.5　*BQ* 工程岩体分级

由水利部 2014 年修订的《工程岩体分级标准》[10]，是一种适用于各行业、各种类型岩体工程的基础性标准。《工程岩体分级标准》选取岩体的坚硬程度和完整程度，反映岩体基本属性，作为评价岩体基本质量的分级因素，建立定性和定量评价体系，相互验证。在岩体基本质量分级评价基础上，将影响岩体工程特性的因素作为修正因素，实现工程岩体分级。

3.5.1　分级因素的定性划分

BQ 岩体分级的定性分级划分见表 3.8 和表 3.9。

表 3.8　岩石坚硬程度的定性划分

坚硬程度		定性鉴定	代表性岩石
硬质岩	坚硬岩	锤击声清脆，有回弹，震手，难击碎； 浸水后，大多无吸水反应	未风化~微风化的： 花岗岩、正长岩、闪长岩、辉绿岩、玄武岩、安山岩、片麻岩、硅质板岩、石英岩、硅质胶结的砾岩、石英砂岩、硅质石灰岩等
	较坚硬岩	锤击声较清脆，有轻微回弹，稍震手，较难击碎； 浸水后，有轻微吸水反应	1. 中等（弱）风化的坚硬岩； 2. 未风化~微风化的： 熔结凝灰岩、大理岩、板岩、白云岩、石灰岩、钙质砂岩、粗晶大理岩等
软质岩	较软岩	锤击声不清脆，无回弹，较易击碎； 浸水后，指甲可刻出印痕	1. 强风化的坚硬岩； 2. 中等（弱）风化的较坚硬岩； 3. 未风化~微风化的： 凝灰岩、千枚岩、砂质泥岩、泥灰岩、泥质砂岩、粉砂岩、砂质页岩等
	软岩	锤击声哑，无回弹，有凹痕，易击碎； 浸水后，手可掰开	1. 强风化的坚硬岩； 2. 中等（弱）风化~强风化的较坚硬岩； 3. 中等（弱）风化的较软岩； 4. 未风化的泥岩、泥质页岩、绿泥石片岩、绢云母片岩等
	极软岩	锤击声哑，无回弹，有较深凹痕，手可捏碎； 浸水后，可捏成团	1. 全风化的各种岩石； 2. 强风化的软岩； 3. 各种半成岩

表 3.9　岩体完整程度的定性划分

完整程度	结构面发育程度		主要结构面的结合程度	主要结构面类型	相应结构类型
	组数	平均间距/m			
完整	1~2	>1.0	结合好或结合一般	节理、裂隙、层面	整体状或巨厚层状结构

完整程度	结构面发育程度		主要结构面的结合程度	主要结构面类型	相应结构类型
	组数	平均间距/m			
较完整	1~2	>1.0	结合差	节理、裂隙、层面	块状或厚层状结构
	2~3	1.0~0.4	结合好或结合一般		块状结构
较破碎	2~3	1.0~0.4	结合差	节理、裂隙、劈理、层面、小断层	裂隙块状或中厚层状结构
	≥3	0.4~0.2	结合好		镶嵌碎裂结构
			结合一般		薄层状结构
破碎	≥3	0.4~0.2	结合差	各种类型结构面	裂隙块状结构
		≤0.2	结合一般或结合差		碎裂结构
极破碎	无序		结合很差		散体状结构

3.5.2 分级因素的定量指标

岩体坚硬程度的定量指标，应采用岩石饱和单轴抗压强度 σ_c，σ_c 应采用实测值。当无条件取得实测值时，可采用实测的岩石点荷载强度指数 $I_{s(50)}$ 按式（3.5）换算：

$$\sigma_c = 22.82\, I_{s(50)}^{0.75} \tag{3.5}$$

式中，σ_c 为饱和岩石单轴抗压强度，MPa。

岩体完整程度的定量指标，采用实测岩体完整性指数 K_v。岩体完整性指数 K_v 的测试应符合下列规定：

（1）针对不同的工程地质岩组或岩性段，选择具有代表性的测段，测试岩体弹性纵波速度，并在同一岩体中取样，测试岩石弹性纵波速度。

（2）对于岩浆岩，岩体弹性纵波速度测试宜覆盖岩体内各裂隙组发育区域；对沉积岩和沉积变质岩层，弹性波测试方向宜垂直于或大角度相交于岩层层面。

（3）K_v 值应按式（3.6）计算：

$$K_v = \left(\frac{v_{pm}}{v_{pr}}\right)^2 \tag{3.6}$$

式中，v_{pm} 为岩体弹性纵波速度，km/s；v_{pr} 为岩石弹性纵波速度，km/s。

当无法取得实测值时，可用岩体体积节理数 J_v 与 K_v 的对应关系表示，如表 3.10 所示。

表 3.10 J_v 与 K_v 的对应关系

J_v/条·m⁻³	<3	3~10	10~20	20~35	≥35
K_v	>0.75	0.75~0.55	0.55~0.35	0.35~0.15	≤0.15

BQ 岩体质量指标，应根据分级因素的定量指标 σ_c 和 K_v，按式（3.7）计算：

$$BQ = 100 + 3\sigma_c + 250 K_v \tag{3.7}$$

当使用式（3.7）计算 BQ 时，应符合下列规定：

（1）当 $\sigma_c > 90 K_v + 30$ 时，应以 $\sigma_c = 90 K_v + 30$ 和 K_v 代入计算 BQ 值；

（2）当 $K_v > 0.04 \sigma_c + 0.4$ 时，应以 $K_v = 0.04 \sigma_c + 0.4$ 和 σ_c 代入计算 BQ 值。

地下工程岩体分级时，应对 BQ 岩体质量指标进行修正，并以修正后获得的工程岩体质量指标值确定岩体级别。地下工程岩体质量指标 $[BQ]$，可按式（3.8）计算。

$$[BQ] = BQ - 100(K_1 + K_2 + K_3) \tag{3.8}$$

式中，$[BQ]$ 为地下工程岩体质量指标；K_1 为地下水影响修正系数，其值按表3.11确定；K_2 为主要结构面产状影响修正系数，其值按表3.12确定；K_3 为初始应力状态影响修正系数，其值按表3.13确定。

表 3.11　地下水影响修正系数 K_1

地下水出水状态	BQ				
	>550	550~451	450~351	350~251	≤250
潮湿或点滴状出水，$p \leq 0.1$ 或 $Q \leq 25$	0	0	0~0.1	0.2~0.3	0.4~0.6
淋雨状或线流状出水，$0.1 < p \leq 0.5$ 或 $25 < Q \leq 125$	0~0.1	0.1~0.2	0.2~0.3	0.4~0.6	0.7~0.9
涌流状出水，$p > 0.5$ 或 $Q > 125$	0.1~0.2	0.2~0.3	0.4~0.6	0.7~0.9	1.0

注：1. p 为地下工程围岩裂隙水压（MPa）；

　　2. Q 为每10m洞长出水量（L/(min·10m)）。

表 3.12　岩体结构面产状影响修正系数 K_2

结构面产状及其与洞轴线的组合关系	结构面走向与洞轴线夹角<30° 结构面倾角 30°~75°	结构面走向与洞轴线夹角>60° 结构面倾角>75°	其他组合
K_2	0.4~0.6	0~0.2	0.2~0.4

表 3.13　初始应力状态影响修正系数 K_3

围岩强度应力比 $\left(\dfrac{\sigma_c}{\sigma_{max}}\right)$	BQ				
	>550	550~451	450~351	350~251	≤250
<4	1.0	1.0	1.0~1.5	1.0~1.5	1.0
4~7	0.5	0.5	0.5	0.5~1.0	0.5~1.0

注：σ_{max} 为垂直洞轴线方向的最大初始应力。

根据岩体基本质量的定性特征和岩体基本质量指标 BQ 两者相结合，按表3.14确定岩体分级。

表 3.14 岩体 BQ 质量等级

岩体基本质量分级	岩体基本质量的定性特征	岩体基本质量指标 BQ
I	坚硬岩，岩体完整	>550
II	坚硬岩，岩体较完整； 较坚硬岩，岩体完整	550~451
III	坚硬岩，岩体较破碎； 较坚硬岩，岩体较完整； 较软岩，岩体完整	450~351
IV	坚硬岩，岩体破碎； 较坚硬岩，岩体较破碎~破碎； 较软岩，岩体较完整~较破碎； 软岩，岩体完整~较完整	350~251
V	较软岩，岩体破碎； 软岩，岩体较破碎~破碎； 全部极软岩及全部极破碎岩	≤250

3.6 岩体结构分级（RSR）

1972 年，Wickham[10] 等人提出 RSR 岩体定量分级方法，确定工程岩体质量，选择适当的支护方式。RSR 分级系统主要依据以前采用钢支架支护相对较小断面巷道案例，参考了喷射混凝土支护。RSR 分级系统引入了 3 个重要参数，RSR 分级的计算公式为：

$$RSR = A + B + C \tag{3.9}$$

式中，A 为地质参数；B 为包括节理分布及其与巷道夹角影响的几何参数；C 为地下水和节理面条件参数。

地质参数 A 包括一般地质构造评价：

（1）岩石类型（岩浆岩、变质岩、沉积岩）；

（2）岩石硬度（硬岩、中等坚硬、软岩、风化碎岩）；

（3）岩体结构（整体大块、轻微断裂/褶皱、中等断裂/褶皱、剧烈断裂/褶皱）。

几何参数 B 指节理分布及其与巷道夹角的影响：

（1）节理间距；

（2）节理产状（倾向和倾角）；

（3）节理与巷道间的夹角。

参数 C 包括地下水和节理面条件：

（1）综合参数 A、B 得到的整体岩体质量；

（2）节理面条件（好、中等、差）；

（3）巷道涌水量（300m 长巷道的涌水量，L/min）。

根据表 3.15~表 3.17，得到 RSR 值（最大为 100）。

表 3.15　参数 A：地质基础

项目	岩石基础类型				岩体结构			
	硬岩	中等	软岩	风化碎岩				
岩浆岩	1	2	3	4	整体 大块	轻微断 裂/褶皱	中等断 裂/褶皱	剧烈断 裂/褶皱
变质岩	1	2	3	4				
沉积岩	2	3	4	4				
类型 1					30	22	15	9
类型 2					27	20	13	8
类型 3					24	18	12	7
类型 4					19	15	10	6

表 3.16　参数 B：节理分布与产状

项　　目	垂直于巷道轴线					平行于巷道轴线		
	与巷道轴线夹角					与巷道轴线为任意夹角		
	两种 都有	沿倾角掘进 （图 3.7（a））		逆倾角掘进 （图 3.7（b））				
		主要节理组的倾角				主要节理组的倾角		
平均节理间距	平缓	倾斜	急倾斜	倾斜	急倾斜	平缓	倾斜	急倾斜
1 非常小，<5cm	9	11	13	10	12	9	9	7
2 小，5~15cm	13	16	19	15	17	14	14	11
3 中等，15~30cm	23	24	28	19	22	23	23	19
4 中等块度，30~60cm	30	32	36	25	28	30	28	24
5 大块度，0.6~1.2m	36	38	40	33	35	36	24	28
6 巨大，>1.2m	40	43	45	37	40	40	38	34

注：平缓：0~20°；倾斜：20°~50°；急倾斜：50°~90°。

表 3.17　参数 C：地下水与节理条件

预测每 300m 巷道涌水量	参数 A、B 之和					
	13~44			45~75		
	节理条件					
	好	一般	差	好	一般	差
没有	22	18	12	25	22	18
轻微，<900L/min	19	15	12	23	19	14
中等，900~4500L/min	15	22	7	21	16	12
重度，>4500L/min	10	8	6	18	14	10

注：节理条件：好—结合紧密；一般—轻微风化或蚀变；差—严重风化，蚀变的张开节理。

例如，某一坚硬变质岩有轻微的褶皱和断裂，由表 3.15 得参数 *A* 为 22。岩体节理间距中等，节理与巷道轴向垂直，节理走向为东西向，倾角为 20°~50°。由表 3.16 得参数 *B* 为 24。

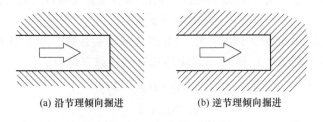

(a) 沿节理倾向掘进   (b) 逆节理倾向掘进

图 3.7　节理与巷道轴向相对方位

参数 *A+B* = 46，此时一般节理条件（轻微风化或蚀变），和中等涌水量（900~4500L/min）条件下，由表 3.17 得参数 *C* 为 16。因此，岩体结构分级 *RSR* = *A+B+C* = 62。

图 3.8 给出了直径为 7.3m 巷道的支护方案曲线图。*RSR* 值为 62 时，确定支护方案为采用 50mm 的喷射混凝土，25mm 直径的锚杆，锚杆间距 1.5m。钢支架间距将超过 2.1m。

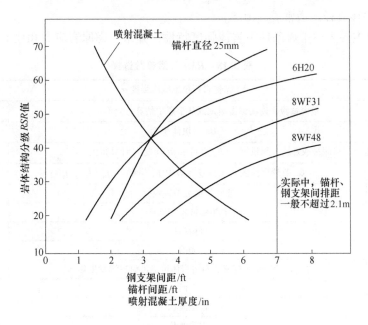

图 3.8　直径为 7.3m 的圆形巷道 *RSR* 支护系统评估
（锚杆和喷射混凝土一般同时使用 Wickham 等，1972）

对于相同尺寸的巷道，当 *RSR* 为 30 时，由图 3.8 得，采用 8 WF 31 钢支架支护（20cm 宽翼工字钢，每 30cm 重 14kg），间距 0.3m；或者选择 130mm 厚喷射混凝土，25mm 直径的锚杆，间距 0.8m。通过两种方案对比，钢支架支护可能比锚喷支护更加经济、高效。

3.7　*RMi* 岩体分级

Palmström[11~13]于 1995 年提出 *RMi* 岩体分级指数。*RMi* 分级与 *Q* 分级参数的选择类似，都包括岩体节理特性。通过现场工程地质调查，测量确定岩体分级参数，但该分级指数比 RMR 和 Q 分级计算复杂，可通过编程实现。依据 *RMi* 值及分类等级，选择岩体支护方式，可直接从表 3.18 中获取。

节理岩体的 *RMi* 值为完整岩石单轴抗压强度和节理折减系数之积求得，计算如下：

$$RMi = \sigma_c J_P \tag{3.10}$$

式中，σ_c 为完整岩石单轴抗压强度；J_P 为节理折减经验参数，经大型节理岩体的强度测试，其值可由 j_C（节理条件）和 V_b（岩块体积）的指数方程确定：

$$J_P = 0.2 \sqrt{j_C}\ V_b^D (D = 0.37 j_C^{-0.2}) \tag{3.11}$$

$$j_C = j_R j_L / j_A \tag{3.12}$$

式中，j_R 为节理粗糙度；j_A 为节理风化程度；j_L 为节理长度，见表 3.18。J_P 可由图 3.9 得到。

对于块状岩体中，节理对岩体强度影响有限，因此：

$$RMi = \sigma_c f_\sigma\ (\text{适用于}\ f_\sigma > J_P) \tag{3.13}$$

式中，f_σ 为整体性参数，其等于：

$$f_\sigma = \sigma_c (0.05/D_b)^{0.2} \tag{3.14}$$

式中，D_b 为块体直径。通常 $f_\sigma \approx 0.5$。

RMi 分级主要表述干燥条件下岩体强度特性，并未考虑原岩应力和地下水的影响。

表 3.18　*RMi* 分级参数选择

A. 完整岩石单轴抗压强度 σ_c			
室内试验，现场锤击测试或从手册中估算			σ_c/MPa
B. 岩块体积 V_b			
通过岩体测量或者岩芯测量等，（V_b 也可由 *RQD* 或 J_v 计算得到）			V_b/m^3
C. 节理粗糙度 j_R（与 Q 分级中 J_r 相同）　　$j_R = J_r = j_s j_w$			
小范围节理面平滑度	非常粗糙或节理咬合		$j_s = 3$
	粗糙或不规则		2
	轻微粗糙		1.25
	光滑		1
	磨光面或擦痕（擦痕面两边岩体可能沿痕迹线发生移动）		0.5~0.75
大范围节理面平整度	平面		$j_w = 1$
	轻微波状		1.4
	中等波状		2
	强烈波状		2.5
	不连续节理（不连续节理常以块状岩体结束（填充节理 $j_R = 1$））		6
D. 节理风化程度 j_A（以 Q 分级中 J_a 的条件为基础）			
节理面接触关系	干净的节理	重新胶结	石英、绿帘石等胶结	$j_A = 0.75$
		新鲜节理面	无风化和充填，略有着色	1
		风化节理	一级风化	2
			二级风化	4
	有轻微涂层	摩擦材料	沙、碎方解石等，无泥状物	3
		黏性材料	泥、绿泥石、滑石等	4

无接触或部分接触	有填充物			薄充填（<5mm）	厚充填
		摩擦材料	沙、方解石等（无软化）	$j_A = 4$	$j_A = 8$
		硬质黏性材料	泥、绿泥石、滑石等	6	5~10
		软质黏性材料	泥、绿泥石、滑石等	8	12
		膨胀性黏土	蒙脱石等	8~12	13~20

E. 节理长度因素 j_L（节理长度）

层理或页理		<0.5m	$j_L = 3$
节理		0.1~1m	2
		1~10m	1
		10~30m	0.75
有充填，张节理或剪节理		>30m	0.5

F. 岩体结构咬合（紧密接触）I_L

非常紧密的结构	未扰动岩体，节理紧密咬合	$I_L = 1.3$
紧密结构	未扰动岩体的节理岩体	1
扰动岩体/开放节理	褶曲断裂部，不规则块体	0.8
结构咬合度差	破坏的不规则及圆形块体	0.5

RMi 值也可由图 3.9 快速估算。

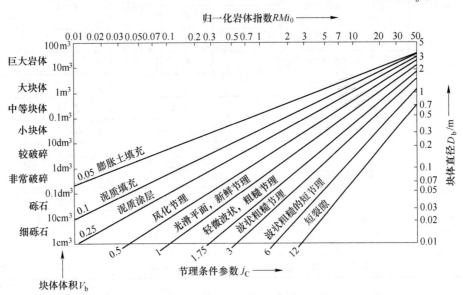

示例：较破碎岩体（$V_b=5dm^3$），节理面有涂层（$j_C=0.25$），$RMi_0=0.7$。当单轴抗压强度为 $\sigma_c=150MPa$ 时，$RMi=1.05$

图 3.9 图表法估算 *RMi* 值

RMi 分级系统适用于完整岩石、节理或破碎岩体，岩体中各节理组有相同的节理特征，也可用于高应力破碎区域的岩体分级，以及验证破碎带支护方式的安全性。然而，Palmström（1995）指出 RMi 的局限性，着重对挤压型岩体进行评估，没有涉及对膨胀型岩体分级。

实例 1：中等块度岩体

巷（隧）道跨度 10m，花岗岩单轴抗压强度 $\sigma_c = 125MPa$，2 组节理，节理方位为有利，偶有随机节理分布。$RQD = 85$，块体体积 $V_b = 0.1m^3$，节理间距 0.2～0.4m。节理面未风化，节理长度大于 3m，节理面为连续平面粗糙节理。巷（隧）道围岩潮湿，埋深 100m，为中等应力区域。综合以上条件，Q、RMR 和 RMi 分级及支护方式选择见表 3.19。

表 3.19　实例 1 岩体分级结果

实例 1			参数值		
评价参数			RMR	Q	RMi
A. 岩石	A1. 单轴抗压强度		$A_1 = 12$	—	$\sigma_c = 125MPa$
B. 节理化程度	B1. RQD		$A_2 = 17$	$RQD = 85$	—
	B2. 块体大小		—	—	$V_b = 0.1m^3$
	B3. 平均节理间距		$A_3 = 10$	—	—
C. 节理分布	C1. 节理组数		—	$J_n = 6$	$N_j = 1.2$
	C2. 主要节理方位		$B = -2$	—	$C_o = 1$
D. 节理特性	D1. 光滑度	节理粗糙度	5	$J_r = j_s$　$j_w = 1.5$	$j_s = 1.5$
	D2. 节理连续性		—		$j_w = 1$
	D3. 节理风化程度	风化	6	$J_a = 1$	$j_A = 1$
		填充	6		
	D4. 节理长度		2		$j_L = 1$
	D5. 节理面宽度		4		
E. 节理咬合岩体			—		$I_L = 1$
F. 地下水条件			$A_5 = 10$	$J_w = 1$	$G_w = 1$
G. 地应力条件				$SRF = 1$	$S_L = 1$
分级评价结果			$RMR = 70$	Span/$ESR = 10$　$Q = 21.3$	$S_r = 13.5$　$G_c = 14.0$
			好	好	好
支护方式推荐			RMR	Q	RMi
锚杆间距			2.5m	点锚杆	2～3m
喷射混凝土厚度			50mm	—	40～50mm

结论：RMi 分级较另外两种分级给出的支护方式较为保守，主要因为 RMi 分级是基于最新的支护案例给出的支护方式设计，但该案例的支护安全系数一般较高，且常用喷射混凝土进行支护。

实例2：较破碎岩体

挪威北角海底隧道，建于1995~1999年，跨度8m，隧道有6km长在海平面以下，围岩为变质砂岩，单轴抗压强度为100MPa。节理紧密，节理面光滑连续，填充有云母和绿泥石，节理长度大于3m。节理为一组垂直节理和一些随机节理。由于一些细小不规则的节理裂隙存在，岩体常被分割为较小块体。受爆破影响，岩体细小节理裂隙常张开活化。因此，岩体块体体积平均为 $V_b = 0.001\text{m}^3$，$RQD = 10$，节理间距5~20cm。主要节理方位对隧道影响一般。隧道埋深40~100m，中等应力水平，围岩干燥或少量滴水。

表3.20　实例2岩体分级结果

实例2			参数值		
评价参数			RMR	Q	RMi
A. 岩石	A1. 单轴抗压强度		$A_1 = 7$	—	$\sigma_c = 100\text{MPa}$
B. 节理化程度	B1. RQD		$A_2 = 5$	$RQD = 10$	—
	B2. 块体大小		—	—	$V_b = 0.001\text{m}^3$
	B3. 平均节理间距		$A_3 = 8$	—	—
C. 节理分布	C1. 节理组数		—	$J_n = 6$	$N_j = 1.2$
	C2. 主要节理方位		$B = -5$	—	$C_o = 1.5$
D. 节理特性	D1. 光滑度	节理粗糙度	1	$J_r = j_s$　$j_w = 1$	$j_s = 1$
	D2. 节理连续性		—		$j_w = 1$
	D3. 节理风化程度	风化	0	$A_4 = 13$　$J_a = 3$	$j_A = 3$
		填充	6		
	D4. 节理长度		2	—	$j_l = 1$
	D5. 节理面宽度		4		
E. 节理咬合岩体			—	—	$j_L = 1$
F. 地下水条件			$A_5 = 7$	$J_w = 0.66$	$G_w = 1$
G. 地应力条件			—	$SRF = 1$	$S_L = 1$
分级评价结果			$RMR = 35$	$\text{Span}/ESR = 10$　$Q = 0.28$	$S_r = 75$　$G_c = 0.34$
			差	很差	很差
支护方式推荐			RMR	Q	RMi
锚杆间距			1~1.5m	1.5m	1~1.25m
喷射混凝土厚度			100~150mm	100~150mm	150~250mm
附加支护			钢支架间距1.5m		

隧道工作面每掘进循进尺4m，但隧道稳定性较差，爆破后有小岩块掉落。因此，爆破后立即在工作面的顶板、两帮喷射混凝土，保证安全。然后，在下循环爆破后，采用浇筑混凝土衬砌。此外，对巷道掘进进尺2~3m，采用喷射较厚的纤维混凝土与加大锚杆支护密度的支护方式。

3.8　岩体力学参数

　　岩体主要由结构面和岩块组成，岩体在结构面切割弱化的作用下，其力学参数与完整岩块的力学参数有较大差别，故室内岩石力学试验测得的参数不能直接用于工程岩体计算中。虽然理论上岩体力学参数可通过现场原位试验获得，但由于试验过程费时费力、成本高昂且不确定性因素较多，一般很少应用。另外考虑到原位试验的方法、设备、手段与现场工程条件的差异性，其现场试验结果也不完全具有代表性和通用性。因此，常以工程岩体分级为基础，建立经验公式确定岩体力学参数，获得接近实际的岩体力学参数用于工程岩体计算。

3.8.1　Hoek-Brown 强度准则

　　Hoek-Brown[14]强度准则是在分析和修正 Griffith 理论的基础上，并对大量岩石三轴试验资料和岩体现场试验结果进行统计分析，同时综合考虑岩体结构、岩块强度、应力状态等多方面的影响因素，提出岩体强度准则，也称为狭义的 Hoek-Brown 强度准则。

$$\sigma_1 = \sigma_3 + \sqrt{m\sigma_c\sigma_3 + s\sigma_c^2} \tag{3.15}$$

式中，σ_1，σ_3 分别为岩体破坏时的最大和最小主应力，MPa；σ_c 为完整岩块的单轴抗压强度，MPa；m 为反映岩石软硬程度的常数，其取值范围在 0.0000001~25 之间，对严重扰动岩体取 0.0000001，对完整的坚硬岩体取 25；s 为反映岩体破碎程度的常数，其取值范围在 0~1 之间，对破碎岩体取 0，完整岩体取 1。

　　Singh 等人（1997）提出岩体 Hoek-Brown 常数（m，s）的估算公式为：

$$s = 0.002Q_n \tag{3.16}$$

$$m = 0.135m_i Q_n^{1/3} \tag{3.17}$$

式中，$SRF = 1$ 时，Q 定义为 Q_n；m_i 为完整岩石参数。

　　Hoek 等人（2002）提出：

$$m = m_i e^{\frac{GSI-100}{28-14D}} \tag{3.18}$$

式中，GSI 为地质强度因子；D 为扰动系数，取决于巷道开挖方式对岩体质量的损伤程度，如光面爆破时，$D = 0$，岩体工程的建议值可参考表 3.21 选取。

表 3.21　岩体扰动参数 D 的建议值

参考图片	岩体描述	建议 D 值
	爆破质量较好或采用 TBM 掘进对周围岩体产生最小扰动	$D = 0$

参考图片	岩体描述	建议 D 值
	在质量较差的岩体中,机械或人工开挖(非爆破手段)对周围岩体产生最小扰动	$D=0$
	若没有采取临时支护的情况下,隧道底板产生严重底鼓	$D=0.5$
	硬岩隧道中爆破质量较差,周围岩体产生严重的局部损伤,范围 2~3m	$D=0.8$
	岩土边坡工程小规模爆破对岩体产生中等损伤,尤其采用控制爆破后,但是应力释放导致一些扰动	$D=0.7$ 爆破质量较好
		$D=1$ 爆破质量较差
	较大的露天边坡由于大规模爆破和岩体爆破移除后产生应力释放造成严重扰动	$D=1$ 生产爆破
	软弱岩体用撬挖或者机械方式开挖,对边坡损伤较低	$D=0.7$ 机械开挖

此后,Hoek 等人对其进行修正,逐渐引入新的特征参数(如岩体强度特征因子 a,地质强度指标 GSI),建立了广义的 Hoek-Brown 强度准则。

对于 Hoek-Brown 强度准则:

$$\sigma_1 = \sigma_3 + \sqrt{A\sigma_3 + B^2} \tag{3.19}$$

式中,σ_1 为最大有效主应力;σ_3 为最小有效主应力;A、B 为材料常数。

依据岩体所受荷载和最大剪切应力,可表示为:

$$\tau_m = \frac{1}{2}\sqrt{A(\sigma_m - \tau_m) + B^2} \tag{3.20}$$

式中,

$$\tau_m = \frac{1}{2}(\sigma_1 - \sigma_3) \; ; \; \sigma_m = \frac{1}{2}(\sigma_1 + \sigma_3) \tag{3.21}$$

依据摩尔-库仑破坏准则,对上式进行转换,得:

$$\tau_m = \frac{1}{8} \left[-A \pm \sqrt{A^2 + 4(A\sigma_m + B^2)} \right] \tag{3.22}$$

式中的材料常数 A、B 与单轴抗压强度和抗拉强度有关，$A = \dfrac{C_0^2 - T_0^2}{T_0}$；$B = C_0$。

设 $\sigma_m = 0$，则纯剪切 Hoek-Brown 准则为：

$$\tau_m = \frac{1}{8} \left[-A \pm \sqrt{A^2 + 4B^2} \right] \tag{3.23}$$

2002 年 Hoek-Brown[14] 强度准则进一步修正完善，考虑到爆破损伤和应力释放对围岩强度的影响，引入岩体扰动系数 D 对岩体的 Hoek-Brown 常数 m_b、s、a 进行修正，其计算公式如下：

$$\sigma_1 = \sigma_3 + \sigma_c\, m_b \left(\frac{\sigma_3}{\sigma_c} + s \right)^a \tag{3.24}$$

$$m_b = m_i e^{\frac{GSI-100}{28-14D}} \tag{3.25}$$

$$s = e^{\frac{GSI-100}{9-3D}} \tag{3.26}$$

$$a = 0.5 + \frac{1}{6}\left(e^{\frac{-GSI}{15}} - e^{\frac{-20}{3}} \right) \tag{3.27}$$

式中，m_i 为完整岩石材料常数，可通过对岩石三轴试验数据拟合得到，或按岩石类型查表 3.22 获取；m_b 为岩体材料常数；s、a 为岩体特征常数；GSI 为地质强度指标。

表 3.22 依据岩石类型确定 Hoek-Brown 常数 m_i

岩石类型	分类		质 地			
			粗糙	中等	精细	非常精细
沉积岩	碎屑状		砾岩 (21±3) 角砾岩 (19±5)	砂岩 17±4	粉砂岩 7±2 硬砂岩 (18±3)	黏土岩 4±2 页岩 (6±2) 泥灰岩 (7±2)
	非碎屑	碳酸岩	结晶灰岩 (12±3)	粉晶灰岩 (10±2)	微晶灰岩 (9±2)	白云石 (9±3)
		蒸发岩		石膏 8±2	硬石膏 12±2	
		有机物				白垩 7±2
变质岩	非片理化		大理岩 9±3	角页岩 (19±4) 变质砂岩 (19±3)	石英岩 20±3	
	轻微片理化		混合岩 (29±3)	闪岩 26±6	片麻岩 28±5	
	片理化①			片岩 12±3	千枚岩 (7±3)	板岩 7±4
火成岩	深成类	浅色	花岗岩 32±3 花岗闪长岩 (29±3)	闪长岩 25±5		
		深色	辉长岩 27±3 苏长岩 20±5	粗粒玄武岩 (16±5)		
	半深成类		斑岩 (20±5)		辉绿岩 (15±5)	橄榄岩 (25±5)

岩石类型	分类		质地			
			粗糙	中等	精细	非常精细
火成岩	火山类	熔岩		流纹岩（25±5） 安山岩 25±5	英安岩（25±3） 玄武岩（25±5）	黑曜岩（19±3）
		火山碎屑	集块岩（19±3）	角砾岩（19±5）	凝灰岩（13±5）	

注：该表格为新版本的估计值表，括号内的数值均为估计值。

①该行中的数值为完整岩块垂直于层面或片理面所测定；若岩体沿着软弱面破坏，则数值将会有极大不同。

（1）单轴抗压强度。通过式（3.24），令 $\sigma_3 = 0$，得到岩体单轴抗压强度：

$$\sigma_{cm} = \sigma_c \sqrt{S} \tag{3.28}$$

（2）岩体抗拉强度。假定脆性岩石抗拉强度和双轴抗拉强度近似相等，即可令式（3.24）中 $\sigma_1 = \sigma_3 = \sigma_{tm}$ 可估算出岩体的抗拉强度：

$$\sigma_{tm} = \frac{-s\,\sigma_c}{m_b} \tag{3.29}$$

（3）变形模量。对于岩体弹性模量 E_m，可以使用式（3.30）进行估算：

$$E_m = \begin{cases} (1 - 0.5D)\sqrt{\dfrac{\sigma_c}{100}}\, 10^{\frac{GSI-10}{40}}, & \sigma_c \leqslant 100\text{MPa} \\[2mm] (1 - 0.5D)\, 10^{\frac{GSI-10}{40}}, & \sigma_c > 100\text{MPa} \end{cases} \tag{3.30}$$

（4）剪切强度（c、φ 值）。Balmer 分析研究，岩体法向应力（σ_n）和剪切应力（τ_n）之间关系，根据相应的有效应力表示如下：

$$\begin{cases} \sigma_n = \sigma_3 + \dfrac{\sigma_1 - \sigma_3}{\dfrac{\partial \sigma_1}{\partial \sigma_3} + 1} \\[4mm] \tau_n = (\sigma_n - \sigma_3)\sqrt{\dfrac{\partial \sigma_1}{\partial \sigma_3}} \end{cases} \tag{3.31}$$

根据式（3.24）得到：

$$\frac{\partial \sigma_1}{\partial \sigma_3} = 1 + am_b\left(m_b \frac{\sigma_3}{\sigma_c} + s\right)^{a-1} \tag{3.32}$$

该方法确定的 c、φ 值，是一组与岩体法向应力 σ_n 有关的变量，而在实际工程中用到的 c、φ 值为常数。可用直线型摩尔包络线来拟合 Hoek-Brown 等效摩尔包络线，得出常数 c、φ 值。

岩体强度的直线型摩尔强度包络线公式为：

$$\tau_n = c + \sigma_n \tan\varphi \tag{3.33}$$

对 n 组由公式确定的岩体的 σ_n、τ_n 数据进行线性回归分析，得到岩体的 c、φ 值[15]：

$$\begin{cases} \varphi = \tan^{-1}\left[\dfrac{n\sum \sigma_n \tau_n - \left(\sum \tau_n \sum \sigma_n\right)}{n\sum (\sigma_n)^2 - \left(\sum \sigma_n\right)^2}\right] \\[4mm] c = \dfrac{\sum \tau_n}{n} - \dfrac{\sum \sigma_n}{n}\tan\varphi \end{cases} \tag{3.34}$$

在具体计算时，先取 σ_3 值，利用式（3.24）计算确定 σ_1，再由式（3.31）和式（3.32）计算出对应的 σ_n、τ_n 数据。大量实践证明，σ_3 在（0~0.25）σ_c 范围内取 8 个等间距值，所获得的结果最具代表性[16]。

（5）泊松比。利用室内岩石力学试验获得的岩块变形模量 E 和泊松比 ν，确定岩体泊松比：

$$\nu_m = \nu E_m / E \tag{3.35}$$

3.8.2 基于岩体质量评价的强度估算

许多学者通过 RMR、Q 和 GSI 岩体质量分级估算岩体强度和变形参数。

3.8.2.1 岩体单轴抗压强度 σ_{cm}

Beniawski[17] 研究得出岩体单轴抗压强度和岩石单轴抗压强度的比值与 RMR 值关系为：

$$\sigma_{cm} = \sigma_c \frac{RMR - 15}{170}(\text{MPa}) \tag{3.36}$$

Goel（1994）[18] 提出基于 $SRF = 1$ 时的 Q 值、巷道（隧道）跨度 B（m）、岩体容重 $\gamma(\text{t/m}^3)$、完整岩石的单轴抗压强度 σ_c（MPa）为参数的折减公式：

$$\sigma_{cm} = \frac{5.5\gamma Q^{1/3}}{B^{0.1}}(\text{MPa}) \tag{3.37}$$

Bhasin 和 Grimstad（1996）[19] 提出一种估算硬岩（$Q > 10$）的岩体强度公式：

$$\sigma_{cm} = \left(\frac{\sigma_c}{100}\right)7\gamma Q^{1/3}(\text{MPa}) \tag{3.38}$$

Trueman（1998）[20] 提出运用 RMR 值估算岩体强度公式：

$$\sigma_{cm} = 0.5\text{e}^{0.06RMR}(\text{MPa}) \tag{3.39}$$

Barton[21] 于 2002 年改进 Q 分级系统的同时，使用改进的 Q 值 Q_c（$Q_c = Q\sigma_c/100$）也提出了一种岩体强度估算方法：

$$\sigma_{cm} = 5\gamma Q_c^{1/3}(\text{MPa}) \tag{3.40}$$

3.8.2.2 岩体变形模量 E_m

对于 $RMR > 50$ 岩体，Bieniawski（1978）[22] 提出 E_m 的估算公式为：

$$E_m = 2RMR - 100(\text{GPa}) \tag{3.41}$$

同样，对于 $RMR < 50$ 的岩体，Serafim 和 Pereira（1983）[23] 提出了估算公式：

$$E_m = 10^{\frac{RMR-10}{40}}(\text{GPa}) \tag{3.42}$$

Grimstad 和 Barton（1993）[24] 针对 $Q > 1$ 的岩体提出一种估算 E_m 的方法，常用于硬岩：

$$E_m = 25\lg Q(\text{GPa}) \tag{3.43}$$

Read[25] 等人（1999）提出：

$$E_m = 0.1(RMR/10)^3(\text{GPa}) \tag{3.44}$$

Barton[21]（2002）提出：

$$E_m = 10Q_c^{1/3}(\text{GPa}) \tag{3.45}$$

其中，$Q_c = Q \sigma_c / 100$。

3.8.2.3 依据 BQ 分级确定岩体参数

我国水利部 2014 年的《工程岩体分级标准》根据 BQ 分级结果，针对不同岩体级别给出了岩体物理力学参数范围，见表 3.23。

表 3.23 基于《工程岩体分级标准》的岩体参数取值

岩体质量级别	容重 R /kN · m^{-3}	抗剪断峰值强度		变形模量 E/GPa	泊松比 ν
		内摩擦角 φ/(°)	黏聚力 c/MPa		
I	>26.5	>60	>2.1	>33	<0.2
II		60~50	2.1~1.5	33~16	0.2~0.25
III	26.5~24.5	50~39	1.5~0.7	16~6	0.25~0.3
IV	24.5~22.5	39~27	0.7~0.2	6~1.3	0.3~0.35
V	<22.5	<27	<0.2	<1.3	>0.35

参 考 文 献

[1] Bieniawski Z T. Engineering Rock Mass Classifications [M]. New York: John Wiley, 1989: 251.

[2] Bieniawski Z T. Engineering classification of jointed rock masses [J]. Civil African, 1973, 15 (5): 335~344.

[3] Bieniawski Z T. Geomechanics classification of rockmasses and its application in tunneling [C]. In: Proc. 3th Int. Cong. on Rock, Mechanics (ISRM), Denver. 1974: 27~32.

[4] Bieniawski Z T. Engineering classification of jointed rock masses [J], Civil African, 1973, 15 (5): 335~344.

[5] Laubscher D H. A geomechanics classification system to the rating of lock mass in mine design [J]. South African Institute of Mining and Metallury, 1990, 10: 257~273.

[6] Barton N. Some new Q-value correlations to assist in site characterisation and tunnel design [J]. International Journal of Rock Mechanics and Mining Sciences, 2002, 39: 185~216.

[7] 蔡美峰，何满潮，刘东燕. 岩石力学与工程 [M]. 北京：科学出版社，2005.

[8] Hoek E. Reliability of Hoek-Brown estimates of rock mass properties and their impact on design [J]. International Journal of Rock Mechanics and Mining Sciences, 1998, 35 (1): 63~68.

[9] 中华人民共和国水利部. GB 50218—2014 工程岩体分级标准 [S]. 北京：中国计划出版社，2014.

[10] 比尼奥斯基. 工程岩体分类 [M]. 吴立新，王建锋，等译. 徐州：中国矿业大学出版社，2002.

[11] Palmström A. Characterising the strength of rock masses for use in design of underground structures [C]. In: Conference of Design and Construction of Underground Structures, New Delhi, 1995: 43~52.

[12] Palmström A. RMi—A system for characterizing rock mass strength for use in rock engineering [J]. Journal of Rock Mechanics and Tunnelling Technology, 1996, 1 (2): 69~108.

[13] Palmström A. Recent developments in rock support estimates by the Rmi [J]. Journal of Rock Mechanics and Tunnelling Technology, 2000, 6 (1): 1~24.

[14] Hoek E, Carranza-Torres C, Corkum B. Hoek-Brown Failure Criterion — 2002 edition [C]. In: 5th North American rock mechanics Symposium, 17th Tunnel Association of Canada, NARMS-TAC Conference, Toronto, 2002, vol. 1: 267~273.

[15] Hoek E, Marinos P. Predicting squeeze [J]. Tunels and Tunneling International, 2000 (11): 45~51.

[16] Evert Hoek. 实用岩石工程技术 [M]. 郑州：黄河水利出版社, 2002.

[17] Beniawski Z T. Determining rock mass deformability experience from Histories [J]. International Journal of Rock Mechanics and Mining Sciences, 1974, 15: 237~247.

[18] Goel R K. Correlations for predicting support pressures and closures in tunnels [D]. Nagpur: Nagpur University, 1994.

[19] Bhasin R, Grimstad E. The use of stress-strength relationship in the assessment of tunnel stability [J]. Tunnel Under. Space Tech. , 1996, 1 (1): 93~98.

[20] Trueman R. An evaluation of strata supports techniques in duallife gateroads [D]. University of Wales, Cardiff, 1998.

[21] Barton N. Some new Q value correlations to assist in site characterization and tunnel design [J]. International Journal of Rock Mechanics and Mining Sciences, 2002, 39: 185~216.

[22] Bieniawski Z T. Engineering Rock Mass Classification [M]. New York: Science Press, 1989: 180~250.

[23] Serafim J L, Pereira J P. Considerations of the geomechanics classification of Bieniawski [C]. In: Proc. of Int. Symp. Eng. Geol. Underground Construction, LNEC. Lisbon, 1983: Ⅱ. 33~42.

[24] Barton N, Leset F, Lien R, et al. Application of the Q-system in design decisions concerning dimensions and appropriate support for underground installations [C]. Int. Conf. Subsurface Space, Rockstore, Stockholm, Sub-surface Space, 1980: 553~561.

[25] Read S A L, Richards L R, Perrin N D. Applicability of the Hoek-Brown failure criterion to New Zealand greywacke rocks [C]. Proceeding 9th International Society for Rock Mechanics Congress, Paris, 1999, vol. 2: 655~660.

4 采动应力原理与分析方法

4.1 采动应力定义

采动应力（Mining induced stress）指在已知原岩应力场（大小和方向）条件下开采矿体而诱发形成的在采场围岩重分布的应力[1~3]（图 4.1）。采矿诱发的采动应力（大小与方向）作用到采场（巷道）围岩体，致使采场（巷道）围岩体产生各种形式破坏（图 4.2）。采动应力形成的基础是原岩应力场与采矿活动的交互作用，核心内容是研究采动应力与岩体相互作用关系。采动应力可采用数值模拟和理论公式进行计算，在采矿工程中，主要考虑最大采动应力、最小采动应力，以及二者之间的差值变化，作为深部采矿工程结构设计、岩体稳定性评价与地压灾害控制的力学基础和理论依据[4~7]。

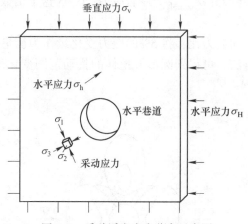

图 4.1　采动诱发应力分布示意图

层裂(spalling)　　　　　　　岩爆(rockburst)　　　　　　　脆延性变形(squeezing)

图 4.2　深部高采动应力作用下硬岩巷道围岩破坏

（1）最大采动应力 σ_1：常造成平行于最大采动应力方向的巷道围岩产生剥落、矿柱失稳、软弱岩层变形和塑性滑移破坏。在低应力条件下，软弱接触面变形导致硬岩破坏；

作用在节理面上的大角度压应力提高岩体稳定性、控制冒顶，岩体强度提高 120%。

（2）最小采动应力 σ_3：对大型采场两帮、顶底板、端部，以及保护开采水平边界的稳定性起着重要作用。作用在大型采场两帮的高水平应力去除，将导致两帮向采场内产生滑移冒落。

（3）采动应力差：采动应力差严重影响节理化岩体稳定，沿着岩体节理产生剪切破坏。岩体节理密度越高，对岩体稳定性影响越强（多组节理易产生不利岩体稳定的节理方向），节理条件等级降低。节理致使岩体强度将至 60%。

利用弹性理论研究地下采场（巷道）应力分布时，开挖会对无穷远处的应力及位移产生影响。这是因为在公式推导过程中，假设采场（巷道）处在一个无穷大的材料中。对于工程实践，仅考虑应力场、位移场变化对工程稳定性影响，当其低于一定应力（位移）水平时，可以假设这些微小变化并不会对工程稳定性造成影响。开采扰动范围，即采场（巷道）开挖周围区域，其应力变化超过原岩应力的规定量。

例如，如果把应力变化大于 0.05 倍原岩应力的范围确定为开挖扰动范围，以数学方式表示为：

$$|\sigma_{\text{induced}} - \sigma_{\text{natural}}| \geqslant 0.05\sigma_{\text{natural}} \tag{4.1}$$

式中，σ_{induced} 为开挖扰动应力；σ_{natural} 为原岩应力；0.05 这个倍数并不是一个定值，需根据工程实际情况确定。

对于二维应力状态不同应力比，将 5% 的应力变化量作为衡量扰动范围的标准，通过理论计算和数值模拟的方法，可得到圆形开挖体的扰动范围变化规律（图 4.3），其扰动范围可近似为一个椭圆[8]。

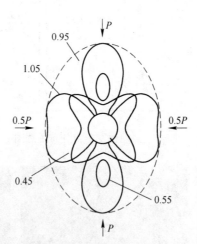

图 4.3　二维应力状态不同应力比下的圆形开挖体扰动范围示意图

采动应力计算考虑影响因素：

（1）巷道开挖诱发应力；

（2）小间距巷道开挖相互影响；

（3）大型采场附近巷道设计位置；

（4）支承应力，特别是开采方向与应力场方向的相关性（下向高应力采矿诱发岩体冒落产生高支承应力，反之亦然）；

(5) 隆起；

(6) 碎裂岩体冒落岩块的点荷载；

(7) 采场两帮和顶部约束解除；

(8) 采区尺寸增加造成采场几何形状变化；

(9) 大型楔形体破坏；

(10) 隐藏控矿稳定性结构面产生的高扰动应力，或采场顶板产生的破坏；

(11) 岩浆岩侵入产生的高应力，或转移到（坚硬）围岩应力。

应用弹性理论分析采动应力分布时，常假设采场（巷道）处在一个无穷大的均质材料中，分析开采（挖）扰动对采场（巷道）围岩及其无穷远处的应力场及位移场变化。对于地下采矿工程，主要关注开采（挖）对采场围岩应力场和位移场引起的变化；当采动应力值差异变化低于岩体强度时，认为应力微小变化不会对工程稳定性造成影响。当开采（挖）扰动应力差异变化超过岩体强度时，将造成采场（巷道）围岩产生破坏。

对于深部圆形巷道开挖，巷道围岩承受的水平原岩应力大于垂直应力，在此边界应力条件下，不同应力（水平应力/垂直应力）比导致圆形开挖巷道顶、底板产生塑性破坏区；随着开采深度增加，水平/垂直应力比逐步增大，在圆形开挖结构的产生的塑性破坏表现为椭圆形结构（图4.4）；随着水平/垂直应力比增加，其顶、底板塑性破坏区深度也增加。

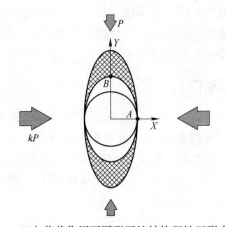

图 4.4　双向荷载作用下圆形开挖结构塑性区形态分布

除竖井外，许多地下工程的断面形状都不是规则的圆形，如巷道、采场、硐室和一些地下工程不同的组合形式。例如在两个圆形开挖体距离较近（小于应力扰动范围），其采动应力分析更为复杂。此时可将上述工程进行简化，将其看成是类椭圆形结构进行分析，计算其应力分布，扰动范围和塑性区半径等。

本章应用弹性、弹塑性理论，分别分析圆形、椭圆形以及其他形状采动应力场分布的理论解析方法，同时对数值模拟方法做简要介绍。

4.2　采动应力状态分析

地下采场围岩内任意一点的应力是原岩应力和采动应力共同作用下，在采场空区周围形成的应力重新集中分布。采动应力场认为是作用在最大应力方向主应力迹线束。从图

4.5可以看出，开挖结构围岩及矿柱的应力集中。线束密集区即为高应力集中区。依据采场的几何形状和岩石力学属性，在高应力条件下将对采场稳定性产生不同的影响。无应力线束区表示其处于应力松弛区。在节理化岩体中，处于应力松弛区岩块不受应力影响，产生结构面控制型破坏。

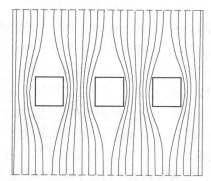

图4.5　用水中三个桥墩阻碍水流类比地下采场周围应力分布

对于地下采场进行采场结构尺寸设计时，在初始原岩应力作用下，应充分考虑采场周围的采动应力集中，包括其作用大小和作用方向。

作用在采场周围的采动应力不能穿过采空区，而是作用在采场围岩内。采动应力是原岩应力场、采场几何形状以及荷载作用下围岩应力应变变化的函数[9~11]。在上述条件共同作用下，采场围岩应力场及其远场应力产生新的应力平衡。为研究、分析和计算采动应力，需充分考虑压应力、张应力和连续应力。

4.3　理论解析法计算采动应力

对于深部开采，开采的采场与开挖的巷道具有复杂的几何形状，以及开采（挖）空间围岩体也是属于非均质、各向异性的一种复杂岩体介质。到目前为止，对于原岩应力场、岩体力学参数等尚未完全掌握，现无法直接应用数学物理方法精确地求解出开挖周围岩体内的应力分布状态[15~17]。近年来，随着计算机技术的发展，一些近似数学模拟方法，如有限元法、边界元法、离散元法等，广泛应用于工程问题[18~25]；但对于采矿工程问题中应力场、位移场分析计算，仍然需要经过大量计算简化后进行近似解算、分析采动应力空间分布规律。为了说明问题，可借助于有关理论进行简化理论分析。

4.3.1　圆形开挖结构应力解析

4.3.1.1　圆形开挖弹性分析

在经典的弹性力学分析中，Pender[26]为方便理论分析，简化几何形状为圆形（图4.16（a）），在点（r，θ）的应力分量应用弹性解析，则在圆形巷道围岩应力、位移计算见式（4.2）~式（4.6）：

径向应力：

$$\sigma_r = \frac{P}{2}\left[(1+k)\left(1-\frac{a^2}{r^2}\right) - (1-k)\left(1-4\frac{a^2}{r^2}+\frac{3\,a^4}{r^4}\right)\cos2\theta\right] \qquad (4.2)$$

切向应力：

$$\sigma_\theta = \frac{P}{2}\left[(1+k)\left(1+\frac{a^2}{r^2}\right) + (1-k)\left(1+4\frac{a^2}{r^2}+\frac{3\,a^4}{r^4}\right)\cos2\theta\right] \tag{4.3}$$

剪应力：

$$\tau_{r\theta} = \frac{P}{2}\left[(1-k)\left(1+\frac{2a^2}{r^2}-\frac{3\,a^4}{r^4}\right)\sin2\theta\right] \tag{4.4}$$

径向位移：

$$u_r = -\frac{Pa^2}{4Gr}\left\{(1+k) - (1-k)\left[4(1-\nu)-\frac{a^2}{r^2}\right]\cos2\theta\right\} \tag{4.5}$$

环向位移：

$$u_\theta = -\frac{Pa^2}{4Gr}\left\{(1-k)\left[2(1-2\nu)+\frac{a^2}{r^2}\right]\sin2\theta\right\} \tag{4.6}$$

式中：

$$P = \sigma_v$$

$$k = \frac{\sigma_h}{\sigma_v}$$

当 $r=a$ 时：

$$\sigma_r = 0$$

$$\sigma_\theta = P[(1+k)+2(1-k)\cos2\theta]$$

$$\sigma_\theta = 0 \tag{4.7}$$

同理，当 $\theta = 0$ 时：

$$\sigma_r = kP, \ \ \sigma_\theta = P, \ \ \tau_{r\theta} = 0 \tag{4.8}$$

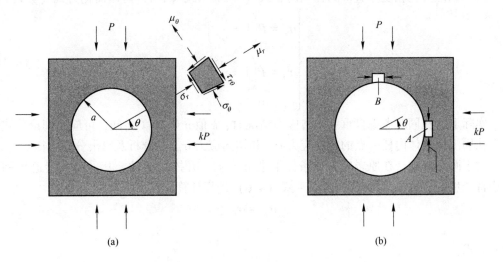

(a)　　　　　　　　　　　　　(b)

图 4.6　双轴加载条件下圆形开挖周围应力位移分布

则，在点（r，θ）的采动应力为：

最大采动应力：

$$\sigma_1 = \frac{1}{2}(\sigma_r + \sigma_\theta) + [(\sigma_r - \sigma_\theta)^2 + \tau_{r\theta}^2]^{1/2} \tag{4.9}$$

最小采动应力：　　　　　　$\sigma_3 = \dfrac{1}{2}(\sigma_r + \sigma_\theta) - [(\sigma_r - \sigma_\theta)^2 + \tau_{r\theta}^2]^{1/2}$　　　　　　（4.10）

半径方向的倾角为：

$$\tan 2\alpha = 2\tau_{r\theta}/(\sigma_\theta - \sigma_r)$$

按照坐标系定义角 θ，式（4.7）定义圆形开挖边界的应力状态。由于在此表面无拉应力，仅仅切向应力分量不等于 0。当 $k < 1.0$ 时，则集中在圆形采场两帮（$\theta = 0$）和顶板（$\theta = \dfrac{\pi}{2}$）的最大（小）采动应力（图 4.6（b））为：

A 点：　　　　　　　　$\theta = 0$，$(\sigma_\theta)_A = \sigma_A = P(3 - k)$

B 点：　　　　　　　　$\theta = \dfrac{\pi}{2}$，$(\sigma_\theta)_B = \sigma_B = P(3k - 1)$

当 $k = 0$ 时，式（4.7）表示轴向应力平行于 y 轴，则其最大（小）采动应力为：

$$\sigma_A = 3P$$
$$\sigma_B = -P$$

该式表示圆形开挖周围最大（小）应力集中极限。

当 $k > 1.0$ 时，两帮应力小于 $3P$，顶板应力大于 $-P$。在压应力作用下，在两帮产生拉应力集中。

在均匀荷载作用下，即：$k = 1.0$ 时，采场周围切向应力为：

$$\sigma_\theta = 2P$$

边界应力为 $2P$，坐标角为 θ。由于圆形开挖边界受力一致，则在圆形开挖周围局部应力分布是一致的。

对于圆形开挖仅受垂直应力作用时，式（4.2）～式（4.4）可以简化为式（4.11）：

$$\begin{cases} \sigma_r = P\left(1 - \dfrac{a^2}{r^2}\right) \\[2mm] \sigma_\theta = P\left(1 + \dfrac{a^2}{r^2}\right) \\[2mm] \tau_{r\theta} = 0 \end{cases} \qquad (4.11)$$

实际上，在同时考虑自重和构造应力情况时，k 值介于 0～1 之间，可应用理论公式进行圆孔周围围岩体内任一点的径向应力 σ_{rr} 和切向应力 $\sigma_{\theta\theta}$ 的分析及给出分布规律。

对于圆形开挖，在原岩应力场条件下进行采矿（开挖）活动，其采场（巷道）围岩周边将产生的应力位移由式（4.2）～式（4.6）进行计算，设：

$$\sigma_n = \sigma_\theta$$
$$\tau = \tau_{r\theta}$$

代入下式：

$$\tau = \sigma_n \tan\varphi$$

借此判断圆形采场（巷道）围岩附近应力集中程度。

4.3.1.2　圆形开挖弹塑性分析

在实际采矿工程中，采场（巷道）围岩体均存在结构面。当采动应力超过采场（巷道）围岩体的弹性极限时，围岩就由弹性应力集中状态转化为塑性破坏，并在采场（巷道）围岩体中形成一定的塑性分布区，且采场（巷道）围岩体应力状态由单向应力状态逐渐转化为双向应力状态。假设塑性区岩体强度服从 Mohr 直线强度条件（即 Coulomb-Naiver 准则），按照图 4.7 计算塑性区围岩应力[15,16,27]。

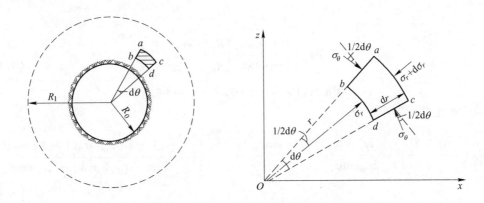

图 4.7　塑性区围岩应力计算简图

根据弹性力学的圆对称平面问题（$\tau_{r\theta} = 0$），不考虑岩体自重应力（即 $f_r = 0$）时的平衡方程，由 $\Sigma F_r = 0$（取向外为正，向内为负）得：

$$\sigma_r r \mathrm{d}\theta - (\sigma_r + \mathrm{d}\sigma_r)(r + \mathrm{d}r)\mathrm{d}\theta + 2\sigma_\theta \mathrm{d}r\sin\left(\frac{\mathrm{d}\theta}{2}\right) = 0 \tag{4.12}$$

分析得到采场（巷道）围岩体塑性区采动应力计算公式（4.13）：

$$\sigma_r = (P_i + c_m\cot\varphi_m)\left(\frac{r}{R_0}\right)^{\frac{2\sin\varphi_m}{1-\sin\varphi_m}} - c_m\cot\varphi_m$$

$$\sigma_\theta = (P_i + c_m\cot\varphi_m)\frac{1+\sin\varphi_m}{1-\sin\varphi_m}\left(\frac{r}{R_0}\right)^{\frac{2\sin\varphi_m}{1-\sin\varphi_m}} - c_m\cot\varphi_m \tag{4.13}$$

$$\tau_{r\theta} = 0$$

式中，c_m、φ_m 为塑性区岩体的内聚力和摩擦角；r 为径向塑性区某一位置；P_i 为围岩支护力；R_0 为开挖体半径。

当没有支护（$P_i = 0$）时，上式变为式（4.14）：

$$\sigma_r = c_m\cot\varphi_m\left[\left(\frac{r}{R_0}\right)^{\frac{2\sin\varphi_m}{1-\sin\varphi_m}} - 1\right]$$

$$\sigma_\theta = c_m\cot\varphi_m\left[\frac{1+\sin\varphi_m}{1-\sin\varphi_m}\left(\frac{r}{R_0}\right)^{\frac{2\sin\varphi_m}{1-\sin\varphi_m}} - 1\right] \tag{4.14}$$

$$\tau_{r\theta} = 0$$

在塑性区以外，岩体仍处于弹性状态，其径向应力 σ_r、切向应力 σ_θ 既符合静力平衡条件，也符合虎克定律，$r = R_1$，$\sigma_{rp} = \sigma_{rt}$（$\sigma_{rp}$ 和 σ_{rt} 分别为塑性区和弹性区的径向应力），代入边界条件求解得弹性区围岩应力分布公式：

$$\sigma_r = \sigma_0\left(1 - \frac{R_1^2}{r^2}\right) + \frac{R_1^2}{r^2}[\sigma_0(1-\sin\varphi_m) - c_m\cos\varphi_m] \tag{4.15}$$

$$\sigma_\theta = \sigma_0 \left(1 + \frac{R_1^2}{r^2} \right) - \frac{R_1^2}{r^2} \left[\sigma_0 (1 - \sin\varphi_m) - c_m \cos\varphi_m \right]$$

由于应力是连续的，当 $r = R_1$ 时，$\sigma_{\theta p} = \sigma_{\theta t}$（$\sigma_{\theta p}$ 和 $\sigma_{\theta t}$ 分别为塑性区和弹性区的环向应力）。即：

$$c_m \cot\varphi_m \left[\frac{1 + \sin\varphi_m}{1 - \sin\varphi_m} \left(\frac{R_1}{R_0} \right)^{\frac{2\sin\varphi_m}{1 - \sin\varphi_m}} - 1 \right]$$
$$= 2\sigma_0 - \left[\sigma_0 (1 - \sin\varphi_m) - c_m \cos\varphi_m \right] \tag{4.16}$$

从中解出塑性区半径 R_1：

$$R_1 = R_0 \left\{ \frac{\left[\sigma_0 (1 + \lambda) + 2c_m \cot\varphi_m \right] (1 - \sin\varphi_m)}{2c_m \cot\varphi_m} \right\}^{\frac{1 - \sin\varphi_m}{2\sin\varphi_m}} \left\{ 1 + \frac{(1 - \sin\varphi_m) \sigma_0 (1 - \lambda) \cos 2\theta}{\sin\varphi_m \left[\sigma_0 (1 + \lambda) + 2c_m \cot\varphi_m \right]} \right\}$$
$$\tag{4.17}$$

采场（巷道）围岩塑性区破坏厚度，即无支护的条件下，采动应力超过岩体强度，采场围岩破坏，岩体破裂的碎块可在自重作用下脱离围岩。

脆性岩体的破裂厚度取决于采动应力值（相对于单轴抗压强度 σ_c 的开挖诱发应力 σ_{max}）、侧压力系数 σ_1 / σ_3、岩体结构、开挖体形状以及远处微地震诱发的动态应力增量 $\Delta\sigma_d$。巷道围岩破坏的主要原因；图 4.8 为最大采动主应力与最小采动主应力相互作用的应力非均匀性（$\sigma_1 / \sigma_3 > 10$），造成图 4.8（a）节理化岩体产生剪切破坏，产生小的岩块破碎和零散碎块剥落；图 4.8（b）将造成整个巷道的顶底板、两帮产生大的移动、破坏。

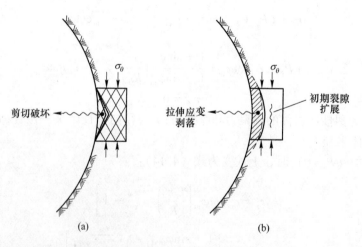

图 4.8　岩体中剪切形式破坏的岩爆（a）和拉伸应变剥落（b）

4.3.1.3　圆形开挖应力扰动范围

在岩体介质中开挖圆形结构，其开挖周围应力扰动范围，对于深部矿山巷道破坏及稳定性分析，特别是对于同一开采区域存在多种开挖结构体的情况相一致。针对深部井巷简化设计，需获取深部井巷开挖孔洞周围主要的应力扰动范围，得到其近场和远场应力。因此在静水压力条件下，根据式（4.11）计算圆形开挖结构平面应力分布见图 4.9，据此计算与开挖结构中心不同径向距离位置径向应力和切向应力见表 4.1。此时的应力状态与远场应力相差不大，在 5% 以内，及弹性介质圆形开挖孔孔周应力扰动范围为 5 倍的圆孔半径。

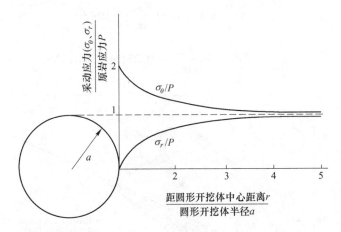

图 4.9　静水压力场距圆形开挖中心不同径向距离处径向应力与切向应力的分布

表 4.1　静水压力场圆形开挖孔周围不同径向距离处径向应力与切向应力计算结果

距离开挖中心距离 r	切向应力 σ_θ	径向应力 σ_r
a	$2P$	0
$2a$	$1.25P$	$0.75P$
$3a$	$1.11P$	$0.88P$
$4a$	$1.06P$	$0.94P$
$5a$	$1.04P$	$0.96P$

在完整硬岩中，采动区附近岩体的最大应力（切应力）大于 $(0.3\sim0.5)\sigma_c$，围岩内出现高应力集中，可能会以稳定或不稳定的方式发生脆性破坏。对于近圆形开挖体，破裂区的最大应力为开挖边界的切向应力 $\sigma_{\max}$，计算如下：

$$\sigma_{\max} = 3\sigma_1 - \sigma_3 \tag{4.18}$$

对于不同应力比 k 条件下，圆形开挖结构破坏形态分 3 种，即：耳状、椭圆形以及蝴蝶形。研究表明，当圆形开挖结构的破坏形态为非蝴蝶形时，非对称应力作用下的圆形开挖结构，其围岩平均塑性区半径与大小为非对称应力的平均应力的静水压力作用下的圆形开挖结构塑性半径相一致，采用静水压力作为应力边界进行围岩特性曲线绘制。图 4.10 为不同应力比条件圆形开挖结构围岩破坏形态的判定。

在不同应力比 k 条件下，圆形开挖结构破坏深度的计算方法包括：理论计算法、经验图表法以及数值模拟法。圆形开挖结构脆性岩体的破裂厚度取决于应力大小（相对于岩石单轴抗压强度 σ_c 的开挖采动应力 $\sigma_{\max}$）、侧压力系数 σ_1/σ_3、岩体结构、开挖体形状、以及远处微地震诱发的动态应力增量 $\Delta\sigma_d$。根据图表法（图 4.11）[28,29]，深部巷道围岩体破坏的附加深度 $d_f (d_f = r_f - a)$ 与开采（开挖）半径的比值可表示为：

$$\frac{d_f}{a} = 1.34\frac{\sigma_{\max}}{\sigma_c} - 0.57(\pm0.05) \tag{4.19}$$

式中，d_f 为围岩破坏深度；a 为开挖半径；σ_{max} 为围岩切向应力；σ_c 为岩石单轴抗压强度。

圆形开挖结构最大破裂带的半径可表示为：

$$\frac{r_f}{a} = \frac{d_f}{a} + 1 = 1.34 \frac{\sigma_{max}}{\sigma_x} + 0.43 \qquad (4.20)$$

$$\frac{\mu_w}{a} = BF\left(1.34 \frac{\sigma_{max}}{\sigma_x} - 0.27(\pm 0.5)\right) \qquad (4.21)$$

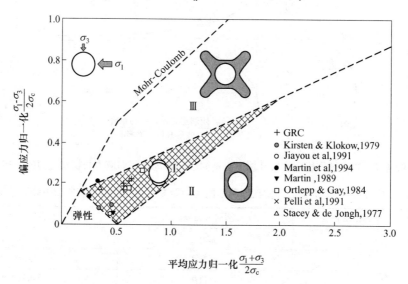

图 4.10　圆形开挖结构围岩破坏形态判定图表

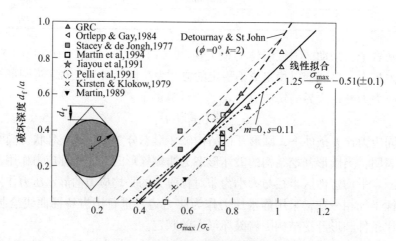

图 4.11　圆形开挖结构围岩破坏深度

4.3.2　椭圆形开挖结构应力解析

4.3.2.1　椭圆形开挖弹性分析

与圆形开挖结构相比，对于一些地下工程开挖的不同组合，诸如上向采场几何形状、硐室群、水电站泵房工程等，形成类椭圆形开挖结构，可应用（类）椭圆形工程结构受力状态计算与稳定性分析及其影响范围，主要是由于其开挖宽/高比更符合工程实际（图

4.12)，因此，对于椭圆形采场结构更适合分析深部采动应力分析[30,31]。

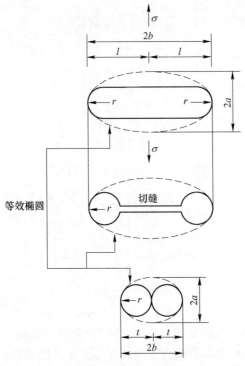

图 4.12 不同开挖结构组合简化椭圆形结构

对于承受拉应力作用的椭圆形孔，应力集中系数 $K_{t\infty}$ 可以表示为：

$$K_{t\infty} = 1 + 2\frac{b}{a} \tag{4.22}$$

式中，$2a$ 为椭圆形结构的短轴距离；$2b$ 为椭圆形结构的长轴距离。

变换上式，其最大应力集中系数可表示为：

$$K_{t\infty} = 1 + 2\sqrt{\frac{b}{\rho}} \tag{4.23}$$

式中，ρ 为 $2b$ 长轴的曲率半径，$\rho = a^2/b$。

通过引入等效椭圆结构，应用该式可估算类椭圆形结构的应力集中程度。对图 4.12 所示三种不同非椭圆形工程结构，$\rho = r$ 和 $2b$ 长轴距离方向承受拉应力，则在拉应力方向 $2b$ 的等效宽度为：

$$2a_{equivalent} = 2\sqrt{br} \tag{4.24}$$

应用等效椭圆概念计算其最大远场应力为：

$$\sigma_{max} = \sigma^\infty K_{t\infty}(b, a_{equivalent}) = \sigma^\infty \left(1 + 2\frac{b}{a_{equivalent}}\right) \tag{4.25}$$

对于深部采场设计，采场围岩应力比与应力作用方向、开挖宽/高比等是确定和优化采场结构及稳定性分析的基础。

对于处于非均质岩体中的椭圆形采场，采场稳定性主要取决于长短轴的偏心率和主应力作用方向。为求解椭圆形采场围岩某一点的应力值，根据椭圆形坐标系统，椭圆形的几何特征参数如下：

$$\begin{cases} e_0 = \dfrac{W + H}{W\text{-}H} \\[2mm] b = \dfrac{4(x_1^2 + z_1^2)}{W^2 - H^2} \\[2mm] d = \dfrac{8(x_1^2 - z_1^2)}{W^2 - H^2} \\[2mm] u = b + \dfrac{e_0}{|e_0|}(b^2 - d)^{1/2} \\[2mm] e = u + \dfrac{e_0}{|e_0|}(u^2 - 1)^{1/2} \\[2mm] \psi = \arctan\left[\left(\dfrac{e + 1}{e - 1}\right)\dfrac{z_1}{x_1}\right] \\[2mm] \theta = \arctan\left[\left(\dfrac{e + 1}{e - 1}\right)^2 \dfrac{z_1}{x_1}\right] \\[2mm] c = 1 - ee_0 \\[2mm] J = 1 + e^2 - 2e\cos2\psi \end{cases} \tag{4.26}$$

假设半无限体地下有一倾斜采场（图 4.13）为椭圆形结构，采场斜长为 W，矿体直厚度为 H，椭圆形采场长轴方向与垂直方向的夹角为 β，椭圆形采场边界与 x 轴的夹角为 α，采场垂直方向应力为：$\sigma_v = P$，采场水平应力为：$\sigma_H = kP$；因此，对于椭圆形结构边界任一点 (x_1, y_1) 的应力状态可以根据复变函数计算，(x_1, y_1) 映射函数为：

$$z = \omega(\xi) = R\left(\frac{1}{\xi} + m\xi\right) \quad |\xi| < 1 \tag{4.27}$$

式中：
$$R = \frac{W + H}{2}; \ m = \frac{W - H}{W + H} \leqslant 1$$

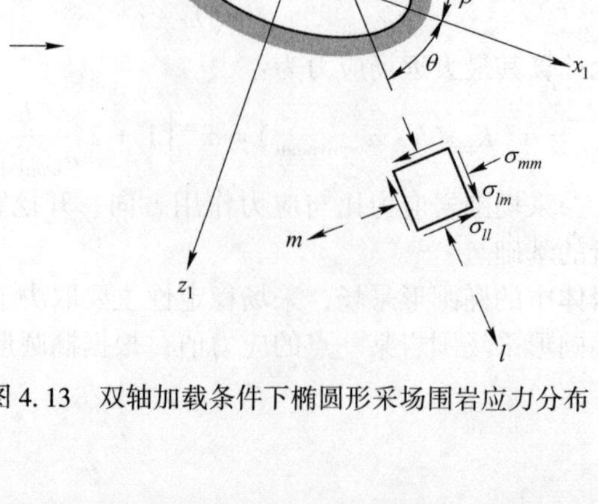

图 4.13　双轴加载条件下椭圆形采场围岩应力分布

则，应力分量表示为：

$$\sigma_{ll} = \frac{P(e_0 - e)}{J^2}\left\{(1 + k)(e^2 - 1)\frac{C}{2e_0} + (1 - k)\left[\left[\frac{J}{2}(e - e_0) + Ce\right]\cos2(\psi + \beta) - C\cos2\beta\right]\right\}$$

(4.28)

$$\sigma_{mm} = \frac{P}{J}\{(1 + k)(e^2 - 1) + 2(1 - k)e_0[e\cos2(\psi + \beta) - \cos2\beta]\} - \sigma_{ll} \quad (4.29)$$

$$\sigma_{lm} = \frac{P(e_0 - e)}{J^2}\left\{(1 + k)\frac{Ce}{e_0}\sin2\psi + (1 - k)\left[e(e + e_0)\sin2\beta + e\sin2(\psi - \beta) - \right.\right.$$

$$\left.\left.\left[\frac{J}{2}(e + e_0) + e^2 e_0\right]\sin2(\psi + \beta)\right]\right\}$$

(4.30)

依据椭圆形采场结构弹性分析示意图 4.14 及坐标点位置，通过复变函数变换，则椭圆形开挖围岩应力为：

$$\sigma_\theta = q\frac{1 - m^2 + 2m\cos2\alpha - 2\cos2(\alpha + \theta)}{1 + m^2 - 2m\cos2\theta}$$

(4.31)

将 R 和 m 代入式（4.31），整理，计算采场应力 σ 为：

$$\sigma_\theta = \frac{P}{2q}\{(1 + k)[(1 + q^2) + (1 - q^2)\cos2(\alpha - \beta)] - $$

$$(1 - k)[(1 + q^2)\cos2\alpha + (1 - q^2)\cos2\beta]\}$$

(4.32)

式中，$q = W/H$。

计算椭圆形采场顶板和两帮的应力状态时，当椭圆形边界某点与 x 轴的夹角为 α 为 0° 和 π/2 时，椭圆形采场结构转变为图 4.15 所示状态。

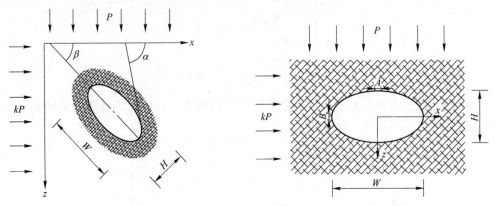

图 4.14 倾斜椭圆形采场结构弹性分析　　图 4.15 水平椭圆形采场结构弹性分析

在原岩应力作用下，椭圆形采场结构周围产生最大（小）主应力集中，应用经典弹性力学理论，椭圆形采场顶板和两帮中点产生最大（小）应力集中，其采场顶板和两帮中点的采动应力为：

$$\sigma_A = P(k - 1 + 2q) = P\left(1 - k + \sqrt{\frac{2W}{\rho_A}}\right)$$

(4.33)

$$\sigma_B = P(k - 1 + 2k/q) = P\left(k - 1 + k\sqrt{\frac{2W}{\rho_B}}\right)$$

(4.34)

式中，σ_A 为椭圆形上部中点采动应力（A 点）；σ_B 为椭圆形端部中点采动应力（B 点）；P 为垂直应力，MPa；k 为水平/垂直应力比系数；q 为椭圆形高宽比，$q = W/H$；W 为椭圆形宽度，m；H 为椭圆高度，m；ρ_A 为椭圆内 A 点曲率半径，ρ_B 为椭圆内 B 点曲率半径，其曲率半径分别为：$\rho_A = \dfrac{H^2}{2W}$；$\rho_B = \dfrac{W^2}{2H}$。

公式表明，曲率半径越小，某点应力集中越大，即：高边界曲率产生高应力集中。椭圆形采场周边的采动应力是长短轴比和原岩应力作用方向的函数。当椭圆形采场长轴方向与主应力方向一致时，计算最大采动主应力，则采场顶板和两帮中心点的采动应力为：

$$\sigma_A = \sigma_v \left(k - 1 + 2k\sqrt{\frac{H}{W}} \right) \tag{4.35}$$

$$\sigma_B = \sigma_v \left[1 - k + 2\left(\frac{W}{H}\right) \right] \tag{4.36}$$

4.3.2.2　椭圆形开挖塑性区分析

在采动应力计算的基础上，计算椭圆形采场其采动影响范围，假设采场处于二维应力状态（图 4.16），椭圆形采场顶板和两帮中点的采动应力与所受原岩应力之比分别为：

$$\frac{\sigma_{两帮}}{\sigma_{垂直应力}} = \frac{\sigma_B}{\sigma_v} = 1 - k + 2\left(\frac{W}{H}\right)$$

$$\frac{\sigma_{顶板}}{\sigma_{垂直应力}} = \frac{\sigma_A}{\sigma_v} = k - 1 + 2k\sqrt{\frac{H}{W}}$$

通过对上述公式进行变换，可得：

$$\begin{cases} H = \dfrac{2W}{\dfrac{\sigma_{两帮}}{\sigma_{垂直应力}} + k - 1} \\[4ex] H = \dfrac{W}{4\,k^2}\left(\dfrac{\sigma_{顶板}}{\sigma_{垂直应力}} + 1 - k \right)^2 \end{cases} \tag{4.37}$$

应用上式分别考虑采场顶板承受压应力和两帮处于拉应力条件下，采场允许开采高度，借此确定深部采场设计高度。

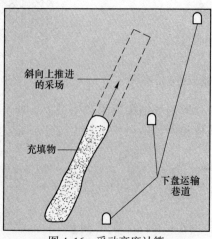

图 4.16　采动高度计算

应用弹塑性理论解析椭圆形开采其采动应力作用影响范围（图4.17）为：

采动影响采场宽度范围：

$$W_i = H\sqrt{A\alpha \mid q(q+2) - k(3+2q) \mid}$$

或：

$$W_i = H\sqrt{\alpha[A(k+q^2) + kq^2]} \qquad (4.38)$$

取二者最大值。

采动影响采场高度范围：

$$H_i = H\sqrt{A\alpha \mid k(1+2q) - q(3q+2) \mid}$$

或：

$$H_i = H\sqrt{\alpha[A(k+q^2) + 1]} \qquad (4.39)$$

$$A = \frac{100}{2c}, \quad q = \frac{W}{H}, \quad \alpha = \begin{cases} 1, & k < 1 \\ \dfrac{1}{k}, & k > 1 \end{cases}$$

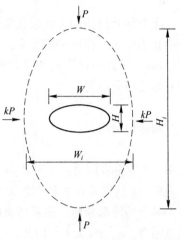

图4.17 椭圆形采场采动影响范围

4.3.3 矩形开挖结构应力解析

矩形采场周围应力计算与椭圆形采场一样十分复杂，目前为止不能运用精确理论进行求解。在原岩应力场作用下，矩形采场拐角处通常产生剪应力集中，而矩形采场的长轴边中点易产生拉应力集中[32~34]。当矩形采场的长轴平行于最大来压方向有利于采场稳定。

假设矩形采场围岩处于弹性状态条件下，采动作用下采场围岩应力重新分布，主要表现为：

（1）矩形采场开采造成采场围岩产生切向应力集中，最大切向应力发生在孔的周边。对圆形和椭圆形采场，最大切向应力主要集中在采场的两帮中点和顶底板的中部。对矩形采场其最大切向应力集中在四角处（图4.18），在矩形采场的长直边处产生拉应力集中。

（2）采场围岩应力集中系数；对于单一采场而言，圆形采场应力集中仅与侧压系数 λ 有关，其值 $k = 2 \sim 3$。对椭圆孔，则不仅与 λ 有关，还与椭圆形采场的长短轴比有关。一般当 $a/b = 2$，$\lambda = 0 \sim 1$ 时，$k = 4 \sim 5$。对多采场同时开采而言，

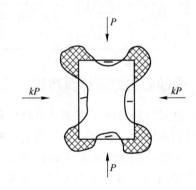

图4.18 矩形采场围岩采动影响范围

k 值升高是由于单孔应力分布叠加作用结果，k 值视采场尺寸及采场间距以及原岩应力的侧压系数 λ 值而定。在两个采场同时回采的影响条件下，中间巷道所在地点的应力集中系数可达7，有时可能更大。

（3）不论何种形状的孔，它周围应力重新分布（主要指采动应力），理论上其影响是无限远的，但从影响程度方面看，有一定的影响半径。常取切向应力值超过原岩垂直应力5%处作为边界线。

（4）孔的影响范围与孔的断面大小有关。

4.3.4　其他形状开挖形状应力解析

不对称开挖体的几何形状将强烈影响采动应力的大小。特别在尖锐的地方，采动应力集中特别明显。在极端情况下，为最大主应力的 10 倍。

Hoek 和 Brown[35] 提出了评价岩体切向应力的方法：

顶板切向应力：

$$\sigma_{\mathrm{tr}} = (Ak - 1)P \tag{4.40}$$

帮体切向应力：

$$\sigma_{\mathrm{tw}} = (B - k)P \tag{4.41}$$

式中，P 为垂直应力；A 和 B 为不同形状剖面的顶板和墙体系数；k 为水平应力与垂直应力之比（k 值通常在 2 和 3 之间）。

对于马蹄形断面，顶板切向应力变化范围为：$\sigma_{\mathrm{tr}} = (5.50 \sim 8.60)P$；墙体切向应力变化范围为：$\sigma_{\mathrm{tw}} = (2.3 - k)P$。

不同形状开挖结构其切向应力，可按表 4.2 计算。

表 4.2　不同开挖形状顶板（A）和墙体（B）系数

系数	平面开挖形状								
A	5.0	4.0	3.9	3.2	3.1	3.0	2.0	1.9	1.8
B	2.0	1.5	1.8	2.3	2.7	3.0	5.0	1.9	3.9

4.4　采动应力数值计算方法

二维弹性解有助于理解开采结构周围应力分布及其影响因素。当前，对于典型不规则采场回采过程很难应用弹性方程求解周围应力场分布特征，主要因为：（1）复杂采场边界条件很难用简单的数学方程进行表达；（2）偏微分方程是非线性；（3）求解方程是非齐次方程；（4）岩体本构方程非线性；（5）数学简化困难。因此，在实际采矿工程中，可以应用数值计算方法求解不同回采条件下深部不规则采场采动应力分布规律。理想地下采场数值模型如图 4.19 所示。

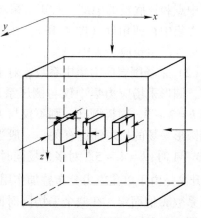

图 4.19　理想地下采场数值模型

采矿工程中常用的数值模拟方法[36~44]见表 4.3，每种数值模拟方法的适用范围、优缺点及其局限性对采场稳定性分析十分重要。当单一的数值方法不能计算所需分析的问题时，可根据所要分析采矿问题的模拟目标和规模，应用不同的数值模拟方法进行集成，或混合不同的数值模拟方法统一计算。图 4.20 为不同开挖尺度下数值模拟方法选择。

表 4.3 采场稳定性分析常用数值方法

连续方法	有限差分法（FDM）
	有限元法（FEM）
	混合 FEM/BEM
非连续方法	离散元法（DEM）
	离散裂隙网络（DFN）
连续/非连续方法	混合 FEM/BEM
	混合 DEM/BEM
	混合 FEM/DEM
	其他混合方法

不连续系统开挖尺度的增大 →

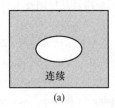 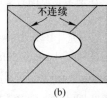 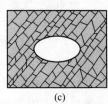 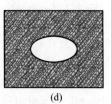

(a)　　　　　　(b)　　　　　　(c)　　　　　　(d)

图 4.20　考虑不同开挖尺度的数值模拟方法适用性

（a）连续方法；（b）含有非连续单元的连续方法或离散方法；（c）离散方法；（d）等效连续方法

　　数值建模不仅仅是建立一个复杂而详细的力学模型，同时要按照现场岩体条件去模拟采矿工程实际问题。在工程上，所建立的数值模型需要对现场工程问题进行适当的简化，采用相应的本构方程和强度准则，应用连续、非连续方法，模拟分析采动过程采场围岩体破坏的力学行为，进而求解采矿工程实际问题。

　　对于采矿工程具体问题，通常采用连续方法计算。这是因为非连续模型对输入参数要求非常严格，需要充分掌握岩体结构面的结构特性和力学性质。此时可以应用等效连续破坏准则，例如 Hoek-Brown 强度准则以及线性弹性方法，该方法在岩石力学研究中应用比较广泛。研究和开发数值模拟方法，必须仔细考虑连续方法的适用性，借此分析岩石-开挖相互作用关系，这与具体采场工程开挖尺度有密切联系（图 4.20（b）、（c））。

参 考 文 献

［1］钱鸣高，缪协兴. 采动岩体力学——一门新的应用力学研究分支学科［J］. 科技导报，1997，15（3）：7~10.

［2］屠尔昌宁诺夫（И. А. Турчанинов），等. 矿山岩石力学基础［M］. 刘听成，等译. 北京：煤炭工业出版社，1981.

［3］钱鸣高，石平五. 矿山压力与岩层控制［M］. 徐州：中国矿业大学出版社，2005.

［4］李春元. 深部强扰动底板裂隙岩体破裂机制及模型研究［D］. 北京：中国矿业大学（北京），2018.

［5］李志梁. 基于能量耗散的软硬互层采动裂隙演化规律实验研究［D］. 西安：西安科技大学，2017.

［6］左超. 采动影响下巷道围岩变形机理及支护技术研究［D］. 淮南：安徽理工大学，2017.

［7］袁超．深部巷道围岩变形破坏机理与稳定性控制原理研究［D］．湘潭：湖南科技大学，2017．

［8］黎俊民．大黄山煤矿大跨度切眼锚杆锚索支护技术研究［D］．西安：西安科技大学，2015．

［9］Shen B, King A, Guo H. Displacement, stress and seismicity in roadway roofs during mining-induced failure ［J］. International Journal of Rock Mechanics and Mining Sciences, 2008, 45（5）：672~688.

［10］Kaiser P K, Yazici S, Maloney S. Mining-induced stress change and consequences of stress path on excavation stability—a case study ［J］. International Journal of Rock Mechanics and Mining Sciences, 2001, 38 （2）：167~180.

［11］Hoek E, Kaiser P K, Bawden W F. Support of Underground Excavations in Hard Rock ［M］. CRC Press, 2000.

［12］吴家龙．弹性力学．［M］．3 版．北京：高等教育出版社，2016．

［13］戴宏亮．弹塑性力学［M］．长沙：湖南大学出版社，2016．

［14］薛守义．弹塑性力学［M］．北京：中国建材工业出版社，2005．

［15］李中林．矿山岩体工程地质力学［M］．北京：冶金工业出版社，1987．

［16］安欧．工程岩体力学基本问题［M］．北京：地震出版社，2012．

［17］蒋金泉．采场围岩应力与运动［M］．北京：煤炭工业出版社，1993．

［18］王成，丁子文，熊祖强，姜涛，欧阳凯．大断面动压回采巷道围岩变形规律及其控制技术［J］．中国安全科学学报，2018，28（05）：135~140．

［19］周逸群．复合岩层锚杆支护预应力场分布规律模拟研究［D］．北京：煤炭科学研究总院，2018．

［20］Zhang Y, Mitri H S. Elastoplastic stability analysis of mine haulage drift in the vicinity of mined stopes ［J］. International Journal of Rock Mechanics and Mining Sciences, 2008, 45（4）：574~593.

［21］Edelbro C. Numerical modelling of observed fallouts in hard rock masses using an instantaneous cohesion-softening friction-hardening model ［J］. Tunnelling and Underground Space Technology, 2009, 24（4）：398~409.

［22］Idris M A, Saiang D, Nordlund E. Numerical analyses of the effects of rock mass property variability on open stope stability ［C］. US Rock Mechanics/Geomechanics Symposium, American Rock Mechanics Association, 2011.

［23］Abdellah W, Raju G D, Mitri H S, et al. Stability of underground mine development intersections during the life of a mineplan ［J］. International Journal of Rock Mechanics and Mining Sciences, 2014, 72：173~181.

［24］Idris M A, Saiang D, Nordlund E. Probabilistic analysis of open stope stability using numerical modelling ［J］. International Journal of Mining and Mineral Engineering, 2011, 3（3）：194~219.

［25］张卫锋．基于 FLAC-（3D）卸压巷位置选取的数值模拟研究［J］．煤炭技术，2018，37（7）：66~68．

［26］Pender M J. Elastic Solutions for a Deep Circular Tunnel ［J］. Geotechnique, 1980, 32（2）：216~222.

［27］郑颖人．地下工程围岩稳定分析与设计理论［M］．北京：人民交通出版社，2012．

［28］Martin C D, Kaiser P K, McCreath D R. Hoek-Brown parameters for predicting the depth of brittle failure around tunnels ［J］. Can. Geotech. J., 1999, 36：136~151.

［29］Martin C D, Chandler N A. The progressive fracture of Lac du Bonnet granite ［C］. International Journal of Rock Mechanics and Mining Sciences & Geomechanics Abstracts. Pergamon, 1994, 31（6）：643~659.

［30］Hoek E, Brown E T. 岩石地下工程［M］．北京：冶金工业出版社，1986．

［31］唐春安，郭陕云．隧道、地下工程及岩石破碎理论与应用［M］．大连：大连理工大学出版社，2007．

［32］李佳伟．非均匀弹性地基薄板变形的半解析解及在沿空掘巷中的应用［D］．北京：中国矿业大

学, 2016.

[33] 赵宾, 梁宁宁, 王方田, 刘兆祥. 浅埋高强度采动巷道围岩松动圈演化规律研究 [J]. 煤炭科学技术, 2018, 46 (5): 33~39.

[34] 刘万光. 埋深及断面形状对巷道围岩应力及位移分布规律的影响 [J]. 山东煤炭科技, 2017 (10): 11~13.

[35] Hoek E, Brown E T. Underground Excavations in Rock [M]. London: Instn. Min. Metall. , 1980.

[36] 卢盛松. 边界元理论及应用 [M]. 北京: 高等教育出版社, 1990.

[37] 祝家麟, 袁政强. 边界元分析 [M]. 北京: 科学出版社, 2009.

[38] 赵奎, 等. 有限元简明教程 [M]. 北京: 冶金工业出版社, 2009.

[39] 陈孝珍. 弹性力学与有限元 [M]. 郑州: 郑州大学出版社, 2007.

[40] Zienkiewicz O C. The Finite Element Method [M]. 3rd ed. London: McGraw-Hill, 1977.

[41] Cundall P A. A computer model for simulating progressive large scale movements in blocky rock systems [C]. Rock Fracture, Proc. Int. Symp. Rock Mech. , Nancy, 1971: 2~8.

[42] Cundall P, Board M. Amicrocomputer program for modelling large-strain plasticity problems [C]. Proc. 6th Int. Conf. Num. Meth. Geomech. , Innsbruck, 2101-8. A. A. Balkema, Rotterdam, 1988.

[43] Cundall P A, Lemos J. Numerical Simulation of Fault Instabilities with a Continuously-yielding [M]. Charles Fairhurst, eds. University of Minnesota, Minneapolis. A. A. Balkema/Rotterdam/Brookfield, 1990.

[44] 彭文斌. FLAC 3D 实用教程 [M]. 北京: 机械工业出版社, 2008.

5 采动作用下岩体破坏特征

5.1 采动作用下岩体破坏类型

随着矿山开采深度的增加，深部岩体处于高采动应力作用下，很难预测岩体产生何种形式破坏；在高采动应力作用下，即使"很好的"岩石也可能产生失稳破坏。因此，在对深部采矿工程设计与稳定性控制时，必须充分考虑高采动应力作用下岩体将产生何种破坏形式，影响范围多大，采用何种地压调控理论与支护方法，能有效控制深部采场围岩体的稳定。为此，对于深部采矿工程问题研究需要充分理解与分析采动应力与岩体强度之间的相互关系及其力学作用机制，尤其是采动应力作用下脆性岩石的破裂失稳过程、破裂形式以及破裂后岩体响应特征，借此对深部采矿工程进行的稳定性评价。

岩体中任一点的应力、应变增大到某一极限值时，岩体将要发生破坏。由于岩体成因不同、矿物成分不同、受力状态不同，致使岩体破坏存在着许多差异。不同应力条件下采场（巷道）围岩破坏可表示为图 5.1。从图 5.1 可以看出，在不同应力条件下，采场（巷

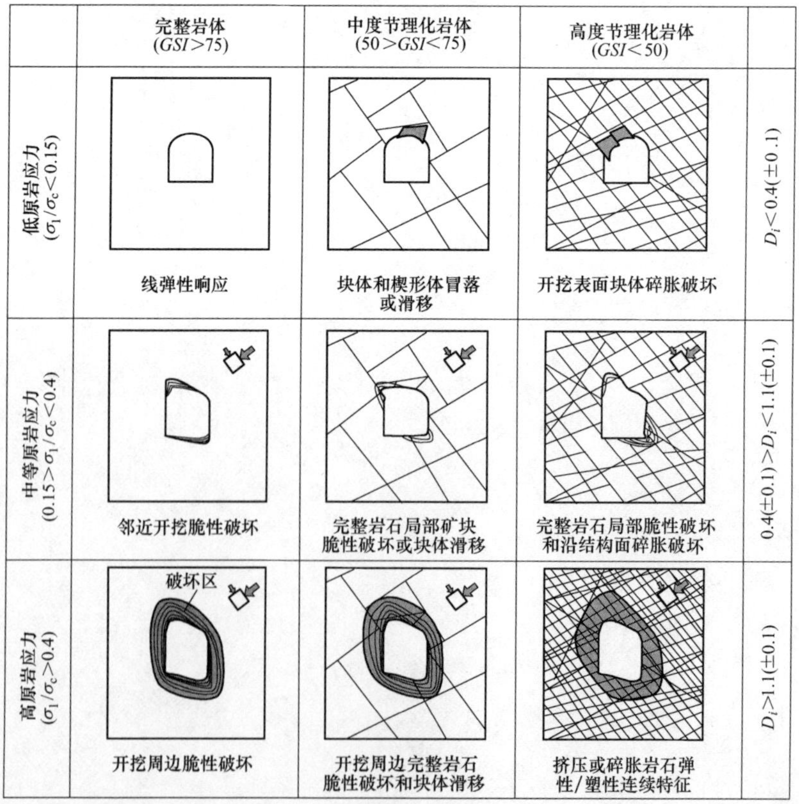

图 5.1　不同应力条件下采场（巷道）围岩破坏形式

道）围岩破坏可分为结构面控制型破坏和应力控制型破坏[1]；在节理化岩体中开采矿体，由于岩体节理的存在，当矿体开采后形成空区，在采场顶板和两帮常发生岩块冒落、楔形体滑移等结构面控制型破坏（图 5.2），采用 Hoek-Brown 强度准则[2]进行分析判断；在高应力条件下，当应力超过岩石强度时，在节理化采场围岩将产生剪切破坏、层裂、岩爆、挤压大变形等应力控制型破坏。

图 5.2 采场顶板楔形体冒落

当采动应力（σ_{1max}）远大于采场围岩强度（σ_{cm}）时（图 5.3），采场围岩产生剥落、层裂、冒落、岩爆等破坏。对于采动应力作用下圆形开挖结构稳定性，Ortlepp 等[3]通过对南非巷道围岩破坏总结出巷道围岩失稳的依据为开挖最大主地应力（σ_1）与岩石单轴抗压强度（σ_c）比值判断，以此判断巷道围岩产生的破坏形态（图 5.4）。Hoek 等[4]对应力比系数进一步分析，划定其应力比系数区间为：$0.2 \leqslant \sigma_1/\sigma_c \leqslant 0.5$。Wiseman 为克服采场（巷道）开挖形状影响，提出应力集中因数分析高应力下巷道围岩劣化破坏条件。因此，研究采场围岩稳定与否，可对采动应力与采场围岩强度进行比较分析，采场围岩失稳破裂判据表述为：

当 $\sigma_{1max} < \sigma_c$ 时，采场稳定；

当 $\sigma_{1max} \geqslant \sigma_c$ 时，采场失稳。

其中，σ_{1max} 为采动应力，MPa；σ_c 为岩石单轴抗压强度，MPa，通过现场测试或经验公式计算。

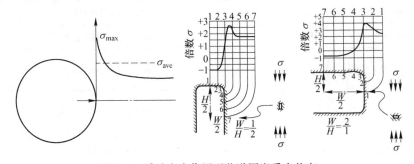

图 5.3 采动应力作用下巷道围岩受力状态

（σ_{max} 为采场围岩最大采动应力；σ_{ave} 为围岩平均受力状态；σ_{max} 大约为围岩应力的 1.5 ~ 2 倍）

深部采场所处边界应力条件为垂直应力和最大（小）水平应力。三维应力场作用下，矿体采动诱发的采动应力场超过采场围岩体强度，且其应力矢量方向随采动而不断变换作

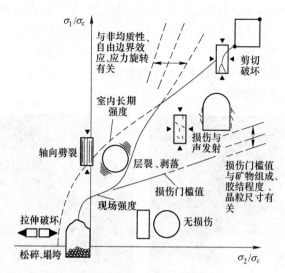

图 5.4　采动作用下采场围岩体破坏经验-理论判据[5]

用方向，提出岩体强度因数判断采场稳定，引入安全系数（F），计算采动应力与岩石强度与安全系数乘积之比，应用岩体强度因数（RSF）进行采场围岩稳定性判断。

$$RSF = \frac{\sigma_{1\max}}{F\sigma_c} \tag{5.1}$$

即：$\dfrac{\sigma_{1\max}}{F\sigma_c} < 1$，采场稳定；$\dfrac{\sigma_{1\max}}{F\sigma_c} \geqslant 1$，采场失稳。$F$ 取值 2。

岩石（体）的失稳破坏准则总结见表 5.1 ~ 表 5.3。

表 5.1　完整岩石破坏准则

公　式	破　坏　准　则
$(\sigma_1 - \sigma_3)^2 = a + b(\sigma_1 + \sigma_3)$	Fairhurst 广义断裂准则[6]
$\sigma_1 = \sigma_c + \sigma_3 + F\sigma_3^f$	完整和破碎岩石的 Hobbs 强度准则[7]
$\sigma_1 = \sigma_c + a\sigma_3$	Bodonyi 线性判据[8]
$\sigma_1 = \sigma_3 + \sigma_c^{1-B}(\sigma_1 + \sigma_3)^B$	Franklin 曲线准则[9]
$\sigma_1 = \sigma_3 + (m\sigma_c\sigma_3 + s\sigma_c^2)^{1/2}$	Hoek-Brown 破坏准则[6]
$\dfrac{\sigma_1}{\sigma_c} = a + b\left(\dfrac{\sigma_3}{\sigma_c}\right)^a$	Bieniawski 准则[10] 和 Yudhbir 准则[11]
$\sigma_1 = \sigma_3 + a\sigma_3\left(\dfrac{\sigma_c}{\sigma_3}\right)^b$	Ramamurthy 完整岩石判据[12]
$\sigma_{1n}' = \left(\dfrac{M}{B}\sigma_{3n}' + 1\right)^B$	Johnston 准则[13]
$\sigma_1 = \sigma_c\left(1 + \dfrac{\sigma_3}{\sigma_1}\right)^b$	Sheorey 准则[14]
$\sigma_1 = \sigma_3 + A\sigma_c\left(\dfrac{\sigma_3}{\sigma_c} - S\right)^{1/B}$	Yoshida 准则[15]

表 5.2　岩体破坏准则

公　式	破坏准则
$\sigma'_1 = \sigma'_3 + \sigma_{ci}\left(m_b\dfrac{\sigma'_3}{\sigma_{ci}} + s\right)^a$	Hoek-Brown 岩体破坏准则[16]
$\sigma_1 = A\,\sigma_{ci} + B\,\sigma_{ci}\left(\dfrac{\sigma_3}{\sigma_{ci}}\right)^a$	Yudhbir 准则[17]
$\sigma_1 = \sigma_{cm}\left(1 + \dfrac{\sigma_3}{\sigma_{tm}}\right)^{b_m}$	Sheorey 准则[14]
$\sigma'_1 = \sigma'_3 + \sigma'_3 B_j\left(\dfrac{\sigma_{cj}}{\sigma'_3}\right)^{a_j}$	Ramamurthy 节理岩体准则[18]

表 5.3　考虑应变的岩石破坏准则

准　则	作　者	发生破坏条件
脆性岩石破裂初始的应变准则	Stacey[19]	$\varepsilon_3 \leqslant \varepsilon_{cr} < 0$
巷道稳定性评价的剪应变准则	Sakurai et al[20]	$\gamma > \gamma_0$
岩石应变强度准则	Chang[21]	$\varepsilon_v \geqslant k\varepsilon_1 - \varepsilon_c$

5.2　层裂

　　层裂破坏是在深部高地应力条件下，由于开采卸荷在硬脆性采场围岩表面形成多组近似平行于开挖面的层裂面（图 5.5），层裂破坏面一般平行于最大切向应力方向，且随着破坏深度的扩展，形成一个 V 形凹槽，与岩体内部的拉伸劈裂裂隙的扩展有关；除在深部采场围岩表面形成外，在深部硬岩矿柱上也能观测到层裂破坏。

图 5.5　采场围岩层裂破坏

5.2.1　层裂破坏形式

5.2.1.1　弯折内鼓

　　在高应力作用下，层状、特别是薄层状围岩体，在最大主应力作用下层状围岩产生弯折内鼓破坏[22]，其主要破坏模式见图 5.6。层裂破坏是相对完整岩体所体现的脆性破坏形式。

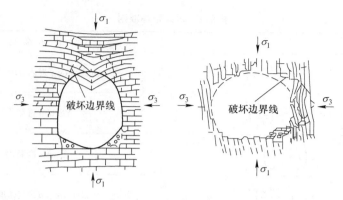

图 5.6   弯折内鼓

5.2.1.2   片帮剥落

完整岩体在切向集中应力作用下发生劈裂拉伸，呈薄片状或层状，若劈裂成薄片状，片状岩体直接剥落，落地后碎裂，称为片帮剥落（图 5.5）；若劈裂成层状，层状岩体继而发生弯折断裂，称为弯折内鼓[22]。尽管随着层裂化破坏的稳定发展，采场围岩出现片帮剥落、弯折内鼓等相类似的破坏形态，但在多数情况下（尤其是曲率半径无限大的直立边墙）围岩层裂化破坏形成的剥层厚度较大、层裂结构强度大，此时层裂化破坏并非直观地体现在采场表面显现产生片状或层状剥落，围岩内部的层裂化破坏情况，需要借助一定手段，如钻孔摄像等（图 5.7），能够有效探测采场（巷道）围岩内部破裂状态[23]。

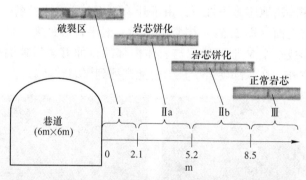

图 5.7   采场围岩深部层裂破坏探测

5.2.1.3   V 形破坏

V 形破坏是高地应力作用下巷道围岩发生层裂的脆性破坏，现场观测和室内试验均表明，V 形破坏形成过程中伴有明显层裂化现象产生（图 5.8、图 5.9）。V 形破坏分布明显表现出与巷道所受主应力方向相关性（沿着最小主应力方向或成一小角度，图 5.10），据此可推断巷道所受最大主应力方向（图 5.11）；现场工程案例统计表明，深部巷道围岩边墙、拱肩均会有层裂化破坏现象产生，且层裂化破坏形态受洞室曲率半径影响较大；少数情况下表现出宏观的 V 形轮廓，且通过 V 形宏观破坏，判断最大主应力作用方向。

5.2.2   层裂破坏机理

对于岩石材料层裂破坏，其最大特点是抗拉强度远远低于抗压强度与抗剪强度，岩石

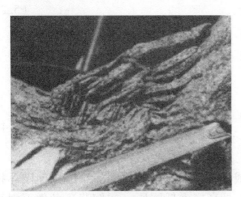
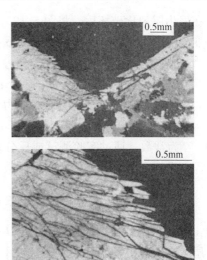

图 5.8　V 形破坏中的层裂化现象[5]　　　　图 5.9　室内试验 V 形破坏中的层裂化现象[24]

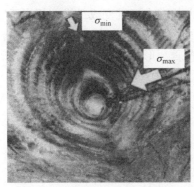
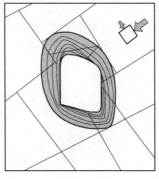

图 5.10　主应力方向与 V 形破坏[5]　　　　图 5.11　高主应力作用下巷道产生 V 形破坏

强度基本由抗拉强度控制。前苏联加列尔津[25]在对岩板的研究中，指出当 $t/w \leqslant 1/5$（t 为层裂厚度，w 为岩板的短边长）时，运用材料力学中的薄板模型进行分析。在实际工程中，层裂化破坏形成的层裂厚度远小于其在另外两个方向的尺寸。因此，在层裂化结构形成后，力学模型可简化为薄板模型（图 5.12）。

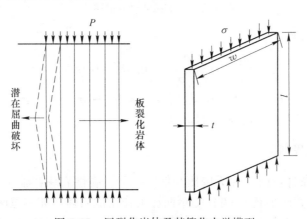

图 5.12　层裂化岩体及其简化力学模型

在发生层裂化破坏后，将图 5.12 中的层状岩层简化为一个两端简支的岩柱，两端部水平变形受到约束，承受弯矩，采用欧拉公式对层状岩层受压屈曲破坏进行分析。

当采场围岩产生的高切向应力超过岩体强度时：

$$\sigma_{\max} \geqslant \sigma_{\mathrm{cm}} \qquad\qquad (5.2)$$

岩体强度可以按照室内实验岩石力学强度（σ_{ci}）表达：

$$\sigma_{\mathrm{cm}} = C\,\sigma_{\mathrm{ci}} \qquad\qquad (5.3)$$

式中，C 为常数，通过实验测试或反分析确定。

深部采场产生层裂破坏的安全系数（FS）可表达为：

$$FS = \frac{C\,\sigma_{\mathrm{ci}}}{\gamma H(3k-1)} \qquad\qquad (5.4)$$

式中，γ 为岩石容重；H 为采场埋深；k 为原岩应力比。

层裂产生与扩展与岩石力学试验中的单轴或者低围压下的压缩实验中的拉伸破坏相似。即硬岩的层裂破坏本质是岩石的张拉破坏，是高应力低围压（或卸荷）条件下裂纹的产生和扩展形成。

开挖造成采场径向应力减小，切向应力增加，岩体受力状态由三维变成二维，相当于一侧卸荷，由于切向应力的增加导致巷道围岩产生应力集中（图 5.13（a）），在岩体内部产生随机裂纹（图 5.13（b）），裂隙进一步扩展、连通，形成层裂破坏（图 5.13（c））、折断[26]。

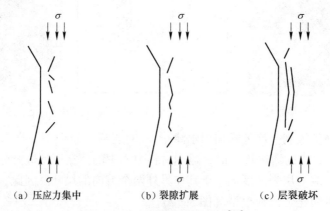

（a）压应力集中　　　　　（b）裂隙扩展　　　　　（c）层裂破坏

图 5.13　层裂破坏过程描述[26]

层裂破坏深度计算：

$$\frac{d_{\mathrm{f}}}{a} = 1.34\,\frac{\sigma_{\max}}{\sigma_{\mathrm{c}}} - 0.57(\pm 0.05) \qquad\qquad (5.5)$$

式中，a 为采场半径；σ_{c} 为单轴抗压强度；$\sigma_{\max} = 3\sigma_1 - \sigma_3$，$\sigma_1$、$\sigma_3$ 为原岩应力或采动诱发的最大（小）主应力。简化现场岩体强度 $(0.3\sim0.5)\sigma_{\mathrm{c}}$。

5.2.3　层裂破坏工程判据

层裂破坏产生条件：（1）在无围压和低围压下，脆性岩块在轴向压力作用下产生的破裂面大多数与 σ_1 方向平行；（2）受单向压力作用的岩体，如巷道两帮围岩、矿柱等，破坏方式与此相似，常产生轴向拉裂。层裂破裂力学模型如图 5.14 所示。根据虎克定

律[27,28]:

$$\varepsilon_3 = \frac{1}{E}[\sigma_3 - \mu(\sigma_1 + \sigma_2)] \qquad (5.6)$$

当张应变达到允许张应变 $\varepsilon_{3.0}$ 时，岩体产生破裂。其破坏条件为：

$$\sigma_3 - \mu(\sigma_1 + \sigma_2) = -E\varepsilon_{3.0} \qquad (5.7)$$

由于 $\varepsilon_3 = \mu\varepsilon_1$ 或 $\varepsilon_{3.0} = \mu_0\varepsilon_{1.0} = \mu_0\varepsilon_0$，单轴压下极限应变 $\varepsilon_0 = \frac{1}{E}\sigma_0$，则：

$$\varepsilon_{3.0} = \mu_0\varepsilon_0 = \mu_0\frac{\sigma_c}{E} \qquad (5.8)$$

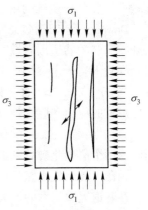

图 5.14 层裂破坏力学机制

将式 (5.7) 代入式 (5.8) 得：

$$\sigma_3 = \mu_0(\sigma_1 + \sigma_2 - \sigma_c) \qquad (5.9)$$

$$\sigma_1 = \frac{\sigma_3}{\mu_0} - \sigma_2 + \sigma_c \qquad (5.10)$$

当 $\sigma_2 = \sigma_3$ 时，有：

$$\sigma_1 = \frac{1 - \mu_0}{\mu_0}\sigma_3 + \sigma_c \qquad (5.11)$$

式 (5.10)、式 (5.11) 为在三维应力场内产生的张破裂判据，式中 μ_0 为发生破裂时的 $\varepsilon_{3.0}$ 与 $\varepsilon_{1.0}$ 之比，即：

$$\mu_0 = \frac{\varepsilon_{3.0}}{\varepsilon_{1.0}} \qquad (5.12)$$

硬岩巷道开挖过程中，巷道两帮和工作面附近产生大量的张拉裂纹，应用传统的 Mohr 强度准则和 Griffith 强度准则无法给出合理解释（如裂纹的初始应力水平和方向）[29]。基于此，Stacey[19] 提出了一个脆性岩石开裂的简单张应变准则，该准则认为：脆性岩石的张应变超过其阈值张应变时，将产生张拉裂纹，即：

$$e \geqslant e_c \qquad (5.13)$$

式中，e 为张应变总值；e_c 为张应变阈值，张应变阈值可由室内试验确定，且岩性不同，其张应变阈值不同。

张应变（extension strain）与拉伸应变（tensile strain）不同，拉伸应变表示拉应力作用而产生的应变，而拉应力并不是张应变产生的必要条件。在线弹性条件下，有：

$$e = e_3 = \frac{1}{E}[\sigma_3 - \nu(\sigma_1 + \sigma_2)] \qquad (5.14)$$

式中，E 为弹性模量；e_3 为第三主应变；ν 为泊松比；σ_1、σ_2、σ_3 分别为第一、第二、第三主应力。

由式 (5.14) 可以看出，即使在三向受压的情况下，当 $\nu(\sigma_1 + \sigma_2) > \sigma_3$ 时，也会有张应变产生，当张应变超过岩石阈值张应变时，将在垂直于最小主应力方向的平面内张裂纹扩展，即为硬脆性岩体开挖卸荷后，采场（巷道）围岩产生层裂、劈裂现象的原因。与传统的 Mohr 强度准则和 Griffith 强度准则相比，张应变准则考虑了第二主应力的影响。

Stacey[30]将张应变准则用于高地应力条件下巷道两帮围岩层裂破坏深度判断。

　　Dowding 等[31]通过总结分析地下巷道开挖过程中 5 个典型的围岩层裂破坏案例。巷道开挖引起的巷道围岩最大切向应力 $\sigma_{\theta\max}$ 与室内岩石单轴抗压强度 σ_c 之比达到 0.35 时，将会导致围岩产生层裂化破坏现象；当 $\sigma_{\theta\max}/\sigma_c \geq 0.5$ 时，巷道围岩将发生弱至中等岩爆；当 $\sigma_{\theta\max}/\sigma_c \geq 1$ 时，巷道围岩将发生强烈岩爆。Dowding 和 Stacey 分别给出了层裂化破坏形成的应力和应变判据。而 Dowding 给出的层裂化破坏应力判据是根据工程实例得到的经验判据；在 Stacey 的层裂化破坏应变判据中，不同岩石的张应变阈值难以准确确定，因而这两个层裂化破坏判据并未在工程中得到广泛应用。

　　因此，硬岩发生脆性层裂破坏的条件主要有两个：一是围岩处于高原岩地应力条件下，在巷道周边诱发的最大切向应力值与岩石单轴抗压强度值进行比较、判断；二是巷道开挖后，巷道围岩一侧应力释放，岩体中的围压降低，使围岩处于近似单轴受压状态或相对较低的围压状态。

5.2.4　层裂破坏影响因素

　　从工程角度来讲，在深部巷道开挖过程中，伴随掘进工作面不断向前推进，在掘进工作面前方围岩各处应力值将随掘进工作的推进不断发生改变，主应力作用方向也将不断发生偏转，将导致在巷道围岩产生的微裂纹多次扩展和扩展方向改变[32]。从断裂力学角度分析认为，巷道围岩的裂纹扩展受第二主应力的影响较大；在巷道开挖过程中，围岩应力调整导致主应力方向的偏转，主应力方向偏转不仅影响裂纹扩展方向还会引起层裂裂纹的进一步扩展（图 5.15）[33]。

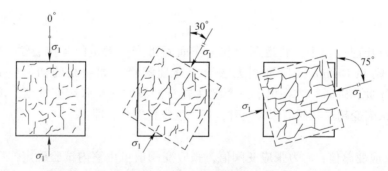

图 5.15　主应力方向转换与细观裂纹演化过程示意图

　　在深埋高地应力条件下，巷道开挖引起的地应力瞬态卸荷效应变得异常突出。因而，动态卸荷效应被认为是围岩形成层裂化破坏的重要影响因素之一。岩体初始应力的瞬态卸荷会在围岩中诱发动拉应力，岩体开挖卸荷速率越快，诱发的动拉应力值越大[34]。初始应力动态卸荷在岩体中所产生的损伤范围比准静态卸荷所产生的损伤范围要大，在相同的卸载速率条件下，侧压力系数越大，动态卸载效应越显著，所产生的损伤范围也相应较大[35]。弹性岩体的动态解中，沿径向的质点，其振动效应由弱变强再变弱，径向应力一直处于压缩状态，而切向应力先拉后压，有利于径向拉裂纹及层状结构的形成[36]。瞬态卸荷存在动态拉应力效应，开挖卸荷时间越短，引起的拉应力区及围岩开裂范围越大，围岩开裂深度及范围随着侧压力系数增加而增大，且开裂区近似成 V 形[37]。

在巷道开挖过程中，围岩不可避免地会受到施工机械及爆破等因素产生的动力扰动作用，因而采动应力作用对围岩层裂化破坏的影响也是不可忽略。巷道轴向应力为最大主应力，且与外部扰动应力叠加达到一定值时，围岩会发生分层断裂现象；巷道断面直径越大，在相同的动、静组合加载条件下，易发生分层断裂破坏；对于相同直径的巷道，在不同的动、静组合加载作用下，巷道围岩分层断裂化程度不同，动、静组合应力叠加值越大，分层断裂化程度越严重[38]。

总结发现，层裂化破坏的形成机制复杂、影响因素多，揭示工程实践中不同类型的层裂化破坏，需要结合多种手段与方法进行深入的研究。

5.3　岩爆

在采矿工程中，深部高地应力区通常会发生一种特殊地质灾害，即岩爆（图5.16）。岩爆指在高地应力条件下结构完整的硬脆性围岩开挖卸荷后在某些因素诱发下产生动力失稳破坏现象，经常造成深部采场产生灾难性破坏，随着矿山开采深度增加，岩爆灾害加剧、频发。国外开采深度超过1500m的矿山均发生不同震级的岩爆，其中印度的Kolar矿，开采深度超过3000m，最终因为岩爆灾害频发，致使矿山关闭；我国抚顺红透山铜矿、冬瓜山铜矿等深部矿山都有不同程度的岩爆灾害。例如：红透山铜矿自1976年开始发生轻微岩爆以来，随着采深的增加，1995年5月至2007年12月辽宁抚顺红透山铜矿深部中段记录发生有明显声响或破坏现象的岩爆事件近30起，仅岩爆引起的采场顶板冒落造成矿石损失近50万吨。冬瓜山铜矿自1999年起在深部井巷施工中多次出现岩石弹射现象；该矿于1999年5月在-790~-830m发生的次岩爆最具代表性，岩爆发生时伴有爆裂声，巷道破坏长达25m。岩爆发生后的20余天内，不断有小的岩爆发生。巷道采用锚网支护后，再次发生岩爆，拉断锚杆并击穿金属网。随着采矿工程向深部发展，高应力条件下硬脆岩体的岩爆问题变得越来越突出，岩爆是深部开采中的一大工程诱发灾害，是我国未来深部矿产资源开采和大型地下工程的一大瓶颈问题。

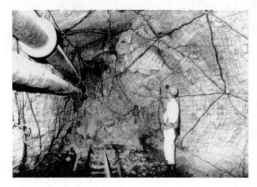

图5.16　岩爆灾害表现

岩爆灾害发生常导致井下作业人员伤亡、机械设备损坏、采场严重损坏，矿石损失、贫化严重，甚至造成矿石无法采出，直接影响采矿作业的运行，恢复矿山生产耗资昂贵。为减小或避免岩爆灾害造成的影响，矿山引进新设备，如遥控装载机、锚杆台车；加强围岩支护和岩体加固；引入新型围岩支护方法，如释能锚杆；将采场工作面布设在低应力区等。

5.3.1　岩爆定义及分类

　　国内外许多学者对岩爆的分类、发生机理和防治等多方面进行了广泛研究，但由于岩爆发生的复杂性和不确定性，至今也没有对岩爆形成统一的认识。著名岩石力学工程学家Brown教授指出："甚至在岩爆定义上达到一致意见都是困难的"。许多学者根据不同的科研成果给出了岩爆定义。南非的 W. D. Ortlepp [39]认为岩爆是造成巷道（包括采场工作面、井巷工程和硐室）产生猛烈严重破坏的岩体震动事件。郑永学[40]认为岩爆是在岩体中积聚的应变能突然而猛烈地全部释放的脆性断裂。岩爆指处于高应力状态的岩体内开挖或开采矿体后，在空区围岩表现形成高应力集中，其内部储存的应变能逐渐积累、突然释放，造成开挖空间周围部分岩体猛烈地突出或弹射出来的一种动力破坏现象，常伴随着剧烈的岩体震动和响声。

　　在岩爆分类方面，Hoek 等[4]将岩爆划分成断裂型和应变型两种岩爆类型。P. K. Kaiser[41]提出将岩爆分为自发型、远场触发式等类型。郭志[42]在研究岩体破坏方式的基础上，得到了爆裂弹射型岩爆、片状剥落型岩爆以及洞壁垮塌型岩爆三种类型。汪泽斌[43]在深入研究并总结了国内外30多个隧道与地下工程岩爆的共同特征后，将岩爆划分为六个类型：破裂松脱型、冲击地压型、爆裂弹射型、爆炸抛突型、断裂地震型和远场地震诱发型等。谷明成等[44]深入研究了秦岭隧道岩爆影响因素及其发生机理，认为岩爆发生必须满足：一是岩体必须具有有效聚集应变能的能力，二是必须具有较高的初始应力，为岩爆发生提供能量来源，还需存在一个合适的外部触发条件，引起应变能的突然释放。

5.3.2　岩爆发生原因

　　（1）自发型。自发型岩爆是由地下采场围岩采动应力远超过岩体强度造成，围岩破坏以失稳或较剧烈的岩爆。此外，采场围岩强度随着时间或围压转移降低时将会产生突然的破坏。在这两种情况下，岩体强度与采动应力比达到某一值时，采场围岩体产生破坏。如果岩体中积聚的应变能未以渐进方式释放，则采场围岩将发生突然、剧烈的破坏；此类岩爆可看做加载系统刚度（矿山刚度）小于破坏岩体卸荷刚度（图5.17）。自发型岩爆是由地下采场围岩结构失稳造成的。采场围岩结构失稳通常会导致围岩发生突然破坏，其破坏程度取决于岩体结构的几何形态。

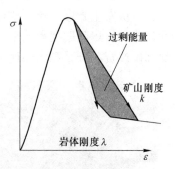

图 5.17　岩体失稳破坏

　　（2）远场触发型。在地下硬岩矿山采矿过程中，远场触发型岩爆常诱发矿山产生较大震级的岩爆灾害（如断层滑移），尤其在矿山开采末期，断层与采场或大型采空区和底柱相切割时，远场地震诱发矿区范围破坏。远场地震事件会引起岩体强烈的震动，在动态应力作用下采场围岩将发生开裂或结构失稳（屈曲），或者地震释放的能量转移提供足够的动能以致发生岩块弹射，或仅仅震落松散岩块。对于远场地震诱发的岩爆灾害，常以岩体峰值质点震动速度评估岩爆灾害等级。采场亚稳定结构（比如采场两帮和矿柱）会受到较大距离（≤1000m）的地震事件影响。

（3）矿山开采阶段的采动应力集中区变化。在矿山开采初期，岩爆活动通常是由相互独立的巷道围岩采动应力集中造成的。采动应力集中区域岩爆形式通常为自发型、应变型，且在岩爆发生过程伴随着微震事件，震级较小，如加拿大矿山常发生震级小于2纳特里的岩爆。应变型岩爆与局部应力集中有关。矿井投产后，常在井巷、硐室和采场的围岩发生应变型岩爆。当在大范围岩体内产生高采动应力集中时，将造成矿柱发生突然破坏。当矿柱产生突然破坏时，在采场上、下盘岩体中积聚的应变能会大量释放，将诱发中等微震事件（震级大约为2纳特里）。在矿山开采末期，大规模地下开采将导致区域应力场的发生改变，影响整个矿山岩体的稳定，将诱发断层滑移微震事件，震级为中等或较大（加拿大矿山通常小于4纳特里震级）。此类大型微震事件常将发生在与采场相交的临界断层，地下空区为岩体沿着断层滑移提供更大的自由度。大型微震事件也可能诱发小规模岩爆，并在矿山多处发生地震诱发的岩块冒落。

（4）结构面条件变化。高采动应力是诱发岩体失稳破坏和产生岩爆的条件之一，岩体结构面，包括断层、剪切带、节理或层理在内的许多类型的结构面，以及岩石刚度的局部变化，都会导致矿山产生微震活动和岩爆灾害。在采动应力作用下，岩体结构面的变形和破坏起主导作用。岩体结构面位置、连续性、方向和岩石性质是岩体发生失稳破坏和岩爆的重要因素，这些结构面特性决定岩体中能量的储存和释放方式。

5.3.3　岩爆损伤机理

在采矿中，随着开采活动的进行，采动应力发生持续变化，导致采场围岩体处于高应力状态，此时若受动态扰动，处于高应力（或应变）的岩体将处于临近破坏点，在采动作用下产生不同形式的岩爆（图5.18）。

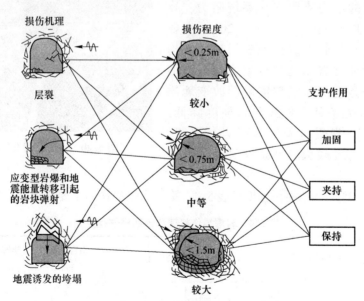

图5.18　岩爆损伤机理、损伤程度[45]

当岩体应变（应力）过大或松弛时，采场围岩经历三种动态破坏模式：

（1）岩体开裂导致的屈曲破坏。岩体产生开裂破坏时岩体体积增大，主要由于爆破致裂或采动应力集中致使岩体开裂，常用膨胀系数表达，即开挖岩体体积的增加量与原来岩体体积之比。在具有岩爆倾向性岩体中，岩体开裂导致巷道围岩产生屈曲破坏，主要在节理岩体中，采动应力超过岩石强度时发生（图 5.19（a））。如果岩体开裂是以非稳定或剧烈方式，则发生应变型岩爆。在井巷、采场围岩或矿柱内，高采动应力集中是发生应变型岩爆的必要条件。屈曲破坏主要发生在井巷、采场、硐室围岩体结构失稳，例如采动应力集中形成的层裂岩体溃入井巷、采场或硐室内。

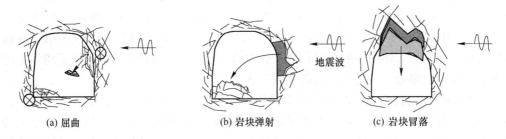

(a) 屈曲　　　　　　　(b) 岩块弹射　　　　　　(c) 岩块冒落

图 5.19　岩爆损伤机制[41]

（2）微震能量转移诱发岩块弹射。当地震应力波将微震能量转移至井巷、硐室、采场周边岩体中的岩块时，可能会造成岩块产生剧烈弹射（图 5.19（b））。弹射出岩块的动能与微震事件所释放的能量或峰值质点振动速度有关，取决于微震事件的震级和震源与开挖工程的距离。岩块弹射主要发生在节理化岩体或采动应力致裂岩体中。

（3）微震活动致使岩块冒落。当地震波传递到原静态条件下处于稳定状态的岩块加速破坏，诱发的动力克服支护系统阻力，导致岩块冒落（图 5.19（c）、图 5.20），主要发生于深部的松散状态岩体或软弱地质结构岩体中，因为此类岩体已与导致岩块或楔形体向开挖空间运动。地震波能瞬间改变地质构造的法向应力条件，导致剪切强度降低，加速岩块冒落。微震诱发大范围岩体冒落，尤其采场开挖跨度较大、巷道交叉点等，应注意岩块冒落发生。

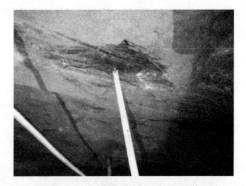

图 5.20　地震波诱发岩块冒落

岩爆损伤机理和预期损伤程度见表 5.4，影响岩爆损伤的主要影响因素见表 5.5。

表 5.4　岩爆损伤机理和预期损伤程度

破坏机理	岩爆损伤原因	损伤程度	厚度/m	重量/kN·m⁻²	闭合位移/mm	弹射速度/m·s⁻¹	能量/kJ·m⁻²
岩体膨胀无弹射	储存少量应变能的高应力岩体	忽略	<0.25	<7	15	<1.5	不关键
		正常	<0.75	<20	30	<1.5	不关键
		严重	<1.5	<50	60	<1.5	不关键

破坏机理	岩爆损伤原因	损伤程度	厚度/m	重量/kN·m⁻²	闭合位移/mm	弹射速度/m·s⁻¹	能量/kJ·m⁻²
岩体膨胀诱发岩块弹射	储存高应变能的高应力岩体	忽略	<0.25	<7	50	1.5~3	不关键
		正常	<0.75	<20	150	1.5~3	2~10
		严重	<1.5	<50	300	1.5~3	5~25
远场地震事件诱发岩块弹射	地震释放的能量转移到节理化或破碎岩体	忽略	<0.25	<7	<150	>3	3~10
		正常	<0.75	<20	<300	>3	10~20
		严重	<1.5	<50	>300	>3	20~50
岩体冒落	岩体强度不足且地震加速度诱发的力持续增加	忽略	<0.25	<7g/(a+g)	—	—	—
		正常	<0.75	<20(a+g)	—	—	—
		严重	<1.5	<50(a+g)	—	—	—

表 5.5 影响岩爆损伤的主要因素

矿震事件	地 质	岩体特征	采 矿
震级 矿震能量释放率 震源距离	原岩应力 岩石类型 层理 地质构造（岩墙、断层、剪切带）	岩石强度 节理结构 岩石脆性	开采引起的动态和动态应力 开挖跨度 回采率 开采强度 开挖顺序（应力路径），爆破 支护系统 充填 生产能力

5.3.4 岩爆发生判据

5.3.4.1 强度理论

地下开采应力重分布将导致围岩产生高采动应力集中，当脆性岩石承受的应力集中程度达到或超过岩石强度时，将造成岩体产生突然破坏，发生岩爆[46]。强度理论表达式有多种，其中对于各向同性岩石材料发生岩爆判断最具代表性的破坏准则是 Hoek 和 Brown 提出经验性强度准则：

$$\frac{\sigma_1}{\sigma_3} > \frac{\sigma_3}{\sigma_c} + \left(\frac{m\sigma_3}{\sigma_c} + 1.0\right)^{1/2} \tag{5.15}$$

式中，σ_1 为最大主应力；σ_3 为最小主应力；σ_c 为岩石单轴抗压强度；m 为与岩体特征有关的参数。

从强度理论的角度进行分析，在满足式（5.15）的条件下，只能说明岩石将发生破坏，但是否发生岩爆并不能明确判别，因此强度理论只是给出了岩爆发生的必要条件。

5.3.4.2 刚度理论

刚度理论是 Cook 等[47]由刚性试验机理论得来，该理论认为岩石试件发生突然失稳破坏，是由于试验机的刚度不够大，小于试件后期的变形刚度。井下矿柱与围岩相互作用关系类似于试件与试验机相互作用关系，所以矿柱发生冲击破坏的条件可以与试件在试验机上发生突然破坏相类似，即矿山采场围岩的刚度大于矿山承载系统的刚度，是岩爆发生条件，该理论称为刚度理论。刚度理论揭示了岩爆发生的原因，对于防治矿山岩爆的工程实践具有重要的指导意义。但在矿山实践应用过程中，该理论没有考虑矿山采场结构与矿山承载系统本身可以储存和释放能量，而且矿山采场结构与矿山承载系统的划分及其刚度概念并不十分明确，对于岩爆发生机理并没有很好的说明。

5.3.4.3　失稳理论

失稳理论[48,49]把围岩视为一个力学系统，岩爆是该力学系统从准静态到发生动力失稳过程。岩爆发生时围岩力学系统瞬时会释放大量的能量，从而导致围岩从静态转变为动态破坏，即发生猛烈破坏，失稳理论的岩爆判别公式为：

$$\begin{cases} \delta\Pi = 0 \\ \delta^2\Pi \end{cases} \tag{5.16}$$

式中，$U_d = W + U_v - U_p > 0$；Π 为围岩力学系统势能；$\delta\Pi$ 为 Π 的一阶变分；$\delta^2\Pi$ 为 Π 的二阶变分；W 为围岩失稳时外力做的功；U_d 为抛射岩体的动能；U_v 为变形系统储存的能量；U_p 为岩体发生动态破裂、滑移等所消耗的能量。

5.3.4.4　弹性能量法

根据能量守恒原则，岩石试件在单轴压缩条件下发生变形，岩石所存储的能量等于地应力作用下其围岩应力所做的功。对于标准岩石试件（50mm×100mm），在加载条件下储存的能量为：

$$E = W = \sigma_c \varepsilon V \tag{5.17}$$

式中，σ_c 为岩石单轴抗压强度，Pa；ε 为试件压应变；V 为试件体积，m³；W 为围岩应力所做的功。

岩爆能量判定标准：

$$\begin{cases} E < 7.85J & 弱岩爆倾向 \\ 7.85 \leqslant E < 19.625J & 中等岩爆倾向 \\ 19.625 \leqslant E < 39.25J & 强烈爆倾向 \\ E > 39.25J & 极强烈岩爆倾向 \end{cases} \tag{5.18}$$

根据式（5.17）和式（5.18）计算出白云质大理岩、混合花岗岩岩爆倾向性结果，见表5.6和表5.7。

表5.6　白云质大理岩弹性能量法岩爆倾向性分析

试件编号	直径 d/mm	高度 h/mm	UCS /MPa	压应变 /μm	体积/m³	弹性能 E/J	岩爆倾向性
A1	49.40	100.36	247.31	3669	0.000192	174.54	极强烈
A4	49.53	100.36	245.49	4326	0.000193	205.36	极强烈
A5	49.39	100.64	119.37	3375	0.000193	77.68	极强烈
U1	49.52	100.30	105.57	2635	0.000193	53.74	极强烈

表 5.7 混合花岗岩弹性能量法岩爆倾向性分析

试件编号	直径 d/mm	高度 h/mm	UCS/MPa	压应变 /μm	体积/m³	弹性能 E/J	岩爆倾向性
1	49.63	89.20	66.89	1284	0.000172	14.77	中等岩爆
2	49.81	102.09	83.97	1373	0.000199	22.94	强烈岩爆
3	49.92	95.45	89.88	2779	0.000187	46.71	极强烈岩爆
4	49.71	80.40	125.35	2426	0.000156	47.44	极强烈岩爆
5	49.76	91.07	73.06	1121	0.000177	14.50	中等岩爆
6	49.85	88.10	50.70	1266	0.000172	11.04	中等岩爆

5.3.4.5 脆性系数法

根据实验测得的岩石单轴抗压强度和抗拉强度，利用岩石脆性系数指标 B，即单轴抗压强度 σ_c 与抗拉强度 σ_t 的比值 B 来衡量井筒围岩岩爆倾向性。岩石脆性系数计算公式为：

$$B = \frac{\sigma_c}{\sigma_t} \qquad (5.19)$$

式中，σ_c 为岩石单轴抗压强度，MPa；σ_t 为岩石单轴抗拉强度，MPa。

常采用式 (5.20) 判断准则[50]：

$$\begin{cases} B < 10 & \text{无岩爆倾向} \\ 10 \leqslant B < 14 & \text{弱岩爆倾向} \\ 14 \leqslant B < 18 & \text{中等岩爆倾向} \\ B \geqslant 18 & \text{强烈岩爆倾向} \end{cases} \qquad (5.20)$$

根据式 (5.19) 和式 (5.20) 计算出白云质大理岩、混合花岗岩脆性系数：

白云质大理岩：$B = \dfrac{179.44}{13.37} = 13.42$ 或 $B = \dfrac{179.44}{12.39} = 14.48$；

混合花岗岩：$B = \dfrac{81.64}{6.28} = 13$

计算可知，白云质大理岩具有弱岩爆或中等岩爆倾向，混合花岗岩具有弱冲击倾向。

5.3.4.6 弹性能量指数法

根据岩石加卸载试验记录应力-应变曲线，用图形积分求出弹性变形能量储能与塑性变形耗能之比，即为弹性能量指数[51]。公式如下：

$$W_{et} = \frac{\Phi_{sp}}{\Phi_{st}} \qquad (5.21)$$

式中，Φ_{sp} 为卸载曲线与 ε 轴围成的面积，代表滞留弹性应变能；Φ_{st} 为加载曲线和卸载曲线围成的面积，代表耗散的应变能（图 5.21）。

通常采用式 (5.22) 判断准则：

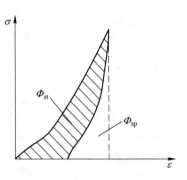

图 5.21 加卸载曲线示意图

$$\begin{cases} W_{et} < 2.0 & \text{无岩爆倾向} \\ 2.0 \leqslant W_{et} < 3.5 & \text{弱岩爆倾向} \\ 3.5 \leqslant W_{et} < 5.0 & \text{中等岩爆倾向} \\ W_{et} \geqslant 5.0 & \text{强烈岩爆倾向} \end{cases} \tag{5.22}$$

根据式（5.21）和式（5.22），对加卸载试件进行岩爆倾向性分析，其试件 A2、A3、U2、U3 结果见表 5.8。

表 5.8　弹性指数法岩爆倾向性分析

试件编号	弹性应变指数 W_{et}	岩爆倾向性
A2	7.09	强烈岩爆
A3	8.14	强烈岩爆
U2	10.51	强烈岩爆
U3	9.07	强烈岩爆

5.3.4.7　Russense 判据[52]

$$\begin{array}{ll} \sigma_{max}/\sigma_c < 0.20 & \text{无岩爆} \\ 0.20 \leqslant \sigma_{max}/\sigma_c < 0.30 & \text{弱岩爆} \\ 0.30 \leqslant \sigma_{max}/\sigma_c < 0.55 & \text{中等岩爆} \\ \sigma_{max}/\sigma_c \geqslant 0.55 & \text{强岩爆} \end{array} \tag{5.23}$$

式中，σ_{max} 为竖井开挖断面的最大切向应力；σ_c 为岩石抗压强度。

由弹塑性理论解析解得出井筒不同岩层开挖断面的最大切向应力 σ_{max}（表 5.9），由岩石力学试验得出不同岩层岩石的平均抗压强度 σ_c（表 5.10）。

表 5.9　井筒开挖断面最大切应力

岩性	位置	深度/m	塑性区半径/m	最大切向应力 σ_{max}/MPa
微风化千枚岩	顶部	0		
	底部	37.2		
千枚岩	顶部	37.2	无	5.84
	底部	192.1	无	19.66
石英岩	顶部	192.1	无	19.66
	底部	404.3	无	38.52
白云岩大理岩	顶部	404.3	无	38.52
	底部	424.05	无	40.28
赤铁石英岩	顶部	424.05	无	40.28
	底部	754.41	5.89	43.09
白云岩大理岩	顶部	754.41	5.91	39.12
	底部	773.90	5.93	39.12

岩性	位置	深度/m	塑性区半径/m	最大切向应力 σ_{max}/MPa
赤铁岩石英岩	顶部	773.90	5.91	43.09
	底部	786.66	5.92	43.09
石英砂岩	顶部	786.66	6.07	36.30
	底部	806.97	6.09	36.30
混合花岗岩	顶部	806.97	6.62	23.91
	底部	976.48	6.81	23.91
石英岩	顶部	976.48	6.18	31.73
	底部	1007.9	6.19	31.73
泥石英片岩	顶部	1007.9	7.00	22.39
	底部	1033.7	7.03	22.39
混合花岗岩	顶部	1033.7	6.46	24.87
	底部	1500	6.74	24.87

表 5.10 岩石的平均单轴抗压强度

岩性	深度范围	单轴抗压强度/MPa	岩性	深度范围	单轴抗压强度/MPa
风化千枚岩	0~37.20	57.28	赤铁岩石英岩	773.41~786.66	72.8
千枚岩	37.20~192.10	65.3	石英砂岩	786.66~806.97	67.46
石英岩	192.10~404.30	72.28	混合花岗岩	806.97~976.48	75.4
白云岩大理岩	404.3~424.05	72.5	石英岩	976.48~1007.9	83.72
赤铁石英岩	424.05~754.41	63.81	泥石英片岩	1007.9~1033.7	70.3
白云岩大理岩	754.41~773.90	77.8	混合花岗岩	1033.7~1500	76.1

将表 5.9 和表 5.10 中的结果代入式（5.23）中，得出不同岩层的可能发生岩爆程度的强弱，绘出井筒剖面岩爆图，见图 5.22。

5.3.5 岩爆诱发岩块弹射

5.3.5.1 岩块弹射识别

岩爆损伤包括岩爆损伤机制（岩体开裂、岩块弹射或冒落）、岩体破坏体积和估测弹射速度，此外还应记录原有支护的表现性能，这些数据可作为估算同等情况下可能发生岩爆的性质。岩块弹射作为岩爆损伤表现之一，当弹射速度超过 3m/s 时，岩爆现象十分明显。当弹射速度低于 3m/s 时，很难与其他类型岩石弹射破坏区别开，因为岩块弹射距离都不会太远。

测量岩块弹射距离和估测岩块弹射处距底板高度，可反算岩块弹射速度。根据图 5.23 所示的岩块弹射轨迹，岩块弹射水平距离为 d，下落垂直高度为 h，则岩块弹射速度

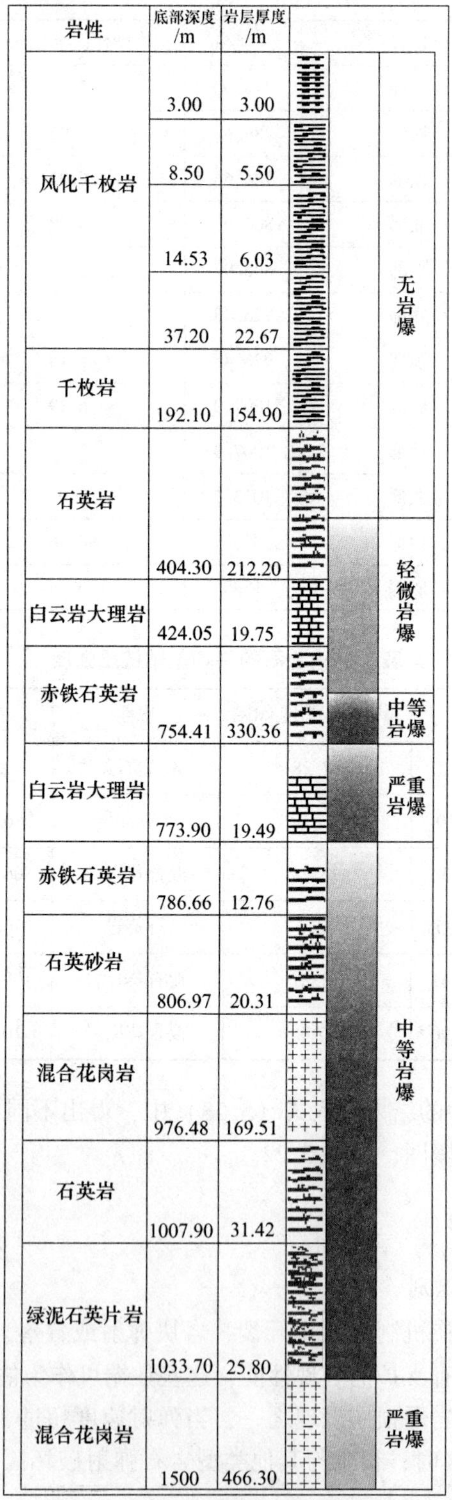

岩性	底部深度 /m	岩层厚度 /m		
风化千枚岩	3.00	3.00		无岩爆
	8.50	5.50		
	14.53	6.03		
	37.20	22.67		
千枚岩	192.10	154.90		
石英岩				轻微岩爆
	404.30	212.20		
白云岩大理岩	424.05	19.75		
赤铁石英岩	754.41	330.36		中等岩爆
白云岩大理岩	773.90	19.49		严重岩爆
赤铁石英岩	786.66	12.76		中等岩爆
石英砂岩	806.97	20.31		
混合花岗岩	976.48	169.51		
石英岩	1007.90	31.42		
绿泥石英片岩	1033.70	25.80		
混合花岗岩	1500	466.30		严重岩爆

图 5.22　井筒岩爆倾向性剖面图

v_e 可表示为：

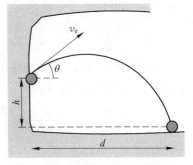

图 5.23 岩爆时岩块弹射轨迹

$$v_e = d \sqrt{\frac{g}{2h\cos^2\theta + \sin2\theta}} \quad (5.24)$$

式中，θ 为测量的上向初始运动角（初始运动方向与水平面的夹角）；g 为重力加速度。

图 5.24 所示为两种不同弹射高度和弹射角度情况下，弹射速度与水平弹射距离之间的函数关系。从图 5.24 可以看出，从高度 2~3m 以水平方向弹射出的岩块的速度（m/s）为水平弹射距离（m）的 1.3~1.6 倍。而在实际工程中，很难区分水平弹射距离小于 2m 的岩块和仅从巷道帮部或顶板冒落的岩块。即：以低于 3m/s 速度弹射出的岩块和岩体开裂屈曲无弹射情况下产生的损伤破坏类似。

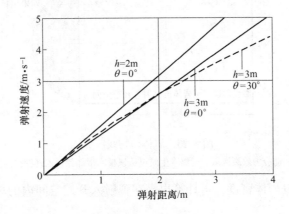

图 5.24 弹射速度与水平弹射距离、下落高度和初始运动角的函数关系

当弹射速度低于 1.5m/s 时，岩块的动能小于 3kJ/m²，支护设计时不作为主导因素考虑。然而当弹射速度超过 3m/s（或动能大于 10kJ/m²）时，支护设计时必须以此作为主导因素考虑。因此，如果能清晰识别岩块弹射，支护的基本功能就是释放岩体弹射产生的动能。

5.3.5.2 弹射岩块体积

如果开挖周边岩体处于严重损伤、碎裂或节理发育，则微地震事件发生时岩块越容易被弹射出去。深部开采岩体破碎区主要由采动应力集中造成。

具有岩爆倾向性岩体通常处于高应力状态，因此开挖周边岩体会产生应力致裂现象，破碎区深度取决于采动应力和岩石强度之比。高应力造成采场围岩破坏的厚度和形状，可以用来计算潜在弹射岩块体积。弹射岩块形状可视为抛物线的一部分（图 5.25）；最大破坏深度对应的径向距离可通过式（5.26）估算。弹射岩块的横向范围（抛物线的宽度）w，在采场顶板等于采场宽度，在帮部产生的弹射等于采场开挖的高度。阴影区域面积 S 为：

$$S = \frac{2}{3}(w \text{ 或 } h)t_{max} = \frac{2}{3}w\left(r_{fb} - \frac{w}{2}\right) \text{ 或 } \frac{2}{3}h\left(r_{fw} - \frac{h}{2}\right) \quad (5.25)$$

圆形部分半径 a 可近似表示"袋形"区域。圆形半径 a 可用下式表示：

$$a = \frac{w}{\sqrt{2}} \text{ 或 } \frac{h}{\sqrt{2}} \tag{5.26}$$

假设采场跨度为 π/2 的弧与开挖两拐角处相接。沿宽度（或高度）方向等效、均匀岩体厚度 t 可通过下式计算：

$$t = \frac{S}{w \text{ 或 } h} = \frac{2}{3}t_{\max} = \frac{2}{3}\left(r_{fb} - \frac{w}{2}\right) \text{ 或 } \frac{2}{3}\left(r_{fw} - \frac{h}{2}\right) \tag{5.27}$$

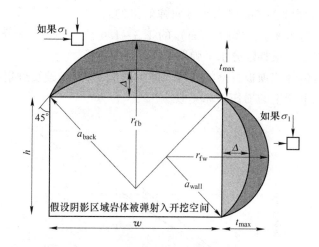

图 5.25   岩体抛物线区域

（采动应力致裂区域，岩爆发生时可从顶板或帮部弹射入开挖空间）

用岩体厚度 t 乘以岩体密度，可计算出潜在弹射入开挖空间内的单位长度或单位面积岩体质量：

$$m = \frac{2}{3}\rho t_{\max} \times 1 = \frac{2}{3}\rho\left(r_{fb} - \frac{w}{2}\right) \text{ 或 } \frac{2}{3}\rho\left(r_{fw} - \frac{h}{2}\right) \tag{5.28}$$

5.3.5.3　弹射速度

假设岩块弹射速度等于峰值质点振动速度，这一假设是基于现场观测的远场微地震事件的波长通常大于巷道断面尺寸，因此地震波反射可以忽略。Yi 和 Kaiser 研究发现，典型采矿诱发的微震事件（主频小于100Hz）诱发的岩块弹射速度小于或接近于峰值质点振动速度；当存在波的反射时岩块弹射速度等于峰值质点振动速度的2倍。而应力波反射只可能发生在应力波波长远小于巷道开挖尺寸，产生非常高的频率（>1~4kHz）；岩块弹射速度大于峰值质点振动速度，只发生在弹射岩块非常小的情况。因此，岩块以2倍峰值质点振动速度弹射出去是不可能的。在工程上，可将弹射速度保守地认为等于峰值质点振动速度，该假设没有考虑弹射岩块与稳定岩块的摩擦阻力。对于采场（巷道）平直两帮有意义，而对于弧形顶板或帮部而言太保守，因此引入弹射速度调整系数 n，可用下式计算弹射速度：

$$v_e = n \cdot ppv \tag{5.29}$$

式中，对于低频应力波 $n<1$；对于具有能量转移情况 $1<n<4$。

$$v_e = nppv = \frac{nC^* \times 10^{\frac{m_N+1}{2}}}{R} = \frac{nC^* \times 10^{\frac{M_L+1.5}{2}}}{R} \tag{5.30}$$

式中，m_N、M_L 为纳特里震级、里氏震级；R 为与震源的距离，m；C^* 的推荐设计值为 0.25。

确定矿山某个区域岩块弹射的具体步骤如下：

（1）根据矿山微震监测系统记录，确定微震事件的时空分布规律；

（2）选择待进行支护设计微震事件位置；

（3）选择待进行支护设计微震事件震级；

（4）选择合适的尺度参数，预测峰值质点振动速度和岩块弹射速度。

5.3.5.4　动能

弹射岩块的初始动能 E_k 为：

$$E_k = \frac{1}{2}mv_e^2 \tag{5.31}$$

式中，m 为弹射岩块质量；v_e 为块体弹射速度。

当岩块弹射入开挖空间时，岩块弹射速度和动能受块体间的摩擦阻力、重力和支护阻力影响。考虑到块体间的摩擦阻力难以确定，在进行支护设计时，通常忽略摩擦阻力影响或通过弹射速度调整系数 n 确定。

岩块自重将增加从顶板弹射出岩块的势能，降低从底板弹射出岩块的势能。图 5.26 所示为重力改变弹射岩块总能量的方式。

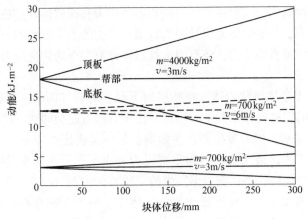

图 5.26　重力作用对弹射岩块动能的影响

弹射距离为 d 的岩块的总动能为：

$$E_t = \frac{1}{2}mv_e^2 + qmgd \tag{5.32}$$

式中，对于从顶板、帮部和底板弹射出的岩块 q 值分别取 1，0，−1。

5.3.6　岩爆发生的影响因素

（1）岩性及岩体结构。岩爆一般发生在新鲜完整、质地坚硬、结构完整性好、没有或很少有裂隙存在、具有良好的脆性和弹性的岩体中。岩石抗压强度越大，其质地越坚硬，可能蓄积的弹性应变能越大。围岩微观特征与岩爆烈度有很大关系，例如：颗粒具有定向排列的岩石比颗粒具有随机排列岩石中的岩爆烈度弱，如片麻岩、花岗片麻岩、糜棱岩等发生岩爆时的烈度就比花岗岩、闪长岩等的岩爆烈度弱，具有胶结连接的岩石比具有结晶连接的岩石中的岩爆烈度弱，如沉积岩中的岩爆烈度就比深成岩浆岩中的岩爆烈度弱，具有钙质胶结的岩石比具有硅质胶结的岩石中的岩爆烈度弱。

岩体结构效应包括岩层组合关系和岩体结构。岩层组合不仅包括岩石本身，而且由岩层所组成的岩体也具备积蓄弹性能的能力，与地层结构及岩层组合有关。强度低而软的岩石因其塑性变形大，不产生岩爆；在软硬相间的地层中，岩爆不产生或较少产生。另外，岩体结构与围岩储能特性有密切关系，在地应力条件和岩性条件大体相同的情况下，岩体结构包括节理、裂隙、层面等软弱结构面发育程度；当岩层产状及组合关系不同时，岩体储存能量的能力有很大差异。

（2）地应力。地应力是深部开采"三高一扰动"中最主要的指标之一，岩体中的初始地应力受地形条件、地质条件、构造环境等因素的影响。岩爆发生与地应力量级密切相关。在同样地质背景条件下，在高地应力区易于发生岩爆。处于高地应力下的岩石，其弹性模量也较高。因此，在高地应力区，岩石具有较大的弹性应变能，易发生岩爆，开挖过程中容易形成较厚的围岩松动区。在岩体中开挖井巷、采场、硐室，改变了岩体赋存的空间环境，扰动了巷道周围岩石初始应力场，破坏了巷道围岩的应力平衡状态，引起巷道围岩体应力重新分布、产生应力集中，当围岩承受的采动应力超过围岩的临界应力时，将产生岩爆。

影响岩爆产生的地应力，包括岩体中的初始地应力和因岩体开挖造成的围岩应力重分布而形成的采动应力，初始地应力包括因构造运动产生的水平地应力，因岩体上覆厚度存在的岩体自重应力——垂直地应力，还有因边坡岩体卸荷存在的卸荷应力，深切峡谷地区产生的集中应力等。

（3）构造。对于整体块状岩体，在断层的下盘、褶皱（向斜、背斜等）的轴部、穿过节理密集带之后的完整岩体中发生的岩爆，比没有构造影响的地方严重。

（4）埋深。埋深对岩爆的发生会产生影响，但不是决定性因素。岩爆发生"临界深度"仅可能适用于工程区最大主应力为垂直应力的深度，而在以水平应力或者残余构造应力为最大主应力的地区，不存在岩爆发生的"临界深度"。

（5）地下水。岩爆多发生在干燥无水的岩体中。地下水的存在，说明岩体中裂隙较发育或者有较大规模的断层，同时地下水对岩体有软化作用，不利于岩体中储备足够的导致岩爆发生的弹性能。但如果在开挖爆破过程中在一定范围内出现承压水，承压水赋存部位之外的一定范围内岩体较完整，对于具备储备弹性应变能能力的岩体（如花岗岩、变质闪长岩、片麻花岗岩等）有可能会发生岩爆。

（6）时间效应。在巷道掘进过程中，岩爆发生一般都滞后于掘进工作面爆破一定时间之后。岩爆在爆破结束后可能会马上发生，也会在几小时之后发生，岩爆发生会持续一段时间，几天、几个月甚至几年，岩爆持续发生时间与围岩体内部应力重分布的时间有较大关系。

（7）开挖形状。开挖断面形状影响围岩岩体开挖后形成的应力重分布范围，对围岩应力集中有明显的影响。岩爆主要发生在初始应力和洞室断面形状所决定的应力重分布集中区。根据理论分析，开挖断面尺寸越大，初次应力重分布范围越大，岩石松动范围随之增大，爆坑越深。在加宽段及异形断面处，由于围岩二次应力状况较为复杂，岩爆活动要大于一般岩体；在竖井与巷道连接的连接位置，巷道开挖后围岩的二次应力扰动而使围岩受力更为复杂，容易发生岩爆。在实际工程中开挖断面形状不规则，造成局部应力集中，岩爆多发生在圆形巷道的拱顶和上半拱位置。马蹄形巷道岩爆的发生多在拱脚上下的位置，可见开挖断面造成的局部应力集中对岩爆的发生有明显影响。

（8）采动应力。采动应力指在已知原岩应力场（大小和方向）条件下开采矿体而诱发形成的在采场围岩重分布的应力。采矿诱发的采动应力（大小与方向）作用到采场（井巷）围岩体，致使采场（井巷）围岩体产生各种形式破坏，包含岩爆。不同开采顺序、开采强度和采矿方法会对采动应力集中程度产生显著影响，因此，需要采取合理的措施，避免采动应力过度集中导致岩爆灾害发生。

5.4 挤压大变形

挤压大变形是由于地应力远大于岩体强度，而导致完整巷道围岩产生缓慢收敛变形（图 5.27），控制巷道围岩产生的挤压大变形非常困难，对支护要求非常高。国际岩石力学学会-挤压性岩体委员会（Commission on Squeezing Rocks）对挤压大变形破坏的定义为[53]：挤压变形现象为一种在巷道（或大型地下洞室）开挖过程中发生与时间有关的大变形，与岩石材料的弹黏塑性性质及流变时效特性有关，尤其当其所承受的剪应力超过某极限值时

图 5.27 挤压大变形

（图 5.28），该过程属于物理反应。Barla[54]定义挤压变形为一种与岩体时效特性有关的大变形，巷道开挖期间发生挤压变形的必要条件是，当剪应力超过一定极限值时岩体发生流变而引起挤压变形。

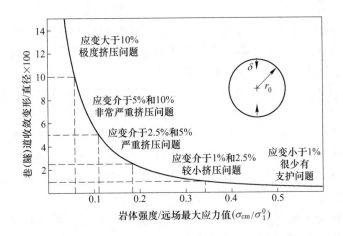

图 5.28 挤压地层分类[55]

5.4.1　挤压大变形表现与分类

Andan 等[56]对巷道围岩产生的挤压变形的挤出与膨胀进行了区分，认为挤压现象在力学上可以看成在原岩应力作用下岩体介质的弹、黏、塑性表现，只发生在随着巷道开挖应力重分布使围岩发生屈服时，是一种物理过程，并包含岩石的膨胀过程；而膨胀现象则是化学过程，包含矿物质与水之间的离子交换，膨胀现象发生与挤出相比，需要时间更长；将挤压现象可能导致的围岩破坏模式分为以下三种（图5.29）：

（1）完全剪切破坏（图5.29（a））：地下开挖围岩因受过大剪应力作用而破坏，剪切破坏区形成环形塑性区，其中剪切破坏区的发生过程伴随着围岩滑移和突然分离。在连续的塑性岩体或有较大裂隙的不连续岩体中都可观察到这种现象。

（2）屈曲破坏（图5.29（b））：具有节理或层状岩体的屈曲破坏，常发生于变质岩（如千枚岩及云母片岩）及薄层状且具有延性的沉积岩（如泥岩、页岩、砂岩、粉砂岩等）。

（3）剪切及滑动张裂破坏（图5.29（c））：主要发生于厚层沉积岩中，巷道两帮因受挤压而沿岩层界面产生滑动现象，产生张拉破坏；在巷道的顶板和底板区域，则因承受过大剪应力而破坏。

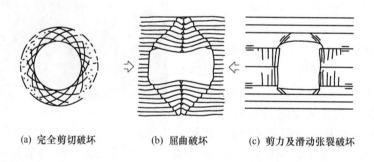

(a) 完全剪切破坏　　　　　(b) 屈曲破坏　　　　(c) 剪力及滑动张裂破坏

图5.29　挤压型巷道破坏模式

5.4.2　挤压大变形发生原因

挤压大变形是相对正常围岩变形而言，目前还没有统一的定义和判别标准。产生挤压大变形客观原因是地质条件；主观原因是技术措施不适合，地质原因是根本原因。从地质条件角度，发生挤压大变形破坏原因有三种：

（1）膨胀性岩体：具有膨胀性的围岩在一定条件下发生体积膨胀，使巷道围岩产生挤压大变形。

（2）高地应力作用：在高地应力作用下巷道产生挤压大变形。当强度应力比小于0.3~0.5时，即能产生比正常巷道开挖大一倍以上的变形。此时开挖围岩将出现大范围的塑性区，随着开挖引起围岩质点的移动，加上塑性区的"剪胀"作用，围岩将产生很大位移，称为高地应力的挤压作用（图5.30）。

（3）局部水压及气压力的作用。当支护和衬砌封闭较好，周边局部地下水升高或有地下气体（瓦斯等）作用时，支护体也会产生挤压大变形，这种现象并不多见。

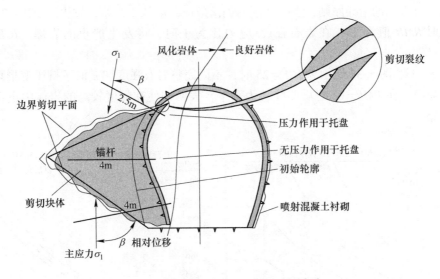

图 5.30 超高应力岩体剪切破坏原理[57]

5.4.3 挤压变形判断准则

可以使用 *ICE* 弹性行为指数[58]估算巷道围岩可能发生的塑性程度，可以作为挤压大变形是否会对工程影响的指标。*ICE* 指数：

$$ICE = 100 \times \frac{\sigma_{cm}}{\sigma_{t,\,max}} \times F_s \qquad (5.33)$$

其中：

$$\sigma_{cm} = \sigma_{ci} e^{\frac{RMR-100}{24}}$$

$$\sigma_v = H_r \gamma_r$$

$$\sigma_{t \cdot max} = \sigma_v(3k - 1),\ k>1; \qquad \sigma_{t \cdot max} = \sigma_v(3 - k),\ k \leqslant 1$$

式中，σ_{cm} 为岩体强度；σ_v 为垂直应力；$\sigma_{t \cdot max}$ 为最大切向应力；σ_{ci} 为完整岩体强度；H_r 为上覆岩层厚度；γ_r 为岩石容重；k 为侧压力系数；F_s 为形状因子，用于近似地考虑不同的开挖形状。通过数值模拟研究得到的 F_s 值为：6m 圆形 $F_s = 1.3$、14m 马蹄形 $F_s = 0.75$、10m 圆形 $F_s = 1.0$、$25 \times 60(WH)$ 硐室 $F_s = 0.55$。

基于工程实例，应用数值模拟和理论分析方法研究轴对称开挖岩体挤压行为，表明挤压发生的显著条件是：$ICE = 25$。

用于推导 *ICE* 指数的关系式可经过变换求取挤压变形极限埋深：

$$H_{lim} = \frac{\frac{100}{25}\sigma_{ci} e^{\frac{RMR-100}{24}}}{\gamma_r(3k - 1)} F_s,\ k > 1 \qquad (5.34)$$

或：

$$H_{lim} = \frac{\frac{100}{25}\sigma_{ci} e^{\frac{RMR-100}{24}}}{\gamma_r(3 - k)} F_s,\ k \leqslant 1 \qquad (5.35)$$

常规岩石因受高应力作用而发生剥落破坏。Hoek、Brown、Palmstrom 都提出岩石强度与最大主应力比的指导原则，表明严重的剥落效应可能从 2 开始，发生于 $ICE = 25$ 的边界上，此时 RMR 值为 50。在岩石强度/应力比为 1 时，将发生严重的岩爆，ICE 线达到 $RMR = 67$。

图 5.31 和图 5.32 所示为 $ICE = 25$ 时，不同完整岩石强度和 k 值下挤压变形埋深极限值变化规律。在 $RMR = 67$ 之后曲线转为水平，表明即使在强度较高的岩体中也会发生严重的岩爆。

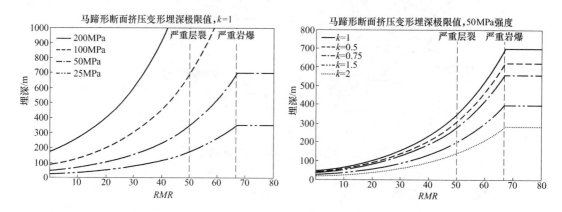

图 5.31 $k = 1$ 时不同完整强度埋深极限值   图 5.32 完整岩石强度 50MPa 时不同 k 值埋深极限值

从图 5.31 和图 5.32 可以看出，如果 RMR 或完整岩石强度较低或水平应力比较高，则挤压变形可以在不同埋深下发生。

5.4.4 挤压大变形的破坏机理

开挖围岩产生塑性区的条件，由侧压力系数为 1 的圆形洞室弹性阶段理论解：

$$\sigma_r = \sigma_v - (R_0/r)^2 \sigma_v$$
$$\sigma_\theta = \sigma_v + (R_0/r)^2 \sigma_v \tag{5.36}$$

式中，σ_r、σ_θ 为开挖围岩的径向、切向应力；σ_v 为地应力；R_0 为巷道开挖半径；r 为围岩中计算点的半径。

圆形均质岩体塑性区半径的理论公式：

$$R_p = \left[\frac{(\sigma_v + c \cot\varphi)(1 - \sin\varphi)}{P_i + c \cot\varphi} \right]^{\frac{1 - \sin\varphi}{2\sin\varphi}} R_0 \tag{5.37}$$

式中，R_p 为塑性半径；φ 为摩擦角；P_i 为支护抗力。

在开挖边界处 $r = R_0$，$\sigma_\theta = 2\sigma_v$，$\sigma_r = 0$，所以当应力比 $R_b/\sigma_v < 2$ 时，开挖围岩将产生塑性变形。由式（5.37）可知，当地应力 σ_v 增大时，塑性半径 R_p 也增大；当围岩抗压强度 $R_b = \dfrac{2c \cos\varphi}{1 - \sin\varphi}$ 减小时，塑性区半径也将增大。

挤压大变形的发生受岩石单轴抗压强度、强度应力比、原岩应力、侧压力系数等因素影响；在上述影响因素作用下，详细研究塑性区半径与巷道围岩变形相互作用关系，尤其研究高应力作用下岩石性质转化关系、转化特征及其临界点。

5.4.5 挤压大变形分级标准

发生挤压大变形常见的岩石类型是泥岩、凝灰岩、页岩和蛇纹岩。大多数岩石单轴抗压强度 $\sigma_c < 20\text{MPa}$。从 Aydan 等[56]的现场调查发现，巷道围岩体变形破坏主要表现为五种状态（图5.33）：

（1）弹性状态：岩石表现为线弹性且无裂隙；

（2）硬化状态：开始产生微裂隙，微裂隙的方向与最大载荷加载方向一致；

（3）屈服状态：当超过应力应变曲线的峰值后，微裂隙开始贯通形成宏观裂隙；

（4）弱化状态：宏观裂隙沿着最有利方向扩展；

（5）流动状态：宏观裂隙沿着最有利方向扩展形成滑移面或剪切带，碎裂介质沿着滑移面或剪切带流动。

归一化应力水平 η_p、η_s、η_f 通过图5.33（a）中的 ε_p、ε_s、ε_f、ε_e 确定，具体关系如下：

$$\eta_p = \frac{\varepsilon_p}{\varepsilon_e}, \quad \eta_s = \frac{\varepsilon_s}{\varepsilon_e}, \quad \eta_f = \frac{\varepsilon_f}{\varepsilon_e} \tag{5.38}$$

应用岩石力学试验中得到的五种状态的归一化应变值预测和定义岩石的挤压潜力和挤压程度。考虑到开挖的应力状态，切向应力通常为最大应力分量。因此单轴压缩应力应变曲线可类比于开挖围岩的切向应力-切向应变响应。Aydan 等[56]将单轴压缩、三轴压缩或原位试验的五种状态与围岩的挤压可能性和程度，并进行分类（表5.11）。

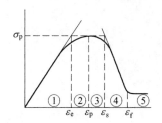

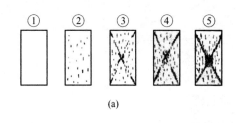

(a)

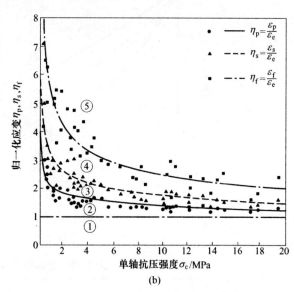

(b)

图5.33 挤压性岩石理想化应力-应变曲线（a）及对应的压缩和图解应变水平（b）[56]

表5.11 岩体挤压程度分类[56]

分级	挤压程度	代号	理论判别式	巷道变形评述
1	无挤压	NS	$\varepsilon_\theta^c / \varepsilon_\theta^e \leqslant 1$	岩石弹性变形，当巷道掘进工作面效应停止时隧道稳定

续表 5.11

分级	挤压程度	代号	理论判别式	巷道变形评述
2	轻度挤压	LS	$1 < \varepsilon_\theta^a/\varepsilon_\theta^e \leq \eta_p$	岩石表现为应变硬化，巷道稳定，当巷道掘进工作面效应停止时，位移将收敛
3	一般挤压	FS	$\eta_p < \varepsilon_\theta^a/\varepsilon_\theta^e \leq \eta_s$	岩石表现为应变软化，位移变大，当巷道掘进工作面效应停止时，位移将收敛
4	重度挤压	HS	$\eta_s < \varepsilon_\theta^a/\varepsilon_\theta^e \leq \eta_f$	岩石表现为高度应变软化，位移变大且当巷道掘进工作面效应停止时并不趋向于收敛
5	极重度挤压	VHS	$\eta_f < \varepsilon_\theta^a/\varepsilon_\theta^e$	岩石发生流变，导致围岩垮塌，位移将非常大，需要扩挖和进行重型支护

假定岩体中含有图 5.34 中包括了抗压强度的测量误差影响：因此 σ_c 可被 RMi 代替，并且确定出表 5.12 中 RMi/σ_θ 比率的值。表 5.12 是根据 Aydan 等[56]对日本 21 个位于泥岩、凝灰岩、页岩、蛇纹岩和其他压强度 $\sigma_c < 20$MPa 的塑性（延性）岩石力学研究。Aydan 没有提到节理，但实际岩体含有节理，故假定岩体中含有少量节理。该表是根据完整块状岩体中一些有限的数据得出的，当有更多的挤压数据（尤其是高度节理化岩体中的数据）时，需进行修正。

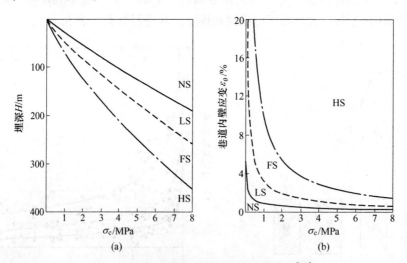

图 5.34　估计挤压变形发生可能性图表[56]

表 5.12　岩体特征与挤压程度分级

挤压程度分级	Aydan 等[56]提供的巷道行为
无挤压 $RMi/\sigma_\theta > 1$	岩石弹性变形，当巷道工作面效应停止时巷道稳定
轻度挤压 $RMi/\sigma_\theta = 0.7 \sim 1$	岩石表现为应变硬化，巷道稳定，当巷道工作面效应停止时，位移将收敛
一般挤压 $RMi/\sigma_\theta = 0.5 \sim 0.7$	岩石表现为应变软化，位移变大，当巷道工作面效应停止时，位移将收敛

续表 5.12

挤压程度分级	Aydan 等[56]提供的巷道行为
重度挤压 $RMi/\sigma_\theta = 0.35$①~ 0.5	岩石表现为高度应变软化，位移变大且当巷道工作面效应停止时并不趋向于收敛
极重度挤压 $RMi/\sigma_\theta < 0.35$①	岩石发生流变，导致围岩垮塌，位移将非常大，需要扩挖和进行重型支护

①此为粗略估计值；σ_θ 为开挖周边切向应力。

Bhawani Singh 等[59]在 Q 岩体质量分级系统的基础上提出预测挤压变形的临界巷道埋深的公式：

$$z > 350Q^{1/3} \tag{5.39}$$

式中，Q 为 Barton 的 Q 岩体质量分级系统。

此外 Singh[60] 提出 SI（Squeezing Index）指标对围岩挤压变形程度进行分级，即：

$$SI = \varepsilon_\theta / \varepsilon_{cr} \tag{5.40}$$

式中，ε_θ 为实测或预计切向应变；ε_{cr} 为临界应变，计算方法如下（%）：

$$\begin{cases} \varepsilon_{cr} = 31.1 \dfrac{\sigma_{cm}^{1.6}}{E_m \rho^{0.6} Q^{0.2}} \\[3mm] \varepsilon_{cr} = 5.84 \dfrac{\sigma_{cm}^{0.88}}{E_m \rho^{0.63} Q^{0.12}} \end{cases} \tag{5.41}$$

式中，E_m 为岩体弹性模量，GPa；ρ 为岩体密度，g/cm³。

据此，Singh 给出的分级标准见表 5.13。

表 5.13 SI 分级标准[60]

分级	挤压程度	SI 值
1	无挤压	$SI<1.0$
2	轻微挤压	$1.0 \leqslant SI < 2.0$
3	中等挤压	$2.0 \leqslant SI < 3.0$
4	严重挤压	$3.0 \leqslant SI < 5.0$
5	剧烈挤压	$SI \geqslant 5.0$

徐林生等[61]根据一般估判变形量和相对变形量两个指标，提出了公路隧道围岩变形的三级划分方案（表 5.14）。

张祉道[62]将挤压性大变形定义为"采用常规支护的隧道由于地应力较高而使其初期支护发生不同程度破坏，且位移值 u 与洞壁半径 r_0 之比 ε_θ 大于 3%"，相应的分级见表 5.15。

表 5.14 公路隧道围岩大变形分级方案[60]

判别指标	变形等级		
	Ⅰ	Ⅱ	Ⅲ
一般估判变形量/cm	15~30	30~50	>50
相对变形量/%	1.5~3.0	3.0~5.0	>5.0

表 5.15　围岩挤压大变形等级

变形等级	$(u/r_0)/\%$	双车道公路隧道 u/cm	单线铁路隧道 u/cm
轻度	3~6	20~35	15~25
中等	6~10	35~60	25~45
严重	>10	>60	>45

　　孙元春[63]建议采用标准挤压指标值 NSI（Normal Squeezing Index）作为隧道挤压程度分级的指标依据，见表 5.16。定义：

$$NSI = \varepsilon_\theta / \varepsilon_{\mathrm{cr}} \tag{5.42}$$

式中，ε_θ 为实测围岩切向应变；$\varepsilon_{\mathrm{cr}}$ 为挤压变形临界应变。

　　与 SI 中的 $\varepsilon_{\mathrm{cr}}$ 不同，该处 $\varepsilon_{\mathrm{cr}}$ 是考虑围岩与支护共同作用下的共同作用下的挤压变形临界切向应变值。通过对世界范围内 31 座发生挤压性变形隧道的切向应变值进行了统计，如图 5.35 所示。统计结果表明，对于只采取一般支护的隧道，$\varepsilon_{\mathrm{cr}} = 1\%$，所以有：

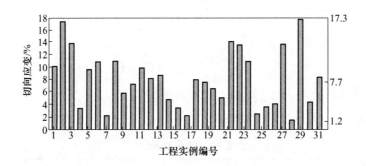

图 5.35　挤压性隧道实例切向应变统计

$$NSI = 100\varepsilon_\theta \tag{5.43}$$

　　对于采取了特殊支护措施，仍发生挤压变形破坏的隧道，在其挤压变形分级过程中可通过改变 $\varepsilon_{\mathrm{cr}}$ 的取值进行修正。

表 5.16　挤压性隧道变形分级建议方案

级别	分级依据	挤压程度	隧道变性特征
I	$NSI<1$	无	变形不明显，一般支护无破损迹象
II	$1.0 \leqslant NSI<2.0$	轻微	有一定变形，但逐步趋于收敛，一般支护可能出现少量裂缝
III	$1.0 \leqslant NSI<2.0$	中等	变形较大，持续时间较长，一般支护局部发生开裂
IV	$1.0 \leqslant NSI<2.0$	严重	变形大，持续时间长，一般支护发生开裂破损比较严重
V	$1.0 \leqslant NSI<2.0$	剧烈	变形非常大，持续时间很长，一般支护破损严重，常常需要采取重型支护措施

　　注：一般支护是指按照规范中的Ⅳ、Ⅴ、Ⅵ类围岩施作的常规支护。

刘志春等[64]将大变形分级标准分为设计和施工两个阶段：在设计阶段，初步确定挤压大变形分级标准，并在此分级标准下提出相应挤压大变形防治设计措施；在施工阶段，根据现场地质情况、施工变形情况等进一步细化挤压大变形分级标准并提出变形管理标准。

（1）设计阶段挤压大变形分级标准。在设计阶段，根据围岩力学参数及地应力测试结果，初步确定挤压大变形分级标准，并提出相应挤压大变形防治措施，如表 5.17 所示。

表 5.17　设计阶段挤压大变形分级标准

分级标准	挤压大变形等级		
	Ⅰ	Ⅱ	Ⅲ
强度应力比	0.5~0.25	0.25~0.15	<0.15
地应力/MPa	5~10	10~15	>15

（2）施工阶段挤压大变形分级。在施工阶段，综合以往的各种挤压大变形分级的标准及方法，并考虑挤压大变形的具体特点，结合围岩物理力学指标、现场量测及理论分析结果，分别考虑相对变形 u_a/a（%）、强度应力比 R_b/σ_v、地应力 σ_v、弹性模量 E 及综合系数 α 等因素，采用综合指标判定法确定挤压大变形分级标准，如表 5.18 所示。

表 5.18　施工阶段挤压大变形分级标准的综合指标判定法

分级标准	挤压大变形等级		
	Ⅰ	Ⅱ	Ⅲ
相对变形（u_a/a）/%	3~5	5~8	>8
强度应力比 R_b/σ_v	0.5~0.25	0.25~0.15	<0.15
地应力 σ_v/MPa	5~10	10~15	>15
弹性模量 E/MPa	2000~1500	1500~1000	<1000
综合系数 α	60~30	30~15	<15
围岩及支护特征	开挖后围岩位移较大，持续时间较长；一般支护开裂或破损较严重	开挖后围岩位移大，持续时间长；一般支护开裂或破损严重	开挖后围岩位移很大，持续时间很长；一般支护开裂或破损很严重

注：1. 相对变形是指洞壁位移与隧道当量半径之比；

　　2. 弹性模量为岩石的弹性模量。

综合系数 α 为考虑围岩抗压强度、地应力、弹性模量及侧压力系数几个因素，巷道变形随 $(1+v)/E$ 的增长而增长，而随 R_b/σ_v 的增长而减小，α 取无量纲量，定义为：

$$\alpha = \frac{1+\lambda}{1+2\lambda} \cdot \frac{E}{\sigma_v} \cdot \frac{R_b}{\sigma_v} \tag{5.44}$$

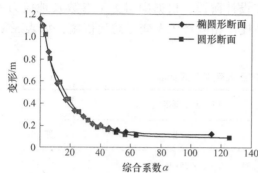

图 5.36　巷道变形与综合系数 α 的关系

综合系数 α 的设定是基于洞壁位移的影响因素分析及式（5.38）而确定，结合现场量测变形及理论计算规律而确定了表 5.18 中 α 的限值。图 5.36 为椭圆形断面和圆形断面隧道变形与综合系数 α 的关系曲线。

该经验公式有几个限制，因为它仅限于变形（延性）岩体，也不包括构造应力或残余应力的影响，而这些应力导致在世界许多地方出现相当大的水平应力致使围岩失稳问题。

5.5　结构控制型破坏

在硬岩矿床开采中，巷道、硐室和采场中最常见的破坏形式是楔形体滑移或冒落，即楔形体从顶板冒落或从巷道帮滑出（图 5.37）。楔形体是由相交的不连续结构特征形成的，如层理和节理等，将岩体分割成离散但相互接触的块体。当开挖形成临空面时，围岩约束作用消失，如果结构面连续，或者沿着结构面的岩桥已经发生断裂，便会造成一

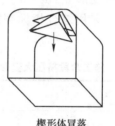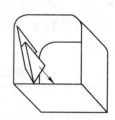

楔形体冒落　　　　　楔形体滑移

图 5.37　楔形体破坏示意图

个或多个楔形体从表面掉落或滑移（图 5.38）。若不支护松动的楔形体，顶板和帮部的稳定性可能会迅速恶化。楔形体发生冒落或滑移后，影响其他楔形体的冒落或滑移，这种破坏过程将会持续发生，直到岩体中的天然拱形矿柱能够阻止进一步解体或开挖空间被掉落的矿岩完全填满。

图 5.38　红透山矿某采场顶板楔形体冒落

5.5.1 潜在楔形体识别

在采矿开挖形成临空面，如何识别处于不稳定状态的块状或楔形岩体是支护设计的关键。"块体理论"是一种反映这种状态的拓扑学理论，通过该理论可识别"关键块体"，即表征开挖后边界稳定性的主要块体。

5.5.1.1 可移动块体

楔形体的形状和位置是复杂的三维问题，但是块体分析的基本原理可以简化为二维问题分析。图5.39所示为在开挖边界形成的不同形状的块体，可分为有界非锥体、无界体、有界锥体。在这三类块体中，可以看出仅有界非锥体能够向开挖空间滑移或冒落。

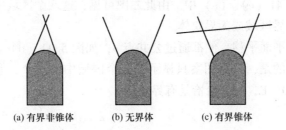

(a) 有界非锥体　　(b) 无界体　　(c) 有界锥体

图5.39　开挖边界形成的不同形状块体的二维分析[46]

5.5.1.2 楔形块体识别

图5.40表示两个二维开挖。岩体开挖面积和地质不连续面将岩体切割成一些块体，称边长均有界的为有界块体，如1、2、3、4、7；否则为无界块体，如5、6、8、9。若块体至少有一个面是临空面则称为临空块体，如1、2、3、4、5、6；否则为非临空块体，如7、8、9。如在块体中能找到至少一个方向，块体沿此方向向自由空间运动时，不受相邻块体的阻挡，则称之为不受围块体，如1、3、4；受阻挡者为受围块体，如块2。当然，不临空或无界块体是受围的。

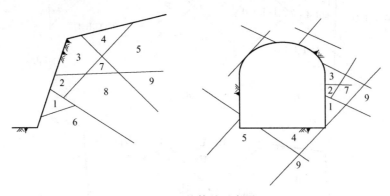

图5.40　块体的示意图

临空有界不受围块体是可脱离块体。其中，破坏面上即使摩擦力为零也不会滑落者称为稳定块体，如块4，它只能被抛出；如果不予支撑时仅重力即可使其滑塌者称为关键块，如块1；如果只是重力还不足以克服摩擦阻力使之滑塌者，可称为潜在关键块，如块3。关键块滑塌后造成新的临空面，从而相邻块体有可能成为新的关键块从而发生连锁滑塌，关键块的重要意义由此自明。下面来讨论识别关键块的方法。

仍以二维问题为例，假定整个空间是被岩石充满的，某个平面 1 将它切割为两个半空间，如图 5.41（a）所示。在面 1 中的任意点上作重力矢 W，称含此矢的那个半空间为 1 面的下盘，记为 L_1，另一半空间为上盘，记为 U_1。当空间受 1、2 两不平行平面切割时被分为锥域 A、B、C 及 D，如图 5.41（b）所示。它们都是两个半空间的公共部分，例如 A 是 1 也是 2 的上盘，即是两个上盘半空间的公共部分，记为 $A=U_1U_2$。其余的是 $B=L_1U_2$，$C=U_1L_2$，$D=U_1L_2$ 等。

三不平行平面切割空间有可能形成八个区域，记为：$U_1U_2U_3=A$，$U_1U_2L_3=B$，$U_1L_2U_3=C$，$U_1L_2L_3=D$，$L_1U_2U_3=E$，$L_1U_2L_3=F$，$L_1L_2U_3=G$，$L_1L_2L_3=H$。这些区域对应的块体表示在图 5.41（c）、（e）中。由此二图可见，这八个区域中 D 及 E 是有界区域或有界块体，余为无界区域或无界块体。

现将 1、2、3 三平面平移，使都通过公共点 o，如图 5.41（d）所示，这个图案称为共点图案。值得注意的是，共点图案只显示了八个区域中的六个，它们是 A、B、C、F、G、H。缺点是两个 D、E，它们恰恰是有界块体。

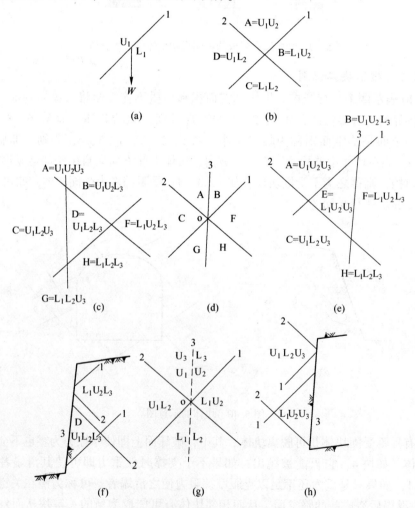

图 5.41　二维关键块识别

临空锥也常由一个以上的不平行临空面构成，由于临空面只有一侧为岩石充满。因此临空锥岩体所在一侧的锥体有所谓的凸折锥与凹折锥之分。图 5.42 中面 1 为不连续面而面 3、4 都为临空面，且规定岩体在面 3 及面 4 的下盘一侧，图 5.42（a）表示凸折锥 $L_3 \cap L_4$，图 5.42（b）表示凹折锥 $L_3 \cup L_4$（这里符号 $\cap$ 表示与，$\cup$ 表示或）。凸折锥判断区小而凹折锥判断区大，故前者构成可脱离块体的机会更多。现 1 为地质不连续面；而当 3 及 4 下盘为凸折锥时可构成可脱离块体（图 5.42（c）），当凹折锥时则不能构成可脱离块体（图 5.42（d））。

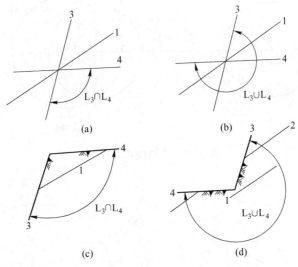

图 5.42 凸折锥及凹折锥

5.5.2 楔形体稳定性分析方法

5.5.2.1 赤平投影方法

图 5.43（a）示意性地绘出了一个参考球及一个通过球心的产状为 150/30 的平面 1 以及它与球面相交构成的大圆，此平面的赤平投影由图 5.43（b）给出，后者的作图法是严格的。赤平投影面上的点与球面点一一对应，因此与全部空间指向对应。例如，竖直向上的指向由赤平投影面上的原点 o 表示，重力方向由无穷原点表示，水平面上的各指向由赤平圆上的点表示。面 1 内的全部指向由其大圆投影圆上的点表示，仰线为面 1 中的最高指向而倾斜线为 1 面内的最低指向，它们分别由 h_1 及 g_1 表示。面 1 投影圆分（投影）平面为两部分，圆内代表 U_1，它包含了 U_1 内的全部指向；反之，圆外部分则表示了下盘 L_1。

图 5.44 表示了产状确定的三个不平行平面的投影。图上 g_{13} 表示平面 1、3 交线的俯向投影，而 h_{13} 则表示仰向投影。三个投影圆将平面划分成 A～H 八个区域，其中如 C 在圆 1 及圆 3 内而在圆 2 外，因此，C 表示锥域 $C = U_1 L_2 U_3$；而 H 在所有三圆之外，表示 $H = L_1 L_2 L_3$。与这些平面上表示的锥域对应的空间锥域的立体示意图如图 5.44（a）所示。

有了上述的图示方法，就可用前述的作图原理搜索三维可脱离块体。举例说明（表5.19），设有一长直边坡，地表面倾南，倾角 10°，开挖面也倾南，倾角 60°；坡内有两组地质不连续面、产状分别为 210/60 及 135/35 可脱离的块体。

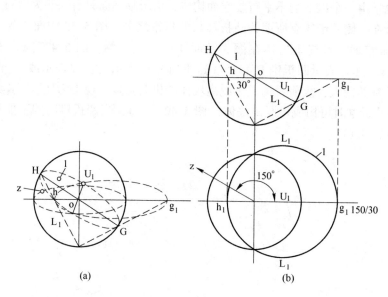

图 5.43　半空间赤平投影

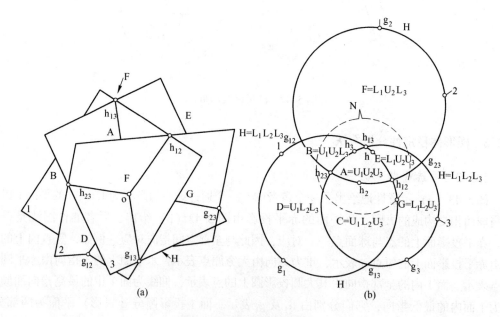

图 5.44　三平面的赤平投影

表 5.19　可脱离块体实例

标号	倾向/倾角（°）	类型
1	210/60	不连续面
2	135/35	不连续面
3	180/10	坡顶地面
4	180/60	坡面

首先作出四平面的大圆投影如图 5.45 所示。请注意，面 3、面 4 分别是地面和坡面，它们构成一凸折坡，故其岩石所在一侧 L_3L_4 为判断区，它们已被标明在图上，而切割锥有四个，分别为 $A=U_1U_2$，$B=U_1L_2$，$C=L_1U_2$，$D=L_1L_2$。在判断区外的是 A，可见，可脱离体由 $U_1U_2L_3L_4$ 构成，图 5.45（b）表示了这个潜在破坏体。

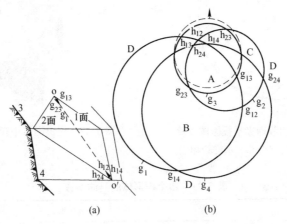

图 5.45　滑坡模式识别

5.5.2.2　楔形体识别软件

楔形体识别常用的软件为 UNWEDGE，适用于结构不连续及地下开挖所形成的三维楔体稳定性分析，该软件可计算潜在不稳定楔体的安全系数，并可对支护系统对楔体稳定性的影响进行分析。

某矿绕道在含有三个完全发育的节理组的岩体中，节理组的平均倾角和方向如表 5.20 和图 5.46 所示。

表 5.20　节理组的产状

节理组	倾角/(°)	倾向/(°)
J1	70±5	036±12
J2	85±8	144±10
J3	55±6	262±15

假设所有节理面是平面的和连续的，且节理面的剪切强度可以由内摩擦角 $\varphi=30°$ 和内聚力为 0 表示。虽然剪切强度参数估计保守，但为楔形体冒落或滑移的分析提供合理的依据。

绕道的轴线与水平面的夹角为 15°，轴线方位角为北偏东 25° 或走向为 025°。将表 5.21 中的数据连同绕道断面和绕道轴线的倾向和走向一起输入到程序 UNWEDGE 中，然后，确定出顶板、底板和两帮中形成楔形体的位置和尺寸（图 5.47）。

实际工程应用中，应注意巷道开挖表面形成的楔形体。在 UNWEDGE 中，假设岩体节理为任意分布，即可以在巷道岩体中任何位置生成楔形体；假定节理、层理和其他结构面为平面和连续的。在实际岩体中形成的楔形体的尺寸将受到结构面的连续性和间距的限制。

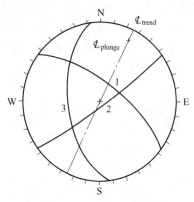

图 5.46　绕道和节理赤平投影图

（点划线表示绕道走向；十字形表示绕道倾向）

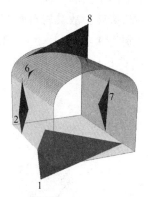

图 5.47　绕道围岩中楔形体空间分布特征

表 5.21　四个楔形体的具体参数

楔形体位置	重量/t	破坏形式	安全系数
顶板楔形体	13	冒落	0
左帮楔形体	3.7	沿 J1、J2 滑移	0.36
右帮楔形体	3.7	沿 J3 滑移	0.52
底板楔形体	43	稳定	∞

　　顶板楔形体的三个边界对其无约束，在重力或动载作用下，楔形体极易发生冒落，即一旦绕道开挖后顶板楔形体的安全系数就变为 0。在某些情况下，顶板楔形体可能会出现沿一个平面或两个平面交线滑动情况，导致其安全系数为一个有限值。两帮楔形体形状完全相同，只是空间位置不同，因此两楔形体的重量是相同的。但因为两楔形体滑动面不同，导致两者安全系数不同。底板楔形体是完全稳定的，不需要分析其稳定性。

参 考 文 献

［1］ Hudson J A. Rock Mechanics Principles in Engineering Practice ［M］. Butterworth, 1989.

［2］ Hoek E, Brown E T. Empirical strength criterion for rock masses ［J］. J. Geotechnical Engineering Division ASCE, 1980: 1013~1025.

［3］ Ortlepp W D. High ground displacement velocities associated with rockburst damage. Rockbursts and seismicity in mines, Young ed. Rotterdam: Balkema, 1993: 101~106.

［4］ Hoek E, Kaiser P K, Bawden W F. Support of Underground Excavations in HardRock ［M］. Dimensionnement, 1995.

［5］ Martini C D, Read R S, Martino J B. Observations of brittle failure around a circular test tunnel ［J］. International Journal of Rock Mechanics & Mining Sciences, 1997, 34 （7）: 1065~1073.

［6］ 王浩宇, 许金余, 刘石, 方新宇. 单裂隙岩石动态强度破坏准则的数值模拟 ［J］. 金属矿山, 2016 （2）: 7~12.

［7］ Hobbs D. A study of the behaviour of broken rock under triaxial compression and its application to mine roadways ［J］. International Journal of Rock Mechanics and Mining Sciences, 1966, 3 （1）: 11~43.

［8］ Bodonyi R J. Transonic Laminar boundary-layer flow near convex corners ［J］. Quarterly Jnl. of Mechanics &

App. maths, 1979, 32（1）：63～71.

[9] Franklin J A, Hoek E. Development in triaxial testing technique［J］. Rock Mechanics，1970, 2（4）：223～228.

[10] 邹艳琴, 刘德平, 王彩勤. 两种岩石幂函数型经验强度准则的比较［J］. 西安建筑科技大学学报（自然科学版），2008（2）：213～217.

[11] 徐干成, 乔春生, 刘保国, 李成学. 富溪双连拱隧道围岩强度及稳定性评价［J］. 岩土工程学报，2009, 31（2）：259～264.

[12] Ramamurthy T, Arora V K. Strength predictions for jointed rocks in confined and unconfined states［J］. International Journal of Rock Mechanics & Mining Sciences & Geomechanics Abstracts, 1994, 31（1）：9～22.

[13] You M. Comparison of the accuracy of some conventional triaxial strength criteria for intact rock［J］. International Journal of Rock Mechanics & Mining Sciences, 2011, 48（5）：852～863.

[14] Sheorey P R, Biswas A K, Choubey V D. An empirical failure criterion for rocks and jointed rock masses［J］. Engineering Geology, 1989, 26（2）：141～159.

[15] 昝月稳, 俞茂宏. 岩石广义非线性统一强度理论［J］. 西南交通大学学报，2013, 48（4）：616～624.

[16] Hoek E. Hoek-Brown failure criterion-2002 edition［J］. Proceedings of the Fifth North American Rock Mechanics Symposium, 2002：18～22.

[17] Yudhbir Y, Lemanza W, Prinzl F. An Empirical Failure Criterion For Rock Masses［M］. 1983.

[18] 肖维民, 邓荣贵, 邹祖银. 柱状节理岩体各向异性强度准则研究［J］. 岩石力学与工程学报，2015, 34（11）：2205～2214.

[19] Stacey T R. A simple extension strain criterion for fracture of brittlerock［J］. International Journal of Rock Mechanics & Mining Sciences & Geomechanics Abstracts, 1981, 18（6）：469～474.

[20] Yang C Y, Xu M X, Chen W F. Reliability Analysis of Shotcrete Lining during Tunnel Construction［J］. Journal of Construction Engineering and Management, 2007, 133（12）：975～981.

[21] 徐远杰, 王观琪, 李健, 唐碧华. 在 ABAQUS 中开发实现 Duncan-Chang 本构模型［J］. 岩土力学，2004（7）：1032～1036.

[22] 吴文平, 冯夏庭, 张传庆, 等. 深埋硬岩隧洞围岩的破坏模式分类与调控策略［J］. 岩石力学与工程学报，2011, 30（9）：1782～1802.

[23] Charlie. Principles of rockbolting design［J］. Journal of Rock Mechanics and Geotechnical Engineering, 2017, 9（3）：14～32.

[24] Lee M, Haimson B. Laboratory study of borehole breakouts in Lac du Bonnet granite：a case of extensile failure mechanism［J］. International Journal of Rock Mechanics & Mining Science & Geomechanics Abstracts, 1993, 30（7）：1039～1045.

[25] 刘宁, 朱维申, 于广明, 李晓静. 高地应力条件下围岩劈裂破坏的判据及薄板力学模型研究［J］. 岩石力学与工程学报，2008（S1）：3173～3179.

[26] Dyskin A V, Germanovich L N. Model of rockburst caused by cracks growing near free surface［C］// Rockbursts and Seismicity in Mines. Rotterdam：A. A. Balkema, 1993：169～174.

[27] 杨建辉, 蔡美峰, 郭延华. 下分层回采巷道微量内错布置技术研究［J］. 岩石力学与工程学报，2002（8）：1253～1256.

[28] 侯公羽. 岩石力学基础教程［M］. 北京：机械工业出版社，2011.

[29] Stacey T R, Jongh C L D. Stress fracturing around a deep-level bored tunnel［J］. Journal of the South African Institute of Mining & Metallurgy, 1977.

［30］ Stacey T R , Harte N D . Deep Level Raise Boring - Prediction of Rock Problems ［J］. 1989.

［31］ Dowding CH , Andersson C A . Potential for rock bursting and slabbing in deep caverns ［J］. Engineering Geology, 1986, 22 （3）: 265~279.

［32］ Diederichs M S, Kaiser P K, Eberhardt E. Damage initiation and propagation in hard rock during tunnelling and the influence of near-face stressrotation ［J］. International Journal of Rock Mechanics & Mining Sciences, 2004, 41 （5）: 785~812.

［33］ Zhang C , Zhou H , Feng X , et al. Layered fractures induced by principal stress axes rotation in hard rock during tunnelling ［J］. Materials Research Innovations, 2011, 15 （sup1）: 527~530.

［34］ Carter J P, Booker J R. Sudden excavation of a long circular tunnel in elastic ground ［J］. International Journal of Rock Mechanics & Mining Sciences & Geomechanics Abstracts, 1990, 27 （2）: 129~132.

［35］ 严鹏, 卢文波, 陈明, 等. 隧洞开挖过程初始地应力动态卸载效应研究 ［J］. 岩土工程学报, 2009, 31 （12）: 1888~1894.

［36］ 肖建清, 冯夏庭, 邱士利, 等. 圆形隧道开挖卸荷效应的动静态解析方法及结果分析 ［J］. 岩石力学与工程学报, 2013, 32 （12）: 2471~2480.

［37］ 张文举, 卢文波, 杨建华, 等. 深埋隧洞开挖卸荷引起的围岩开裂特征及影响因素 ［J］. 岩土力学, 2013 （9）: 2690~2698.

［38］ 左宇军, 马春德, 朱万成, 等. 动力扰动下深部开挖洞室围岩分层断裂破坏机制模型试验研究 ［J］. 岩土力学, 2011, 32 （10）: 2929~2936.

［39］ Ortlepp W D. High ground displacement velocities associated with rockburst damage. Rockbursts and seismicity in mines ［C］. Young ed. Rotterdam: Balkema, 1993: 101~106.

［40］ 郑永学. 矿山岩体力学 ［M］. 北京: 冶金工业出版社, 1988.

［41］ Kaiser P K, McCreat D R, Tannnant D D. Canadian Rockburst Support Handbook ［M］. Geomechanics Research Centre, 1996.

［42］ 郭志. 实用岩体力学 ［M］. 北京: 地震出版社, 1996: 102~106.

［43］ 汪泽斌. 岩爆实例、岩爆术语及分类的建议 ［J］. 工程地质, 1988 （3）: 32~38.

［44］ 谷明成, 何发亮, 陈成宗. 秦岭隧道岩爆的研究 ［J］. 岩石力学与工程学报, 2002, 21 （9）: 1324~1329.

［45］ Cai Ming, Peter K Kaiser. Rockburst Support Reference Book Volume 1: Rockburst Phenomenon and Support Characteristics ［M］. Laurentian University, 2018.

［46］ 布雷迪 B H G, 布朗 E T, et al. 地下采矿岩石力学 ［M］. 北京: 煤炭工业出版社, 1990.

［47］ Cook N G W. The failure of rock ［J］. Int. J. Rock Mech. Min. Sci. , 1965.

［48］ Brady B H G, Brown E T. Energy changes and stability in underground mining: design applications of boundary element methods ［J］. Transactions of the Institution of Mining & Metallurgy, 1981, 90: 61~68.

［49］ 郭雷, 李夕兵, 岩小明. 岩爆研究进展及发展趋势 ［J］. 采矿技术, 2006, 6 （1）: 16~20.

［50］ 冯涛, 谢学斌, 王文星, 等. 岩石脆性及描述岩爆倾向的脆性系数 ［J］. 矿冶工程, 2000, 20 （4）: 18~19.

［51］ 邓林, 武君, 吕燕. 基于岩石应力应变过程曲线的岩爆能量指数法 ［J］. 铁道标准设计, 2012 （7）: 108~111.

［52］ 张镜剑, 傅冰骏. 岩爆及其判据和防治 ［J］. 岩石力学与工程学报, 2008, 27 （10）: 2034~2042.

［53］ ISRM. Commission on squeezing rocks in tunnels tunneling in difficult ground ［C］. Barla G ed. Proceedings of Workshop the 8th ISRM, Tokyo, 1995.

［54］ Barla, G. Squeezing Rocks in tunnels ［J］. Int. Soc. Rock Mech. News J. , 1995, 2 （3/4）: 44~49.

［55］ Evert Hoek, Paul Marinos. Predicting tunnel squeezing problems in weak heterogeneous rock masses ［J］. Tunnels and Tunnelling International Part1-November 2000, Part2 - December 2000.

［56］ Aydan Ö, Akagi T , Kawamoto T . The squeezing potential of rocks around tunnels; Theory and prediction ［J］. Rock Mechanics & Rock Engineering, 1993, 26 (2): 137~163.

［57］ Reismann W, Hagenhofer F. Salzburg's museum inside a mountain ［J］. Tunnels & Tunnelling International, 1991: 23.

［58］ Bieniawski Z T, Celada B, Galera J M. Predicting TBM excavability - Part 1 ［J］. Tunnels & Tunnelling International, 2007.

［59］ Singh B. Geotechnical Application in Civil Engineering ［J］. 1992.

［60］ Singh B , Goel R K , Jethwa J L , et al. Support pressure assessment in arched underground openings through poor rock masses ［J］. Engineering Geology, 1997, 48 (1-2): 59~81.

［61］ 徐林生, 李永林, 程崇国. 公路隧道围岩变形破裂类型与等级的判定 ［J］. 重庆交通学院学报, 2002 (2): 16~20.

［62］ 张祉道. 关于挤压性围岩隧道大变形的探讨和研究 ［J］. 现代隧道技术, 2003 (2): 5~12.

［63］ 孙元春, 张巍. 挤压性隧道围岩变形分级研究综述 ［J］. 现代隧道技术, 2011.

［64］ 刘志春, 朱永全, 李文江, 等. 挤压性围岩隧道大变形机理及分级标准研究 ［J］. 岩土工程学报, 2008, 30 (5): 690~697.

［65］ 孙长寿, 方祖烈. 岩体工程中关键块体的稳定性分析及应用 ［C］. 中国岩石力学与工程学会大会, 1994.

6 深部井巷围岩稳定性分析

竖井与平巷是矿山开拓、通风与运输的主要通道，其围岩稳定性直接制约着矿山生产，特别是在矿山进入深部开采后，高井深、高原岩应力、高地温、高渗水压力以及开采扰动等条件使得深部井巷的工程响应特征较浅部发生了根本性变化：高围岩压力使得传统浅部"开挖即支护"的井筒设计与施工工艺不再适用；深部井筒围岩的失稳破坏（层裂、岩爆以及挤压大变形等）机理、特征及其判定方法尚不完全明晰；不同失稳破坏类型围岩与井筒的相互作用关系仍未完全掌握，深竖井建设中井筒设计、施工及其稳定性维护仍需开展大量研究工作。由此，准确掌握井巷开挖围岩应力、变形、破坏与失稳特征，揭示井巷围岩与支护共同作用机理，对矿山井巷围岩稳定性维护乃至保障矿山安全高效生产至关重要。

6.1 深竖井围岩应力弹塑性分析

通过深部竖井围岩应力分析可掌握井巷开挖围岩应力重分布情况，解释有关应力集中以及变形在内的井巷围岩多种力学表现，同时为工程设计提供基础。深部竖井工程岩体及其受力较为复杂，无任何单一理论可对其力学行为进行有效阐述。然而，弹塑性理论提供了不同形状开挖孔、洞周围应力与变形分布的解析解，为估算井巷围岩应力与变形分布提供基础。下面以圆形断面竖井为例进行深部竖井围岩应力弹塑性分析。

6.1.1 深竖井围岩应力弹性分析

对于深部竖井而言，地表自由面对井筒围岩应力与变形影响很小，此时竖井围岩应力与变形弹性分析可简化为弹塑性力学中圆形开挖孔洞的平面应变弹性分析。假设井筒围岩为连续、均匀与各向同性岩体，远场应力为均布应力，分析平面垂直井巷轴向，且井巷围岩轴向应力为中间主应力。其中，Kirsch 解析解[1]忽略了体力和地表边界的影响，而 Mindlin 解析解[2]考虑了上边界和围岩自重的影响，并指出对于巷道所在深度大于 4 倍巷道直径时，其所得解析解与实际情况较为相符。Pender 给出了线性弹性平面应变问题的综合解[3]，其中圆孔应力和位移的弹性解可用来计算井巷开挖诱发应力与变形。

竖井围岩应力与变形弹性解析过程采用的符号及其含义（图 6.1）：a 为井筒半径；r 为井筒中心至围岩任意一点距离；θ 为水平轴向夹角；σ_h、σ_v 为初始应力条件；σ_θ、σ_r 为围岩切向应力与径向应力；E 为岩石弹性模量；ν 为岩石泊松比；u_a、v_a 为竖井开挖边界径向位移与切向位移。非对称应力作用下圆断面竖井开挖围岩应力与变形弹性解析如下：

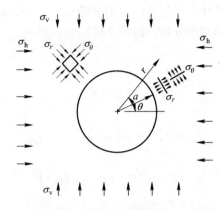

图 6.1 非对称应力条件井巷围岩应力与变形解析

弹性应力分析：

$$
\left.
\begin{aligned}
\sigma_r &= 0.5(\sigma_v + \sigma_h)(1 - a^2/r^2) + 0.5(\sigma_v - \sigma_h)(1 + 3a^4/r^4 - 4a^2/r^2)\cos2\theta \\
\sigma_\theta &= 0.5(\sigma_v + \sigma_h)(1 + a^2/r^2) - 0.5(\sigma_v - \sigma_h)(1 + 3a^4/r^4)\cos2\theta \\
\tau_{r\theta} &= 0.5(\sigma_v - \sigma_h)(1 - 3a^4/r^4 + 2a^2/r^2)\sin2\theta
\end{aligned}
\right\}
\tag{6.1}
$$

情况 1：应力边界位于竖井一定距离处—适用于竖井开挖后存在较大面力边界的情况

（1）位移分析

$$
\left.
\begin{aligned}
E_u &= (1 - \nu^2)\left[0.5(\sigma_v + \sigma_h)(1 + a^2/r) - 0.5(\sigma_v - \sigma_h)(r - a^4/r^3 + 4a^2/r)\cos2\theta\right] - \\
&\quad \nu(1 + \nu)\left[0.5(\sigma_v + \sigma_h)(r - a^2/r) - 0.5(\sigma_v - \sigma_h)(r - a^4/r^3)\cos2\theta\right] \\
E_v &= 0.5(\sigma_v - \sigma_h)\left[(1 - \nu^2)(r + 2a^2/r + a^4/r^3) + \nu(1 + \nu)(r - 2a^2/r + a^4/r^3)\right]\sin2\theta
\end{aligned}
\right\}
\tag{6.2}
$$

（2）井筒边界位移分析

$$
\left.
\begin{aligned}
E_{u_a} &= (1 - \nu^2)a\left[(\sigma_v + \sigma_h) - 2(\sigma_v - \sigma_h)\cos2\theta\right] \\
E_{v_a} &= 2(1 - \nu^2)a(\sigma_v - \sigma_h)\sin2\theta
\end{aligned}
\right\}
\tag{6.3}
$$

情况 2：预应力岩体中井筒开挖—适用于井筒开挖分析

（1）位移分析

$$
\left.
\begin{aligned}
E_u &= 0.5(1 + \nu)\left\{(\sigma_v + \sigma_h)(a^2/r) - (\sigma_v - \sigma_h)\left[(1 - \nu)4a^2/r - a^4/r^3\right]\cos2\theta\right\} \\
E_v &= \left[2(1 + \nu)(\sigma_v - \sigma_h)2a^2/r + (a^4/r^3)\right]\sin2\theta
\end{aligned}
\right\}
\tag{6.4}
$$

（2）井筒边界位移分析

$$
\left.
\begin{aligned}
E_{u_a} &= 0.5(1 + \nu)a\left[(\sigma_v + \sigma_h) - (3 - 4\nu)(\sigma_v - \sigma_h)\cos2\theta\right] \\
E_{v_a} &= 6(1 + \nu)(\sigma_v - \sigma_h)\sin2\theta
\end{aligned}
\right\}
\tag{6.5}
$$

6.1.2 深部竖井围岩应力弹塑性分析

竖井开挖致使岩体应力场重新分布，对于软弱甚至较高强度的竖井围岩，扰动应力超过岩体强度,致使其发生破坏,于竖井围岩形成塑性区,塑性区外竖井围岩仍保持弹性。进行竖井围岩应力与变形弹塑性分析,假设条件同弹性分析。

Salencon(1969)[4]

$$P_z = \sigma_v = \sigma_h$$
$$P_i = 内部支护压力$$

屈服条件:

$$P_z \geqslant (P_i + c\cos\varphi)/(1 - \sin\varphi)$$

(1)弹性区应力

$$\left.\begin{array}{l} \sigma_r = P_z - (P_z - \sigma_{cp})(R_0/r)^2 \\ \sigma_\theta = P_z + (p_z - \sigma_{cp})(R_0/r)^2 \end{array}\right\} \tag{6.6}$$

$\sigma_{cp} = P_z(1 - \sin\varphi)c\cos\varphi$ 为弹塑性区交界面径向应力。

(2)弹性区变形:

$$u_r = (P_z\sin\varphi + c\cos\varphi)(R^2/r)/(2G) \tag{6.7}$$

(3)塑性区应力

$$\left.\begin{array}{l} \sigma_r = -c\cot\varphi + (P_i + c\cot\varphi)(r/a)^{K_p-1} \\ \sigma_\theta = -c\cot\varphi + (P_i + c\cot\varphi)K_p(r/a)^{K_p-1} \\ \sigma_{r\theta} = (\sigma_r + \sigma_\theta)/2 = c\cot\varphi + (P_i + c\cot\varphi)(1 - \sin\varphi)^{-1}(r/a)^{K_p-1} \end{array}\right\} \tag{6.8}$$

(4)塑性区变形

$$u_r = r/(2G)\chi \tag{6.9}$$

其中:

$$\chi = (2\nu - 1)(P_z + c\cot\varphi) + (1 - \nu)[(K_p^2 - 1)(K_p + K_{ps})](P_i + c\cot\varphi)(R/a)^{K_p-1} \cdot$$

$$(R/r)^{(K_{ps}+1)} + [(1 - \nu)(K_pK_{ps} + 1)/(K_p + K_{ps}) - \nu](P_i + c\cot\varphi)(r/a)^{(K_p-1)} \tag{6.10}$$

$$K_{ps} = (1 + \sin\psi_s)/(1 - \sin\psi_s) \text{ 以及 } G = E/2(1 + \nu) \tag{6.11}$$

(5)塑性区半径

$$R = a[(1 - \sin\varphi)(P_z + c\cot\varphi)/(P_i + c\cot\varphi)]^{1/(K_p-1)} \tag{6.12}$$

其中,$K_p = (1 + \sin\varphi)/(1 - \sin\varphi)$。

6.1.3　深部竖井开挖扰动应力演化机制

竖井开挖围岩扰动应力响应机制主要指开挖过程中竖井围岩的应力重分布过程、变形以及破坏过程等,可分为竖井横剖面围岩扰动应力响应机制与纵剖面围岩扰动应力响应机制两大类。了解开挖过程竖井围岩扰动应力响应机制,可为开挖竖井围岩的稳定性分析提供重要理论基础。

6.1.3.1　竖井开挖横剖面扰动应力响应机制

A　模型与基本假设

弹塑性力学理论为分析竖井井筒开挖围岩扰动应力响应的基本理论,假设井筒围岩为理想弹塑性体,分析模型满足弹塑性力学理论的基本假设。考虑圆断面竖井,如图6.2所示，井筒开挖半径为 R_0，水平原岩应力各向等压。选择弹性或弹塑性本构模型，同时以 Mohr-Column 屈服准则为例进行分析。由于竖井井筒深度远大于其半径，且深度方向平行于竖直主应力，当井筒横剖面远离其掘进工作面时，该剖面井筒开挖围岩扰动应力响应可运用弹塑性力学中的平面应变理论进行分析，分析过程不考虑井筒围岩应力响应的时间效应。

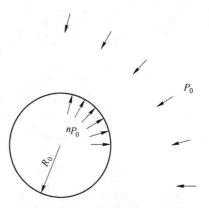

图 6.2　井筒横剖面模型示意

在井筒围岩开挖边界施加径向应力 nP_0($n \in [0, 1]$)，如图 6.2 所示。通过改变径向应力系数 n 的大小模拟竖井井筒开挖过程，即当径向应力系数 $n = 1$ 时，表示竖井井筒处于未开挖的初始阶段；当径向应力系数 $n \in (0, 1)$ 时，竖井井筒处于开挖过程中的某一阶段；当径向应力系数 $n = 0$ 时，竖井井筒开挖结束。取不同的 n 值，确定井筒开挖围岩扰动应力响应的不同阶段，以不同阶段井筒围岩扰动应力分布及其破坏演化过程为媒介对井筒开挖围岩扰动应力响应机制进行阐述，并直接给出一般条件下井筒开挖结束后围岩应力、变形以及破坏的分布情况。

B　井筒横剖面围岩扰动应力响应机制分析

取应力系数 $0 = n_3 < n_2 < n_1 < n_0 < 1$，将竖井井筒开挖划分为 4 个阶段（见图 6.3），分析如下。当 $n = n_0$ 时（见图 6.3（a）），竖井井筒由未开挖的初始阶段进入开挖阶段，此时大小为 $(1 - n_0)P_0$ 的径向应力进行了应力重分布，在井筒围岩形成了以切向应力 $\sigma_{\theta0}$ 与径向应力 σ_{r0}($\sigma_{\theta0} > \sigma_{r0}$) 为主应力的水平重分布应力场，且在井筒围岩开挖边界处 $\sigma_{\theta0}$ 为最大，σ_{r0} 为最小。按照 Mohr-Column 屈服准则计算岩体强度，由于此时井筒围岩中的最大剪应力 $(\sigma_{\theta0} - \sigma_{r0})/2$ 较小，无法致使围岩破坏，此时井筒围岩处于弹性状态，其应力响应过程解析如下：

$$\left.\begin{array}{l} \sigma_\theta^e = P_0\left(1 + \dfrac{R^2}{r^2}\right) - n_0 P_0\left(\dfrac{R_0^2}{r^2}\right) \\[3mm] \sigma_r^e = P_0\left(1 - \dfrac{R^2}{r^2}\right) + n_0 P_0\left(\dfrac{R_0^2}{r^2}\right) \end{array}\right\} \tag{6.13}$$

式中，σ_θ^e 为弹性区切向应力；σ_r^e 为弹性区径向应力。

随着井筒开挖围岩径向应力系数减小至 n_1（见图 6.3（b）），在井筒开挖边界围岩切向应力不断增加至 $\sigma_{\theta1}$，径向应力减小至 σ_{r1}，主应力差值增加至 $\sigma_{\theta1} - \sigma_{r1}$，剪应力变大，井筒围岩于开挖边界处首先发生破坏，将其划分为塑性区与弹性区。塑性区的形成相对减小了区域内切向应力 σ_θ 与径向应力 σ_r，同时于塑性区内，随着距井筒中心的距离不断增加，切向应力 σ_θ 与径向应力 σ_r 不断增加，并于弹塑性交界处达到断面内应力的最大值。当井筒开挖围岩径向应力系数减小至 n_2 时（见图 6.3（c）），图 6.3（b）中弹塑性区交界处的切向应力 $\sigma_{\theta1}$ 将进一步增加，径向应力 σ_{r1} 将进一步减小，该处剪应力增加，围岩出现破坏并向深部延伸，塑性区增加。由井筒开挖围岩径向应力系数 n_1 减小至 n_2 的过程，实为井筒开挖围岩

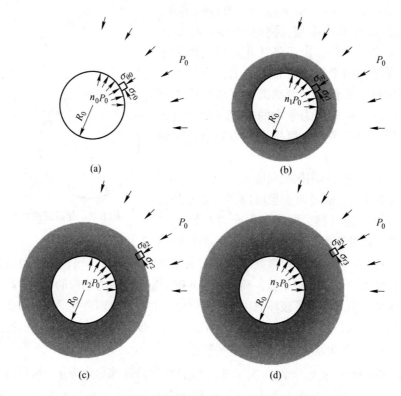

图 6.3　竖井开挖围岩扰动应力响应过程示意

支护力不断减小的过程，该过程竖井开挖围岩扰动应力响应解析如下：

（1）弹性区应力分布

$$
\left.
\begin{aligned}
\sigma_\theta^e &= P_0 + (c\cos\varphi + P_0\sin\varphi)\left[\frac{(P_0 + c\cot\varphi)(1 - \sin\varphi)}{n\,P_0 + c\cot\varphi}\right]^{\frac{1-\sin\varphi}{\sin\varphi}}\left(\frac{R_0}{r}\right)^2 \\
\sigma_r^e &= P_0 - (c\cos\varphi + P_0\sin\varphi)\left[\frac{(P_0 + c\cot\varphi)(1 - \sin\varphi)}{n\,P_0 + c\cot\varphi}\right]^{\frac{1-\sin\varphi}{\sin\varphi}}\left(\frac{R_0}{r}\right)^2
\end{aligned}
\right\}
\tag{6.14}
$$

式中，c 为岩体内聚力；φ 为岩体内摩擦角。

（2）塑性区应力分布

$$
\left.
\begin{aligned}
\sigma_r^p &= (nP_0 + c\cot\varphi)\left(\frac{r}{R_0}\right)^{\frac{2\sin\varphi}{1-\sin\varphi}} - c\cot\varphi \\
\sigma_\theta^p &= (nP_0 + c\cot\varphi)\left(\frac{1+\sin\varphi}{1-\sin\varphi}\right)\left(\frac{r}{R_0}\right)^{\frac{2\sin\varphi}{1-\sin\varphi}} - c\cot\varphi
\end{aligned}
\right\}
\tag{6.15}
$$

式中，σ_θ^p 为塑性区切向应力；σ_r^p 为塑性区径向应力。

（3）塑性区半径

$$
R_P = R_0\left[\frac{(P_0 + c\cot\varphi)(1 - \sin\varphi)}{nP_0 + c\cot\varphi}\right]
\tag{6.16}
$$

式中，R_p 为塑性区半径。

上式变形为：

$$nP_0 = (P_0 + c\cot\varphi)(1 - \sin\varphi)\left(\frac{R_0}{R_p}\right)^{\frac{2\sin\varphi}{1-\sin\varphi}} - c\cot\varphi \tag{6.17}$$

式（6.17）称为卡斯特纳方程，或修正芬纳方程。

井筒开挖围岩径向应力系数继续减小至 n_3（见图 6.3（d）），井筒围岩开挖边界径向应力为 0，井筒开挖结束，此时井筒围岩塑性区达到最大，其井筒围岩扰动应力响应解析如下：

（1）弹性区重分布应力解析：

$$\left.\begin{array}{l}
\sigma_\theta^e = P_0 + (c\cos\varphi + P_0\sin\varphi)\left[\dfrac{(P_0 + c\cot\varphi)(1 - \sin\varphi)}{c\cot\varphi}\right]^{\frac{1-\sin\varphi}{\sin\varphi}}\left(\dfrac{R_0}{r}\right)^2 \\[4mm]
\sigma_r^e = P_0 - (c\cos\varphi + P_0\sin\varphi)\left[\dfrac{(P_0 + c\cot\varphi)(1 - \sin\varphi)}{c\cot\varphi}\right]^{\frac{1-\sin\varphi}{\sin\varphi}}\left(\dfrac{R_0}{r}\right)^2
\end{array}\right\} \tag{6.18}$$

（2）塑性区重分布应力解析：

$$\left.\begin{array}{l}
\sigma_r^p = c\cot\varphi\left(\dfrac{r}{R_0}\right)^{\frac{2\sin\varphi}{1-\sin\varphi}} - c\cot\varphi \\[4mm]
\sigma_\theta^p = c\cot\varphi\left(\dfrac{1 + \sin\varphi}{1 - \sin\varphi}\right)\left(\dfrac{r}{R_0}\right)^{\frac{2\sin\varphi}{1-\sin\varphi}} - c\cot\varphi
\end{array}\right\} \tag{6.19}$$

（3）塑性区半径：

$$R_p = R_0\left[\frac{(P_0 + c\cot\varphi)(1 - \sin\varphi)}{c\cot\varphi}\right] \tag{6.20}$$

由于井筒开挖围岩变形弹塑性理论解十分复杂，于是只考虑水平静水压力条件下的平面应变状态，井筒开挖边界围岩径向位移解析如下：

$$u_r = \frac{R_p^2\sin\varphi(P_0 + c\cot\varphi)}{2GR_0} \tag{6.21}$$

式中，G 为剪切模量。

而对于竖井开挖后始终处于弹性状态的井筒围岩，井筒开挖结束后的围岩重分布应力解析如下：

$$\left.\begin{array}{l}
\sigma_\theta^e = P_0\left(1 + \dfrac{R^2}{r^2}\right) \\[4mm]
\sigma_r^e = P_0\left(1 - \dfrac{R^2}{r^2}\right)
\end{array}\right\} \tag{6.22}$$

实际上，上述井巷开挖不是逐渐展开的过程，而是由于井筒开挖，内部岩体移除导致的井巷围岩开挖边界支护力瞬时下降的过程。此处只为分析井巷开挖围岩扰动应力响应过程，故而通过内部支护压力的逐渐减小将井筒开挖划分为几个阶段。同时，上述井巷开挖横剖面围岩扰动应力响应均采用弹性或弹塑性本构模型，以 Mohr-Column 屈服准则为例展开分析，而对于采用其他岩体工程中常用的本构模型以及屈服准则，同样可以得出相应条件下井筒开挖横剖面围岩扰动应力响应机制，在此不做赘述。

6.1.3.2　竖井开挖纵剖面扰动应力响应机制

井巷开挖纵剖面围岩扰动应力响应机制主要指井巷掘进工作面约束（或限制、支护）作用下的井巷围岩应力、变形的分布情况。由于井巷纵剖面几何形状不规则，应力状态较复杂，当前井筒纵剖面的围岩扰动应力响应机制研究多通过数值模拟与工程类比等手段展开，获得一定成果。

文献［5］指出，对于竖井开挖后始终处于弹性状态的井筒围岩，井筒开挖瞬间围岩的径向收敛为无掘进工作面约束作用下井筒径向收敛最大值的 0.3~0.4 倍，同时指出，对于井筒掘进工作面后方与井筒掘进工作面距离大于 4 倍半径的井筒围岩，井筒掘进工作面的限制作用消失；

文献［6］指出，对于巷道开挖后始终处于弹性状态的巷道围岩，巷道掘进工作面后方巷道围岩径向收敛大小与其与巷道掘进工作面的距离关系如下：

$$\frac{u_r}{u_r^m} = 0.25 + 0.75 \left[1 - \left(\frac{0.75}{0.75 + x/R_0} \right)^2 \right] \tag{6.23}$$

式中，u_r 为巷道围岩径向位移；u_r^m 为巷道围岩最大径向位移；x 为距掘进工作面距离。

文献［7］通过现场相关监测数据拟合，提出如下巷道掘进工作面后方巷道围岩径向收敛大小与其与巷道掘进工作面的距离关系：

$$\frac{u_r}{u_r^m} = \left[1 + \exp \left(\frac{-x/R_0}{1.10} \right) \right]^{-1.7} \tag{6.24}$$

文献［8］指出，竖井井筒掘进工作面周围的重分布应力是三维应力分布，掘进工作面前方 2.5 倍以上井筒直径处为原岩应力区，且在掘进工作面前方距其 2.5 倍井筒直径范围内存在高应力集中区；在井筒掘进工作面处，掘进工作面岩体为井筒围岩提供一定支护力，大小为原岩应力的 25%，这使得井筒围岩有充足的自稳时间进行井筒支护，井筒掘进工作面后方距其约 4.5 倍的井筒直径处，掘进工作面的支护力逐渐消失。

6.2　超深井筒受力状态与作用特征

动、静态结合与多频次的加载方式，以及大小与方向不断变化的加载路径，水、温度等诱发的多种载荷类型，致使掘进至役期井筒所在力学环境异常复杂。复杂多变的力学环境导致井筒力学响应不规则与不可预测性增加，深部井筒的稳定性受到严重威胁。原岩应力条件是复杂力场条件下的主要条件，清晰掌握该条件下井筒的受力状态与作用特征，是维持井筒功能并保障其稳定的重要前提。

6.2.1　超深井筒受力状态

竖井开挖前，围岩处于自然应力的平衡状态；竖井开挖后，处于平衡状态的应力被扰动，出现应力重分布（见图6.4），围岩中出现应力变化区，并于该区域产生应力集中现象，同时，竖井开挖边界出现最大程度应力集中。

若竖井开挖边界重分布应力小于岩体的屈服强度，则该处围岩稳定，并处于新的弹性平衡状态；若竖井开挖边界重分布应力大于岩体的屈服强度，则于该处首先发生破坏，或

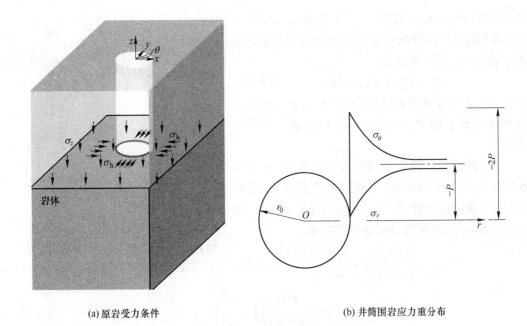

(a) 原岩受力条件

(b) 井筒围岩应力重分布

图 6.4　原岩应力条件与井筒围岩应力重分布

出现裂缝（脆性破坏），或出现大的弹性变形，造成硐室周边产生非弹性位移；围岩破坏由竖井开挖边界向围岩深部延伸，此范围内的岩体为非弹性变形区，围岩高应力由竖井开挖边界转移至深部弹性区；两区域合称为竖井开挖所致的应力变化区，即所述"围岩"范围，非弹性变形区也称塑性区。井筒围岩非弹性变形区内的岩石向井筒移动或脱落，形成围岩作用于井筒的压力，对于水平双向等压与双向不等压两种原岩应力条件，与其对应的井筒外边界受力状态如图 6.5 所示。

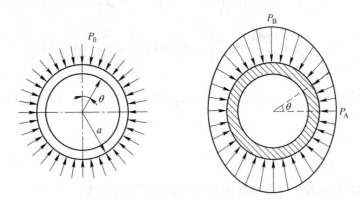

(a) 双向等压条件井筒外边界受力情况

(b) 双向不等压条件井筒外边界受力情况

图 6.5　井筒外边界应力条件

　　在实际工程中，由于井筒外部岩层的各向异性，地质构造的不同，壁后充填物的不均匀以及因井筒附近开采引起的岩层移动，再加上原始地应力场的原因，致使立井井壁受到的荷载实际上是非轴对称的。现场监测数据也显示这种不均匀性是复杂的，没有明显的规律（见图 6.6），设计时可选用一定的不均匀侧压力模型进行计算分析，采用非均匀侧向地层压力的倍角模型计算[9]，不论地层为弹性体还是弹塑性体，井壁所受水平侧压力的分布形式都可使用式（6.25）来表示：

$$P_i = P_w(1 + \beta\cos2\theta) \tag{6.25}$$

式中，P_w 为井壁外缘最大侧压力 P_B 与最小侧压力 P_A 的平均值，即 $P_w = (P_A + P_B)/2$；β 为不均匀系数。

为方便研究，将其分解为均布荷载 P_w 和非均布荷载 $P_w\beta\cos2\theta$ 两部分，井壁在均布荷载 P_w 下的应力按厚壁圆筒计算[10,11]，井壁内径向应力 σ_r 和环向应力 σ_θ 由弹性力学拉麦公式得到：

$$\sigma_\theta = \frac{\lambda^2 P_w}{\lambda^2 - 1}\left(1 + \frac{r_i^2}{r^2}\right) \tag{6.26}$$

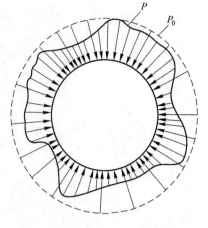

图 6.6　现场实测井筒外边界应力分布
P—实测压力；P_0—理论压力

$$\sigma_r = \frac{\lambda^2 P_w}{\lambda^2 - 1}\left(1 - \frac{r_i^2}{r^2}\right) \tag{6.27}$$

式中，$\lambda = a/r_i$；a 为井筒外半径；r_i 为井筒内半径；r 为半径，以压应力为正，拉应力为负。当井壁边界所受外荷载比较复杂时，其面力可用傅里叶级数表示，进行应力分解，可以得到井壁在非均匀荷载 $P_w\beta\cos2\theta$ 作用下的应力为：

$$\sigma_\theta = \frac{P_0\beta\lambda^4}{\lambda_1}\left(2\lambda_5\frac{r^2}{r_i^2} - \lambda_2 - \lambda_4\frac{r^2}{r_i^2}\right)\cos2\theta \tag{6.28}$$

$$\sigma_r = \frac{P_0\beta\lambda^4}{\lambda_1}\left(\lambda_2 - 2\lambda_3\frac{r_i^2}{r^2} + \lambda_4\frac{r_i^2}{r^2}\right)\cos2\theta \tag{6.29}$$

$$\tau_{r\theta} = \frac{P_0\beta\lambda^4}{\lambda_1}\left(\lambda_5\frac{r^2}{r_i^2} - \lambda_2 - \lambda_3\frac{r_i^2}{r^2} + \lambda_4\frac{r_i^2}{r^2}\right)\sin2\theta \tag{6.30}$$

式中，$\lambda_1 = (\lambda^2 - 1)^4$，$\lambda_2 = \lambda^2 + 1 - \dfrac{2}{\lambda^2}$，$\lambda_3 = 2\lambda^4 - \lambda^2 - \dfrac{1}{\lambda^2}$，$\lambda_4 = 3\lambda^4 - 2\lambda^2 - 1$，$\lambda_5 = \lambda^2 - \dfrac{3}{\lambda^2} + 2$。

根据应力叠加原理，到非均布压力载荷 p_i 下井壁受力为：

$$\sigma_r = \frac{P_0\beta\lambda^4}{\lambda_1}\left(\lambda_2 - 2\lambda_3\frac{r_i^2}{r^2} + \lambda_4\frac{r_i^2}{r^2}\right)\cos2\theta + \frac{\lambda^2 P_0}{\lambda^2 - 1}\left(1 - \frac{r_i^2}{r^2}\right) \tag{6.31}$$

$$\sigma_\theta = \frac{P_0\beta\lambda^4}{\lambda_1}\left(2\lambda_5\frac{r^2}{r_i^2} - \lambda_2 - \lambda_4\frac{r^2}{r_i^2}\right)\cos2\theta + \frac{\lambda^2 P_0}{\lambda^2 - 1}\left(1 + \frac{r_i^2}{r^2}\right) \tag{6.32}$$

$$\tau_{r\theta} = \frac{P_0\beta\lambda^4}{\lambda_1}\left(\lambda_5\frac{r^2}{r_i^2} - \lambda_2 - \lambda_3\frac{r_i^2}{r^2} + \lambda_4\frac{r_i^2}{r^2}\right)\sin2\theta \tag{6.33}$$

6.2.2 超深井筒及其围岩相互作用特征

井壁所受压力与变形，源于井筒围岩在应力平衡过程中的变形或破裂对井壁的作用，因此围岩性质及其形变过程对井壁的作用有重要影响。井壁以其刚度和强度抑制围岩变形和破裂的进一步发展，这一过程同样也影响井壁自身的受力，即围岩和井壁形成一种共同体，它们之间的相互作用是接触面位移应力相协调的过程。

竖井开挖后围岩支护阻力 P_i 与井筒开挖边界围岩位移 u_a 的关系为：

$$u_a = \frac{\sin\varphi_t}{2G} a (P_0 + c_t \cot\varphi_t) \left[\frac{(P_0 + c_t \cot\varphi_t)(1 - \sin\varphi_t)}{(P_i + c_t \cot\varphi_t)} \right]^{\frac{1-\sin\varphi_t}{\sin\varphi_t}} \quad (6.34)$$

式中，G 为围岩的弹性模量；c_t 和 φ_t 为围岩的统一内聚力和统一摩擦角；u_a 为围岩周边位移；P_i 为井壁对围岩的作用力。

可将井筒视为均匀外压的厚壁筒。设井壁受围岩压力为 P_a，井壁内半径为 r_i，混凝土弹性模量为 E_c，混凝土泊松比为 μ_c，井壁外缘径向位移为 u_a^c，得出围岩压力 P_a 与井壁外缘位移 u_a^c 的关系为[12]：

$$u_a^c = \frac{(1 + \mu_c) a}{E_c} \left[\frac{t^2(1 - 2\mu_c) + 1}{t^2 - 1} \right] P_a \quad (6.35)$$

式中，$t = a/r_i$。

当井筒围岩与井壁结构达到变形-应力平衡时，满足 $P_i = P_a$，$u_a = u_a^c$，联立式 (6.34) 和式 (6.35) 可求出最终平衡应力 P_i 和位移 u_a。

6.3 深竖井围岩破坏类型

准确掌握竖井围岩的破坏类型，对凿井施工安全以及井筒的长期稳定维护至关重要。随着竖井的纵向延伸，其所穿越岩层的地应力、地质条件均发生着剧烈变化，多变的地质力学环境造成竖井围岩破坏类型的复杂多样。现对地质条件与地应力变化带来的潜在深部竖井围岩破坏与失稳类型进行归纳分析。

6.3.1 深部竖井围岩破坏类型

竖井掘进过程中，可能遇到的岩层类型见表 6.1[13]。根据井筒开挖围岩的重分布应力和岩体强度的相对大小，可将井筒围岩划分为高应力岩体以及非高应力岩体两大类。软弱的高应力岩体即为挤压岩体（软岩大变形岩体），而坚硬完整的高应力岩体则可能会出现岩爆。其中，井筒围岩应力超过岩体强度的岩体则称为高应力岩体（非挤压岩体）。

非高应力岩体存在两种情况，一种是自稳、不需支护的岩体，另一种是需要支护维持稳定的岩体。挤压岩体可分为四类，分别为轻度挤压、严重挤压、非常严重挤压以及极其严重挤压。挤压地层的井筒掘进是非常缓慢且危险的过程，因为井筒围岩在应力作用下已失去其固有的强度，这会使支护结构支护压力增大，井筒收敛量变大。而对于非挤压岩体或稳固岩体，由于岩体固有的强度被维持，在此情况下的井筒围岩安全性较高，稳定性控制较容易。因此，判定井筒围岩为挤压岩体与否在井筒的设计和施工过程中非常重要。

表 6.1　井筒地层条件分类

编号	地层类别	分　级	岩体表现
1	非过载、可自支撑	—	绝大部分不需要支护
2	过载、非挤压	—	节理岩体需支护以保证井筒的稳定
3	脱落	—	岩体开挖后，岩块或薄片将穿过支护结构掉落
4	挤压	轻度挤压：$u_a/a = 1\% \sim 2.5\%$； 严重挤压：$u_a/a = 2.5\% \sim 5\%$； 非常严重挤压：$u_a/a = 5\% \sim 10\%$； 极严重挤压：$u_a/a > 10\%$	井壁围岩将由于塑性挤压产生径向位移，这一现象具有时间效应，挤压程度取决于岩体过载程度，此可能发生于浅埋软弱岩层（像页岩、黏土），高应力岩体深埋地层条件则可能发生岩爆
5	膨胀	—	岩体吸水、体积增加并向井筒内部扩展
6	垮落	—	碎裂岩体在急倾斜的剪切区域是不稳定的
7	流动/突然涌出	—	黏土和水的混合物流进井筒，其可从工作面井筒围岩流入井筒，完全充填井筒，在一些情况下则可掩埋机器，充填速度达到 $10 \sim 100 L/s$，就像"泥石流"，同时可能沿厚大剪切区域或软弱岩体形成"岩层性"垮落空区
8	岩爆	—	当遇到高应力条件，大范围围脆性坚硬 II 类岩体将出现突然失稳破坏

注：u_a 为井壁径向位移；a 为井筒半径；u_a/a 为标准化的井筒闭合百分比；II 类岩体单轴压缩试验应力应变曲线在应力峰值后应变出现反转。

挪威地质力学学会提出深部井巷围岩可能出现的破坏类型见表 6.2[13]。

表 6.2　井筒围岩潜在的破坏类型

编号	破坏类型	开挖无支护井筒潜在破坏类型或机理描述
1	稳定	岩体稳定，存在局部松散岩块的掉落或滑落
2	结构面控制型破坏	沿结构面破坏或失稳，伴随岩块的滑动或掉落；局部存在剪切破坏
3	浅部应力诱发破坏	浅埋应力诱发脆性剪切破坏，常和结构面控制型破坏同时出现
4	深部应力诱发破坏	深部高应力诱发脆性剪切破坏，伴随岩体大位移出现
5	岩爆	由高应力脆性岩石快速释放积聚的弹性能而产生的突然且剧烈的破坏
6	膨胀破坏	密集结构面岩体的剪切膨胀破坏
7	低围压剪切破坏	潜在的超挖和伴随烟囱型破坏的渐进式剪切破坏，常常是由侧压力不足导致的
8	剥落	干燥或湿润的低内聚力的密集裂隙的岩石或土的流动
9	流变	密集裂隙的岩石或土伴随的大量水的流变

编号	破坏类型	开挖无支护井筒潜在破坏类型或机理描述
10	膨胀	依赖于时间的岩体体积增加，岩石和水的物理反应，结合开挖应力释放，岩体向临空面发生位移
11	多种破坏类型交互转换	岩体应力和变形快速地变化，其是由不均一的地层条件或构造作用混杂的岩石造成的（脆性断层区域）

6.3.2　竖井围岩失稳类型划分

矿山地下工程岩体常见的失稳类型一般分为结构面控制型与应力控制型，相对竖井随深度不断变化的地应力条件，采用此工程岩体失稳类型的划分方式对竖井纵深围岩失稳类型进行划分较为适宜。

设 c_0、φ_0 为岩块的内聚力与内摩擦角，c_w、φ_w 以及 β 分别为岩体结构面的内聚力、内摩擦角以及结构面倾角。

6.3.2.1　岩块强度曲线表达式

如图 6.7 所示，岩块受最大主应力 σ_1 与最小主应力 σ_3。由文献 [14] 可得岩块强度曲线表达式：

$$\sigma_1 = \frac{1 + \sin\varphi_0}{1 - \sin\varphi_0}\sigma_3 + \frac{2c_0\cos\varphi_0}{1 - \sin\varphi_0} \qquad (6.36)$$

其斜率及纵轴截距为：

$$k_0 = \frac{\mathrm{d}\sigma_1}{\mathrm{d}\sigma_3} = \frac{1 + \sin\varphi_0}{1 - \sin\varphi_0} \qquad (6.37)$$

$$\sigma_{c_0} = \frac{2c_0\cos\varphi_0}{1 - \sin\varphi_0} \qquad (6.38)$$

6.3.2.2　结构面强度曲线表达式

岩体结构面强度曲线表达式为：

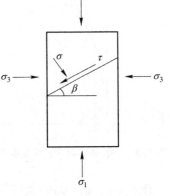

图 6.7　含一个结构面的岩体模型

$$\sigma_1 = \frac{2c_w\cos\varphi_w + \left[\sin(2\beta - \varphi_w) + \sin\varphi_w\right]\sigma_3}{\sin(2\beta - \varphi_w) - \sin\varphi_w} \qquad (6.39)$$

其斜率及纵轴截距分别为：

$$k_w = \frac{\sin(2\beta - \varphi_w) + \sin\varphi_w}{\sin(2\beta - \varphi_w) - \sin\varphi_w} \qquad (6.40)$$

$$\sigma_{c_w} = \frac{2c_w\cos\varphi_w}{\sin(2\beta - \varphi_w) - \sin\varphi_w} \qquad (6.41)$$

由文献 [14] 可得，当结构面倾角 $\beta = \pi/4 + \varphi_w/2$ 时，结构面强度最小，此时对应的强度曲线表达式为：

$$\sigma_1 = \frac{1 + \sin\varphi_w}{1 - \sin\varphi_w}\sigma_3 + \frac{2c_w\cos\varphi_w}{1 - \sin\varphi_w} \qquad (6.42)$$

对应斜率以及单轴抗压强度分别为：

$$k_w = \frac{d\sigma_1}{d\sigma_3} = \frac{1 + \sin\varphi_w}{1 - \sin\varphi_w} \qquad (6.43)$$

$$\sigma_{c_w} = \frac{2c_w\cos\varphi_w}{1 - \sin\varphi_w} \qquad (6.44)$$

一般情况下，结构面的摩擦角 φ_w 有可能大于岩石材料的摩擦角 φ_0，结构面的黏聚力 c_w 一般小于岩石材料的黏聚力 c_0。下面则针对此种情况进行研究。随着围压的增大，有些岩体会出现结构控制向应力控制转换这一现象，只需说明倾角为 β 的结构面的强度曲线 l_3 与岩块的强度曲线 l_1 的位置关系在某些条件下会出现如图 6.8 所示的情况即可，即 l_3 在纵轴上的截距小于 l_1 在纵轴上的截距，但 l_3 的斜率大于 l_1 的斜率。否则不会出现随着围压的增大由结构控制向应力控制转变这一现象。

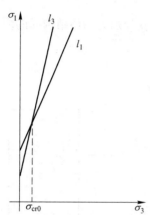

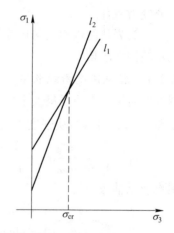

图 6.8　一般结构面和岩块强度曲线位置关系　　图 6.9　最弱结构面和岩块强度曲线的位置关系

在 $c_w<c_0$，$\varphi_w>\varphi_0$ 的条件下，最弱结构面的强度曲线 l_2 和岩块强度曲线 l_1 的位置关系如图 6.10 所示，且最弱结构面强度曲线的斜率和在纵轴上的截距也是最小的，所以强度曲线 l_3 的斜率和截距分别大于 l_2 的斜率和截距，因为 l_2 的斜率大于 l_1 的斜率，所以 l_3 的斜率也大于 l_1 的斜率。令式（6.38）小于式（6.41），可得：

$$\frac{\varphi_w}{2} + \frac{\arcsin\left[\sin\varphi_w + \dfrac{2c_w\cos\varphi_w(2 - \sin\varphi_0)}{2c_0\cos\varphi_0}\right]}{2} < \beta < \frac{\pi}{2}$$

$$(6.45)$$

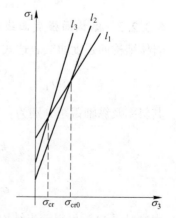

即当倾角 β 在式（6.45）所示的范围内时，l_3 的截距小于 l_1 的截距。由以上分析可以看出，在同时满足 $c_w<c_0$，$\varphi_w>\varphi_0$ 和式（6.45）的条件下，l_1、l_2 和 l_3 的位置如图 6.10 所示。当围压 σ_3 较小（$\sigma_3<\sigma_{cr}$）时，结构面的强度小于岩块强度，岩体将沿着结构面破坏，岩体的力学行为由结构面控制；而当围压 σ_3 较大（$\sigma_3>\sigma_{cr}$）时，结构面的强度大于岩块强度，岩体将沿着岩块剪切破坏，结构面的控制作用消失，岩体强度与完

图 6.10　一般结构面、最弱结构面和岩块强度曲线的位置关系

整岩块强度基本相同，由岩石材料性质决定，即岩体的力学行为受应力控制。而当 $\sigma_3 = \sigma_{cr}$ 时，岩体可能沿结构面破坏也可能沿岩石破坏，即在 $\sigma_3 = \sigma_{cr}$ 附近，岩体的力学行为由应力和结构协同控制。σ_{cr} 即为由结构控制转化为应力控制的临界围压，将式（6.39）和式（6.42）两式联立，不难求得其值为：

$$\sigma_{cr} = \frac{c_w \cos\varphi_w (1 - \sin\varphi_0)}{\sin\varphi_0 \sin(2\beta - \varphi_w) - \sin\varphi_w} + \frac{c_0 \cos\varphi_0 [\sin\varphi_w - \sin(2\beta - \varphi_w)]}{\sin\varphi_0 \sin(2\beta - \varphi_w) - \sin\varphi_w} \tag{6.46}$$

而 σ_{cr0} 则为当岩体中结构面是倾角 $\beta = \pi/4 + \varphi_w/2$ 的最弱结构面时，由结构控制转化为应力控制的临界围压，其值为：

$$\sigma_{cr0} = \frac{c_w \cos\varphi_w (1 - \sin\varphi_0)}{\sin\varphi_0 - \sin\varphi_w} + \frac{c_0 \cos\varphi_0 (\sin\varphi_w - 1)}{\sin\varphi_0 - \sin\varphi_w} \tag{6.47}$$

由式（6.47）可以看出，临界围压 σ_{cr} 由岩块的强度参数和结构面的强度参数共同决定，而岩块和结构面强度参数的差异，即岩块黏聚力大于结构面的黏聚力，岩块的摩擦角小于结构面的摩擦角，使得随着围压的增加，结构面的强度增加的速度大于岩块强度增加的速度，则是岩体力学行为随着围压 σ_3 的增加，由结构控制转化为应力控制的根本原因。由此进行井筒围岩纵深失稳类型划分。

6.4 深部井巷围岩破坏形态

竖井围岩的破坏形态分三种，分别为耳状、椭圆形（或圆形）以及蝶形。文献［15］指出，当井筒围岩的破坏形态为非蝶形时，非对称应力作用下的井筒围岩的平均塑性区半径与大小为该非对称应力平均应力的静水压力作用下的井筒围岩塑性半径相一致，此时采用该净水压力作为应力边界进行围岩特性曲线的绘制较为合理；同时文献［16］指出，井筒围岩破坏形态影响井巷围岩开挖边界径向位移，进而影响井筒围岩纵剖面变形规律。可见准确判定井筒围岩的破坏形态对其稳定性分析与控制意义重大。

Detournay 与 Fairhurst 对远场应力为非对称应力，材料遵循 Mohr-Column 准则的圆形开挖体进行研究［17］，如图 6.11 所示。开挖体半径 R，内部施加均布径向支护压力，水平与竖直应力分别为 σ_x 与 σ_z，图中考虑的为 $\sigma_x > \sigma_z$（模型的对称性，$\sigma_x < \sigma_z$ 时进行模型的旋转即可）。对比 Hoek-Brown 屈服准则，Detournay 与 Fairhurst 给出的 Mohr-Column 屈服准则表达式如下：

$$\sigma_1 = K_p \sigma_3 + \sigma_{ci} \tag{6.48}$$

式中，σ_{ci} 为完整岩石单轴抗压强度；$K_p = \dfrac{1 + \sin\varphi}{1 - \sin\varphi}$ 为被动反应系数。

定义 $\sigma_0 = \dfrac{\sigma_x + \sigma_z}{2}$ 与 $k = \dfrac{\sigma_x}{\sigma_z}$，发现当 $k < k_{lim}$ 时，圆形开挖体围岩破坏分布形态为圆形或椭圆形，而当 $k > k_{lim}$ 时，圆形开挖体围岩破坏分布形态为蝶形。

其中限制系数 k_{lim} 可结合缩放的平均应力 $\dfrac{\sigma_0}{\sigma_{ci}}$ 以及岩体内摩擦角 φ 通过图 6.12 确定。图中假设圆形开挖体无支护，由于问题的自相似性，k_{lim} 也适用于圆形开挖体内部施加均

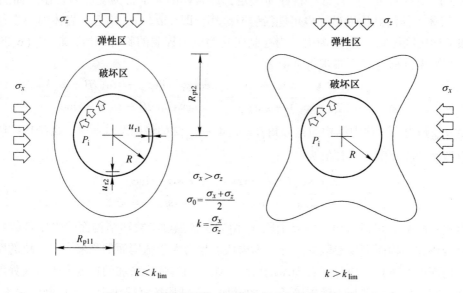

图 6.11　圆形开挖体应力状态与破坏区分布示意

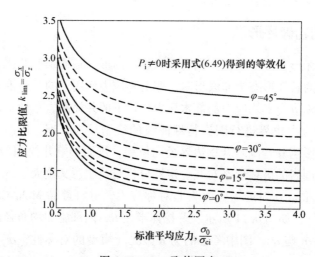

图 6.12　k_{lim} 取值图表

匀径向支护力的情形。Detournay 与 St. John 给出了 k_{lim} 取值图表的解析形式[18]：

$$\left.\frac{\sigma_0}{\sigma_{\text{ci}}}\right|_{\text{eq}} = \frac{\dfrac{\sigma_0}{\sigma_{\text{ci}}}\left(1 - \dfrac{P_{\text{i}}}{\sigma_0}\right)}{\dfrac{P_{\text{i}}}{\sigma_0}\dfrac{\sigma_0}{\sigma_{\text{ci}}}(K_{\text{p}} - 1) + 1} \tag{6.49}$$

图 6.11 给出的是适用于材料遵循由单轴抗压强度 σ_{ci} 与内摩擦角 φ 定义的线性 Mohr-Column 屈服准则的情况，而对于采用 Hoek-Brown 屈服准则的岩体材料，则通过近似 Hoek-Brown 强度曲线为等效单轴抗压强度 σ_{ci} 与等效内摩擦角 φ 定义的直线，从而构建采用 Hoek-Brown 屈服准则岩体材料的 k_{lim} 取值图表（近似计算方法见 Hoek[19]）。

对于非对称应力作用下的井巷围岩，其破坏区分布形态同样可通过竖井围岩弹性分析进行判定。图 6.13 给出了井巷围岩破坏分布形态弹性分析结果，图中不同的曲线表示井巷围岩"过载"区域，即井巷围岩某一点弹性分析所得最大主应力与最小主应力符合如下 Hoek-Brown 屈服准则的区域：

$$\sigma_1 \geqslant \sigma_3 + \sigma_{ci}\left(m_b \frac{\sigma_3}{\sigma_{ci}} + s\right)^a \tag{6.50}$$

图 6.13 采用计算模型参数包括：远场应力为非对称应力，其平均应力 $\sigma_0 = 7.5\text{MPa}$，水平与竖直主应力之比 k 不断变化，岩体单轴抗压强度 $\sigma_{ci} = 20\text{MPa}$，屈服准则中 $m_b = 1.8$，$s = 0.0013$。图中左半部分 $k<1$，右半部分 $k>1$，可以看出，当 $k<0.6$ 时，井巷围岩的破坏分布形态为蝶形。由于围岩塑性区应力与变形分布状态与其弹性分析所得结果完全不同，因此由围岩弹性分析判定其破坏区分布形态所得结果为近似结果，应通过数值模拟再次对围岩破坏分布形态的判定结果进行验证。

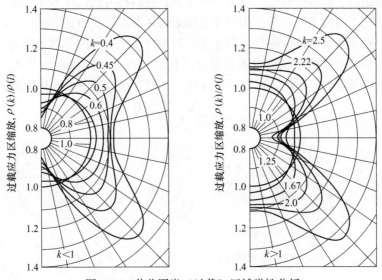

图 6.13　井巷围岩"过载"区域弹性分析

同时，文献［20］定义了远场非对称应力作用下塑性区形态系数如下：

$$\tau = \frac{m_2}{2m_1} \tag{6.51}$$

式中：

$$m_1 = \left[12(1-k)^2 - 4(1-k)^2\sin^2\varphi\right] \times \left(\frac{-B_1 + \sqrt{B_1^2 - 4A_1C_1}}{2A_1}\right)^2 -$$

$$8(1-k)^2\left(\frac{-B_1 + \sqrt{B_1^2 - 4A_1C_1}}{2A_1}\right)$$

$$m_2 = 6(1-k^2)\left(\frac{-B_1 + \sqrt{B_1^2 - 4A_1C_1}}{2A_1}\right) - 4(1-k^2)\left(\frac{-B_1 + \sqrt{B_1^2 - 4A_1C_1}}{2A_1}\right)^2$$

$$\left[2(1-k^2) - 4(1-k^2)\sin^2\varphi - \frac{4c(1-k)\sin^2\varphi}{\sigma_z}\right]\left(\frac{-B_1 + \sqrt{B_1^2 - 4A_1C_1}}{2A}\right)$$

$$A_1 = \frac{6(k-1)}{1-\sin\varphi}; \quad B_1 = (1+k) - \frac{(3k-5)(1+\sin\varphi)}{1-\sin\varphi}; \quad C_1 = 2k - \frac{4c\cos\varphi}{\sigma_z(1-\sin\varphi)} - \frac{2(1+\sin\varphi)}{1-\sin\varphi}$$

计算 τ 值，按如下判据进行圆形断面竖井围岩塑性区形态判定：

$$\begin{cases} \tau = \infty & \text{圆形} \\ \tau \geq 1 \text{ 或 } \tau < 0 & \text{椭圆形} \\ 0 < \tau < 1 & \text{蝶形} \end{cases} \tag{6.52}$$

通过对多种围岩破坏分布形态及其应力等条件的整理与分析，绘制井巷围岩破坏区分布形态判定图表（见图4.10），其应用大大简化了工程设计流程，得以广泛应用。

6.5　竖井围岩破坏深度

掌握竖井围岩破坏深度，对工程设计与施工至关重要。目前，竖井围岩破坏深度的计算方法包括理论法、数值模拟法以及工程类比法，前两种方法已在6.1节进行了讨论，下面就工程类比法，给出两种简单实用的井巷围岩破坏深度计算方法。

井巷围岩破坏区域岩体的厚度，即无支护的条件下，岩体内部的黏结力被粉碎，岩体破裂的碎块可在自重作用下脱离岩体。综合已有研究成果，Martin[21]等人绘制了圆断面开挖体围岩破坏深度的计算图表（见图6.14），并拟合得出了围岩破坏深度的计算公式：

$$\frac{r}{R} = 0.5\left(\frac{\sigma_{\max}}{\sigma_c^*} + 1\right) \tag{6.53}$$

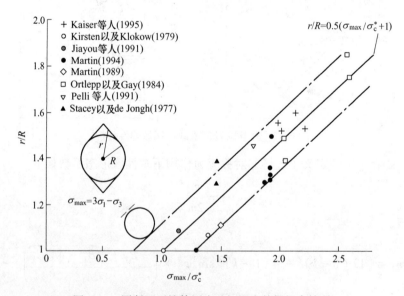

图6.14　圆断面开挖体围岩破坏深度数据拟合情况

地下工程岩体将在其开挖后应力集中的最高处发生破坏，对于圆断面开挖体，其开挖边界的最大应力值计算如下：

$$\sigma_{\max} = 3\sigma_1 - \sigma_3 \tag{6.54}$$

根据经验，硬岩例如花岗岩、石英岩、安山岩以及致密砂岩等的 σ_c^* 为其 σ_c 的 $1/3 \sim 1/2$（保守估算取 $1/3$，平均值取 $5/12$，建议进行保守计算），同时，r 为圆断面开挖体围岩破坏深度；R 为圆断面开挖体开挖半径。

Mark（2003）[22]等人在井巷围岩破坏深度模拟计算中考虑了支护的影响，结合模拟结果绘制了井巷围岩破坏深度估算图表，如图 6.15（a）所示，并拟合出了相应的经验计算公式，同时给出了相应井巷围岩破坏区张开角的估算图，如图 6.15（b）所示。

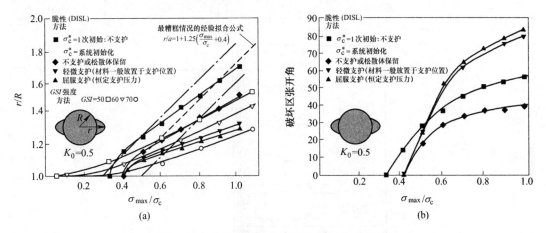

图 6.15　井巷围岩破坏深度与张开角估算图

结合图 6.15（a），拟合井巷围岩破坏深度经验公式如下：

$$\frac{r}{a} = 1 + 1.25\left(\frac{\sigma_{\max}}{\sigma_{c}} - 0.4\right) \tag{6.55}$$

式中，σ_1 为最大远场主应力；σ_3 为最小远场主应力。对于非圆断面井巷工程，其开挖边界最大应力值可通过数值模拟方法确定。

某竖井井筒，结合理论计算（式（6.13））、数值模拟法以及上述经验法对 1000m、1100m 以及 1200m 深度处井筒围岩破坏深度进行计算（理论计算远场应力为轴对称应力，大小为该深度水平平均主应力），计算结果见图 6.16 和表 6.3。

由表 6.3 统计井筒围岩破坏深度计算结果可知，理论法井筒围岩破坏深度计算结果过小，而两种经验计算方法计算结果过于保守，在井巷工程设计中，破坏区深度计算方法推荐使用数值模拟方法。通过数值计算所得本溪思山岭铁矿 1500m 副井围岩塑性区分布如图 6.17 所示。

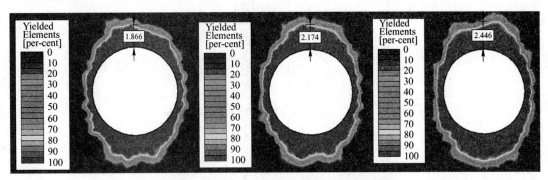

图 6.16　竖井围岩破坏深度数值模拟计算结果

表 6.3　井筒围岩破坏深度计算结果统计

深度/m	理论法/m	数值模拟法/m	Martin CD(2001)/m	Mark S(2003)/m
1100	0.85	1.87	3.50	3.04
1200	0.94	2.17	3.93	3.42
1300	1.03	2.45	4.36	3.81

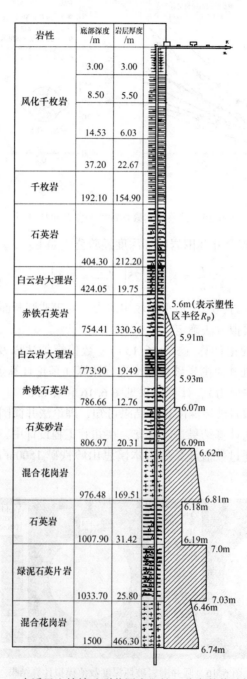

图 6.17　本溪思山岭铁矿副井围岩塑性区分布数值计算结果

6.6 深部巷道围岩应力分析

巷道围岩应力大小和规律是巷道支护方式选取的重要依据之一。围岩应力大小不仅与矿山开采深度、侧压系数等有关，还与巷道断面形状等相关（即使相同围岩条件下，围岩应力分布规律和围岩变形破坏规律也因巷道断面形状不同而不同）。直墙拱形断面巷道的断面由下部分矩形和上部分拱形组成，长期实践证明，直墙拱形断面巷道具有较好的稳定性，所以服务年限较长的巷道一般均采用直墙拱形断面巷道。对于常规的圆形、椭圆形等巷道的围岩应力可以采用 Cauchy 积分法或幂级数法方便解出，但复杂巷道围岩应力公式需借助复变函数弹性理论及映射函数。

6.6.1 线弹性理论平面应变问题的复变函数解

下面给出应用复变函数求解巷道问题的一些基本关系。

6.6.1.1 应力函数 $U(x, y)$ 的复数表示

设复数 $z = x + \mathrm{i}y$，其共轭 $\bar{z} = x - \mathrm{i}y$，则用复数表示的满足双调和方程的应力函数有：

$$U(x, y) = U(z, \bar{z}) = \mathrm{Re}[\bar{z}\varphi(z) + \psi(z)] \tag{6.56}$$

式中，$\varphi(z)$、$\psi(z)$ 为解析函数；Re 为函数实部。

6.6.1.2 直角坐标系中应力与位移的复数表示

$$\left.\begin{array}{l}
\sigma_x + \sigma_y = 2[\Phi(z) + \overline{\Phi(z)}] + 2V \\
\sigma_y - \sigma_x + 2\mathrm{i}\tau_{xy} = 2[\bar{z}\Phi'(z) + \Psi(z)] \\
2G(u + \mathrm{i}v) = \kappa\varphi(z) - z\overline{\varphi'(z)} - \overline{\Psi'(z)} + 2(\kappa - 1)r_1(z)
\end{array}\right\} \tag{6.57}$$

其中：

$$\Phi(z) = \varphi'(z), \ \Phi'(z) = \varphi''(z), \ \Psi(z) = \psi'(z), \ \psi'(z) = \psi''(z)$$

$$\kappa = 3 - 4\mu, \ G = \frac{E}{2(1 + \mu)}$$

$$V = -\gamma y = \frac{1}{2}(\mathrm{i}\gamma z - \bar{z}), \ r_1(z) = \frac{1}{8}\mathrm{i}\gamma z^2$$

式中，V 为势函数；γ 为围岩容重，当不考虑体力时，$\gamma = 0$。

利用式（6.47）并分解实部与虚部即可得 σ_x、σ_y、τ_{xy} 与 u、v。

6.6.1.3 极坐标中应力与位移的复数表示

$$\left.\begin{array}{l}
\sigma_r + \sigma_\theta = 2[\Phi(z) + \overline{\Phi(z)}] + 2V \\
\sigma_\theta - \sigma_r + 2\mathrm{i}\tau_{r\theta} = 2\mathrm{e}^{\mathrm{i}\alpha}[\bar{z}\Phi'(z) + \Psi(z)] \\
2G(u_r + \mathrm{i}v_\theta) = \mathrm{e}^{-\mathrm{i}\alpha}[\kappa\varphi(z) - z\overline{\varphi'(z)} - \overline{\Psi'(z)} + 2(\kappa - 1)r_1(z)]
\end{array}\right\} \tag{6.58}$$

分解实部与虚部即可得 σ_x、σ_y、τ_{xy} 与 u、v。

6.6.1.4 解析函数 $\varphi(z)$、$\psi(z)$ 的通式

由上可知，线弹性理论平面应变问题的求解可归纳为寻求满足给定边界条件的两个解析函数 $\varphi(z)$、$\psi(z)$。

对于下面要讨论的巷道工程问题，在数学上归纳为无限域单连通问题，若其内外边界合力为 0，则解析函数 $\varphi(z)$、$\psi(z)$ 有：

$$\varphi(z) = \sum_{\kappa=-\infty}^{\infty} a_\kappa z^\kappa + \frac{1-\lambda}{8}\gamma iz \tag{6.59}$$

$$\psi(z) = \sum_{\kappa=-\infty}^{\infty} b_\kappa z^\kappa - \frac{1-\lambda}{8} r iz \tag{6.60}$$

式中，λ 为侧压力系数；γ 为围岩容重，当不考虑体力时，$\gamma = 0$。

6.6.2 半圆直墙拱形巷道围岩应力弹性分析

对于非圆形巷道，可通过一单值解析函数，使巷道所在无限平面与有圆孔的无线平面之间建立一一对应的函数关系——映射函数，再利用圆形巷道围岩应力与位移的表达式（参考 6.1.1 节）求解直墙拱形巷道围岩应力与位移。

求得映射函数 $Z = \omega(\zeta)$ 后，还需建立 ζ 来表示的应力分量与位移分量表达式。经推导，在直角坐标系有：

$$\left. \begin{aligned} \sigma_x + \sigma_y &= 4\mathrm{Re}\left(\frac{\varphi'(\zeta)}{\omega'(\zeta)}\right) \\ \sigma_y - \sigma_x + 2i\tau_{xy} &= 4\left[\overline{\frac{\omega(\zeta)}{\omega'(\zeta)}}\right] \frac{\omega'(\zeta)\varphi''(\zeta) - \omega''(\zeta)\varphi'(\zeta)}{[\omega'(\zeta)]^2} + 2\frac{\psi'(\zeta)}{\omega'(\zeta)} \\ 2G(u+iv) &= \kappa\varphi(\zeta) - \frac{\omega(\zeta)}{\overline{\omega'(\zeta)}}\overline{\varphi'(\zeta)} - \overline{\psi(\zeta)} \end{aligned} \right\} \tag{6.61}$$

同理可推得极坐标系中应力分量与位移分量的表达式。

下面作为一个算例给出工程中常见的半圆直墙拱形巷道（图 6.18）环向应力计算结果。

由单位圆外域到直墙拱形外域的映射函数为：

$$Z = \omega(\zeta) = c\left(\zeta - B_2\zeta^{-1} - \frac{1}{2}B_3\zeta^{-2} - \frac{1}{3}B_4\zeta^{-3} - \frac{1}{4}B_5\zeta^{-4}\right) \tag{6.62}$$

$$B_2 = b_2, \quad B_4 = b_4, \quad B_3 = b_3 i, \quad B_5 = b_5 i$$

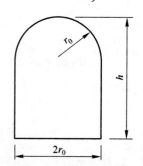

图 6.18 半圆直墙拱形巷道示意

式中，b_1、b_2、b_3、b_4、b_5 均为实常数，对不同跨高比的巷道，相应的实常数 b_i 及 c 取值见表 6.4。

表 6.4 不同跨高比巷道 b_i 及 c 取值

跨高比 $f = 2r_0/h$	$c(\times r_0)$	b_2	b_3	b_4	b_5
2.00	0.769231	-0.309824	0.293811	0.124203	-0.020974
1.40	0.907935	-0.162465	0.226258	0.202057	-0.116518
1.20	0.986291	-0.090864	0.196138	0.236913	-0.143382
1.00	1.088613	-0.010532	0.166783	0.268950	-0.162444
0.90	1.159555	0.040608	0.150239	0.285217	-0.169627

跨高比$f = 2r_0/h$	$c(\times r_0)$	b_2	b_3	b_4	b_5
0.80	1.240695	0.092179	0.133955	0.299870	-0.172253
0.70	1.343544	0.152708	0.116465	0.313001	-0.17288
0.60	1.486370	0.223168	0.097844	0.323053	-0.165089

将表6.4中数值代入映射函数，并进而代入解析函数及应力表达式，即可求得相应的应力。图6.19为考虑围岩自重时无衬砌巷道围岩环向应力分布，在此图中地面载荷为0。

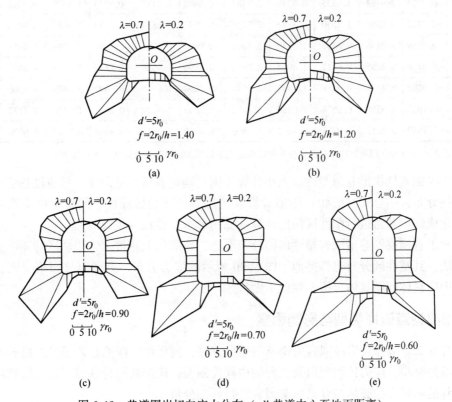

图6.19 巷道围岩切向应力分布（d'巷道中心至地面距离）

从图6.19可看出：初始应力静止侧压力系数λ对于计算围岩应力非常重要。当λ值较小时，如$\lambda = 0.2$，巷道拱顶出现拉应力。当λ值增大时，拱顶及拱底中部的拉应力值趋于减小，直到出现压应力，且压应力值随着λ的增加而增加，同时两侧压应力趋于减小。

随着跨高比$f = 2r_0/h$的减小，拱顶及底板中部拉应力趋于减小，压应力趋于增大，而巷道边墙压应力趋于减小。随着跨高比$f = 2r_0/h$进一步减小，只是增加了边墙高度，而拱顶及底板的形状并无变化。与此相应，拱顶及底板的应力值的变化幅度远小于巷道边墙的变化幅度。换言之，局部改变某区段曲线，对该区段的应力分布影响较大，对其他区段的影响较小。

为方便起见，下面给出巷道周边某些点的环向应力计算公式：

$$\sigma_\theta = \gamma(\alpha + \beta\lambda)(H' + Kr_0) \tag{6.63}$$

式中，γ 为围岩容重；H' 为上覆岩层厚度；r_0 为巷道半跨；α、β 及 K 为计算系数，取值见表 6.5。

表 6.5　α、β 及 K 计算系数取值

点号	1		2		3		4		5		
跨高比 $f = 2r_0/h$	α	β	α	β	α	β	α	β	α	β	K
2.00	-0.9280	2.5400	1.7524	-0.0770	5.4252	-0.2106	5.4252	-0.2106	5.4252	-0.2106	0.6161
1.40	-0.9714	2.9163	1.4335	0.5339	2.7482	-0.8982	3.1439	-0.6553	3.6350	0.3412	0.8284
1.20	-0.9762	3.0536	1.1530	0.8783	2.3131	-0.8975	2.5824	-0.7284	3.5037	0.7096	0.9509
1.00	-0.9758	3.2138	0.8131	1.2639	2.1908	-0.9001	2.1704	-0.7654	3.4704	1.8451	1.1145
0.90	-0.9736	3.3255	0.6212	1.4994	2.2502	-0.8898	1.9628	-0.7835	3.5827	1.3652	1.2327
0.80	-0.9687	3.4274	0.4458	1.7531	2.3569	-0.8224	1.8105	-0.7932	2.4990	4.0506	1.3676
0.70	-0.9622	3.5595	0.2674	2.0586	2.4112	-0.5884	1.6639	-0.8027	1.2286	4.7732	1.5443
0.60	-0.9540	3.7312	0.0755	2.4482	2.1890	-0.0169	1.5173	-0.8114	0.2020	4.6026	1.7921

注：系数 α 与 β 是在用边界均布载荷代替自重荷载情况下计算的，计算结果以压为正，拉为负。

对于半圆直墙拱形巷道塑性区大小计算，因其理论解析的复杂性，可通过巷道围岩应力的弹性分布，结合式（6.40）近似计算巷道围岩的塑性区深度。同时也可将直墙拱形巷道简化成圆形巷道进行塑性区深度计算（参考竖井塑性区深度计算）。

而对于直墙拱形巷道围岩塑性区的分布形态，按照以上巷道围岩塑性区的弹性分析与计算方法，其塑性区分布也将类似于图 6.20 所示的应力分布，其形态分布不规则，在工程设计中应具体问题具体分析，在此不做赘述。

6.7　深部巷道破坏类型与影响因素

结合 6.2.2 节井筒纵深围岩失稳类型划分方法，同样可将深部巷道围岩失稳类型划分为结构面控制型、应力控制型以及二者的协同控制型，现按此两种巷道围岩失稳破坏类型对深部巷道围岩失稳破坏结合其影响因素进行详细分析。

6.7.1　结构面控制型

（1）岩体中存在不连续面，包括层理、节理裂隙，或大尺度不连续面包括断层、剪切带等，其在岩体中形成了结构弱区。由于存在软弱结构面，开挖过程的巷道围岩可能出现滑移、冒落或剪切。岩体的冒落与剪切滑移与否与井巷几何结构、不连续面的抗拉以及抗剪强度有关，其发生可导致井巷围岩垮塌。

（2）结构面的抗拉强度非常小或者根本不存在，而对于抗剪强度，取决于结构面胶结材料、法向应力、节理粗糙度以及其他结构面特征。由于开挖致使巷道围岩压力降低，剪切强度会出现大幅降低，这与层面与巷道的相对产状有关。因此，在结构面作用下巷道围岩切割成块体并随着开挖垮落。

（3）在砂岩或石灰岩地层中开挖巷道，围岩揭露后较为完整，但在巷道开挖卸荷后，在水与空气的软化作用下，会在几小时至几天内崩解，使其丧失抗拉或抗剪强度，从而导

致巷道围岩垮落。

(4) 如果不存在矿物质的二次充填，岩体中的节理或裂隙将无抗拉强度。影响节理抗剪强度的因素有很多，包括张开度、局部粗糙度以及宏观节理起伏、受风化影响的节理强度以及水的存在等。

(5) 纵向或横向剖切巷道围岩的结构面不会形成松动块体，顶板、两帮以及工作面等处不会出现垮落。至少三组结构面才可切割岩体形成松散块体。重力作用下的岩体张拉或弯曲导致巷道围岩垮落，巷道围岩的应力集中使完整井巷围岩中出现不利稳定的裂隙，这使得即使仅存在两组节理的巷道围岩出现垮落。图 6.20 给出了层理或裂隙影响巷道稳定的几种情况。

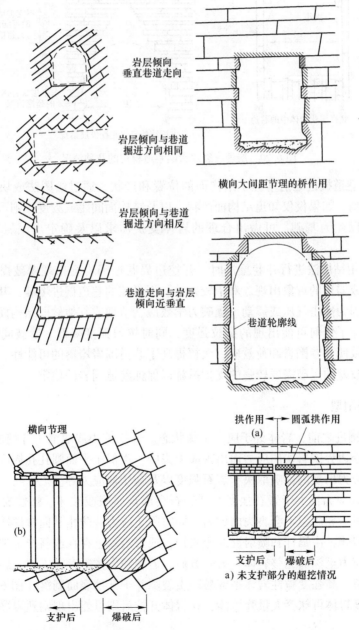

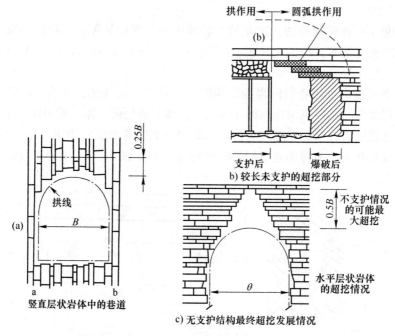

图 6.20　层理或裂隙影响巷道稳定的几种情况

（6）如果巷道掘进之前掌握了结构面的位置和产状，通过绘图法或块体理论，块体的稳定可以预测。如果仅仅知道结构面产状，以及结构面间距或频度，则可进行岩块垮落可能性评估。以此为基础，可做出合理的岩体支护需求以及确定出围岩支护的最合理方向。

（7）当采用钻爆法进行井巷掘进时，开挖边界巷道围岩会出现爆破损伤，该损伤以井巷围岩松散或弱化的现象出现。对于较差的、不可控的巷道掘进爆破，其损伤范围可达一米至数米。因为冲击气压或震动、爆破力学效应，节理或其他软弱结构面将临时或永久张开，因此消除了任何可能出现的抗拉强度，同时抗剪强度降低。爆破同时产生新的裂隙，结合开挖致使井巷围岩卸荷效应，大幅提高了巷道围岩垮落的可能性。较稳定的巷道围岩获取因为较差的爆破需要较强的支护措施以保证巷道围岩的稳定。

6.7.2　应力控制型

（1）巷道掘进之前，岩体处于应力平衡状态。开挖减小或取消了开挖边界法向应力，同时增加了开挖边界围岩切向应力而出现应力集中，类似于平面圆孔孔周应力集中的出现和发展。切向应力增加的影响取决于岩石强度以及初始地应力等。

（2）若采动应力值大于岩石强度，则岩石会出现屈服或破坏。塑性岩石的力学性质类似于黏土，可能屈服但不会丧失内聚力，同时阻止应力并防止其向深部转移，进一步破坏围岩。裂隙岩体，由锚杆和喷射混凝土支护，或许沿着已存在或新产生裂隙产生小段位移，再次阻止应力至深部完整岩体。另一方面，若裂隙岩体不存在支护，岩块松散从而出现围岩剥落现象。高强度脆性岩体很容易产生裂隙并于开挖表面剥落（图 6.21），同时于开挖前，高强度岩体可储存大量弹性能，在岩体开挖后则可能出现剧烈岩爆（图 6.22）。

图 6.21 巷道围岩层裂

图 6.22 深部巷道围岩岩爆现象

（3）完整或裂隙岩体的强度往往取决于围压大小。类似于黏土摩擦材料，其强度随围压或最小主应力增加而减小。对于巷道工程，最小主应力方向为开挖边界径向方向，在开挖边界处径向应力为 0，其增速较大当开挖边界为曲面时，但非线性增加；开挖边界越弯曲，增速越大，围压越大。

（4）已被证明，高应力集中一般出现在开挖边界曲率大的位置，如马蹄形巷道边墙下部边角，于此岩体围压增加较快致使其屈服，并弱化围岩的进一步破坏；另一方面，平滑的巷道开挖边界应力集中较小，例如巷道顶底板等，于此应力梯度较小，出现裂隙时其范围较大，加剧了因岩层间限制较小而出现的横向变形，进而导致开挖边界弯曲。在某些情况下，巷道拱顶切向应力在产生围岩位置将限制松散岩石块体，防止其垮落。

（5）另一种应力控制型破坏为巷道围岩挤压现象（图 6.23）。在岩体水含量不发生变化的情况下，岩石材料向巷道内部侵入。该类现象经常出现在存在低强度风化或蚀变材料的剪切破碎带。在地层深部，应力较

图 6.23 深部巷道围岩挤压大变形情况

高，破碎带低强度的材料将出现严重挤压现象，这使得巷道围岩支护压力大幅提高。

6.8 收敛-约束理论

收敛-约束法是用于巷道、井筒工作面后方支护结构支护力的重要估算方法或设计方法，特别对于深部井巷工程而言，其"刚柔并济"理念对于深部井巷围岩压力调节与控制至关重要。以收敛-约束理论在竖井中应用为例，当一段支护结构安装于井筒掘进工作面附近时，其支护载荷无法达到最大。由于工作面对其附近井筒围岩的限制（支撑）作用，仅井筒围岩的部分重分布载荷作用于工作面附近的支护结构上。随着井筒掘进工作面的不断推进，支护结构与工作面的距离不断增加，井筒掘进工作面的限制作用减弱，则原来由工作面承载的部分重分布应力将转移到支护结构上，使支护结构的支护力随着工作面的远离不断增加，当井筒掘进工作面与原支护结构距离足够远时，"工作面效应"消失，井筒围岩的重分布应力将完全由支护结构承载，如图 6-24 所示。

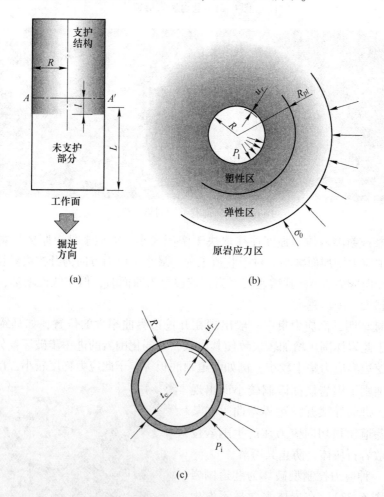

图 6.24 井筒及其围岩相互作用示意图

（a）岩体中井筒掘进示意图；（b）井筒 A-A′ 段断面示意图；（c）井筒 A—A′ 段支护断面示意图

图 6.24（a）对上述问题进行了说明。岩体中半径为 R 的轴对称圆形井筒，围岩原岩

应力场为静水压力场，混凝土井筒构筑至断面 $A—A'$ 处，距离井筒掘进工作面为 L（支护设定为井筒轴线方向的单位长度），分析的目的是从该处支护结构构筑开始，至工作面距离该处支护结构足够远（工作面效应消失）为止，确定整个过程岩体传递至断面 $A—A'$ 支护结构各时段载荷大小。

分析中涉及的变量如图 6.24（b）所示，其为移除支护结构后的井筒 $A—A'$ 段断面示意图。其中，σ_0 为岩体中的静水压力，R_{pl} 为井筒围岩塑性区半径。为简化问题，假设井筒围岩变形均发生于垂直于井筒轴向的平面内，即简化问题为二维平面应变问题。径向位移假设为 u_r，井筒压力为均布压力，大小 P_i；图 6.24（c）为去除围岩的井筒 $A—A'$ 处断面示意，图中显示混凝土井筒厚度为 t_c，井筒的外径为 R，均布压力 P_i 为由井筒围岩传递至支护结构的压力。为使井筒及其围岩遵循变形协调性，如图 6.24（b）所示，井筒径向位移需等于围岩的径向位移 u_r。

收敛约束法的原理如图 6.25（a）~（c）所示。t_0 时刻混凝土井筒构筑至图 6.24 草图断面 $A—A'$ 处，如图 6.25（a）所示。此刻，断面距离井筒掘进工作面为 L，围岩径向收敛于 u_r^0，在掘进工作面位置不变的情况下，井筒围岩传递至混凝土井壁的载荷为 P_s^0（围岩力学响应的时间效应在此不予考虑）。

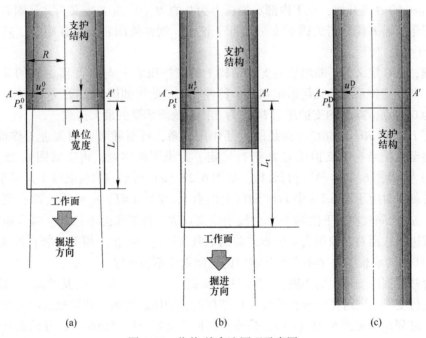

图 6.25　收敛-约束法原理示意图
(a) t_0 时刻；(b) t 时刻；(c) t_D 时刻

随着井筒掘进工作面的向下推进，混凝土井壁与井筒协调变形，原由工作面支撑的部分载荷转移至断面 $A—A'$ 处的支护结构上。如图 6.25（b）所示，t 时刻，断面距离井筒掘进工作面为 L_t，此刻围岩位移收敛于 $u_r^t > u_r^0$，井筒围岩传递至混凝土井壁的载荷为 P_s^t；如图 6.25（c）所示，如果掘进工作面距离断面 $A—A'$ 已足够远，井筒及其围岩相互作用系统达到极限平衡，此时混凝土井壁承受最终载荷或设计载荷 P_s^D，在时刻 t_D，井筒的掘进工作面效应消失，井筒及其围岩共同收敛于位移 u_r^D。

如图 6.26 所示，混凝土井壁所受压力的确定需要对组成围岩-支护系统的各单元的载荷-变形特性的相互作用进行分析。三个单元包括井筒工作面的不断推进、垂直于井筒轴线的剖面以及剖面上的支护结构。因此，三个系统的基本组成部分包括：纵剖面变形特性曲线（LDP）、支护特性曲线（GRC）以及围岩特性曲线（SCC）。

LDP 是无支护轴对称井筒开挖工作面上方断面围岩径向位移的图示，其中图 6.26 的上部的曲线图即为 LDP 图示。其水平轴 x 为井筒掘进工作面上方分析断面与井筒掘进工作面的距离，竖直轴为围岩对应的径向位移 u_r，图的右侧用于 LDP 与 GRC、SCC 建立联系。由图 6.26 可知，在井筒掘进工作面上方的一定距离上，井筒掘进的工作面效应已非常小，当分析断面距离井筒掘进工作面超出该范围时，井筒掘进的工作面效应将消失，此时分析的未支护井筒断面径向位移将收敛至最终位移值 u_r^M，也即随着井筒掘进工作面的推进，工作面对一定距离外井筒围岩的径向位移已不产生影响。

如图 6.25（b）所示，围岩特性曲线（GRC）定义为不断减小的井筒围岩内部支护压力 P_i 与井筒围岩 u_r 之间的关系。此关系取决于岩体的力学特性，通过井筒围岩变形的弹塑性解获取。GRC 曲线即为图 6.26 中曲线 OEM，曲线始于井筒围岩内部支护力等于围岩净水压力 σ_0 的 O 点开始，止于内部支护压力为 0 的 M 点。点 E 定义为井筒围岩弹性力学响应的界限，若井筒围岩的内部支护力低于该值，则井筒围岩会出现破坏，其范围 R_{pl}，如图 6.25（b）所示。

同理，SCC 定义为不断增加的支护结构上的支护压力 P_s 与其位移 u_r 间的关系。此关系取决于井壁支护系统的几何形状和力学特性。SCC 曲线如图 6.26 所示，点 K 对应于支护压力为 0 的点，点 R 的支护压力 P_s^{max} 为支护系统能承受的最大荷载。

理解 LDP、GRC 与 SCC 三曲线的相互作用关系，可对随着井筒掘进工作面的推移，围岩传递至支护结构的支护压力 P_s 进行确定。为说明此问题，再次对图 6.25（a）、图 6.25（b）以及图 6.25（c）进行分析。如图 6.25（a）所示，构筑混凝土井壁至 A—A′断面与 t_0 时刻，对应于图 6.26 中 LDP 曲线上的点 I，坐标 $x=L$，$u_r=u_r^0$，图右侧点 J 水平坐标 $u_r=u_r^0$，同时在其下图的 SCC 曲线中定义点 K，若工作面不移动，围岩稳定性只通过井筒掘进工作面对井筒围岩重分布载荷的承载作用进行维护。因此，竖直段 KN 对应于 t_0 时刻工作面的承载压力（围岩力学响应的时间效应不做考虑）。

随着井筒掘进工作面的不断推进（见图 6.25（b）），支护结构及井筒围岩以相同的变形量进行变形，同时伴随分析断面支护结构的支护压力增加，井筒掘进的工作面效应不断减小。时刻 t_D（见图 6.25（c）），掘进工作面的支护效应完全消失，井筒及其围岩达到极限平衡点 D，由点 D 定义的支护压力 P_s^D 为围岩传递至井筒的最终压力或设计压力。

分析图 6.26 中 LDP、GRC 以及 SCC 可得如下结论：

（1）支护所受压力将永远小于由图 6.26 中点 L 定义的压力 P_s^L，这一压力只有将绝对刚度的支护结构施加于工作面处，即支护特性曲线将变成一段开始于点 H 的竖直直线；

（2）当井筒围岩达到 M（图 6.26）点时对井筒进行支护，此时的支护结构将不在受力，因井筒围岩变形已达到其最终位移。上述两种情况即为井筒围岩传至混凝土井壁载荷值的上限和下限两种情况。通常，从图 6.26 中的 LDP、GRC 以及 SCC 可以看出，支护施加荷载位置距离井筒掘进工作面越远，围岩转移至井筒支护结构的压力越小（不考虑井

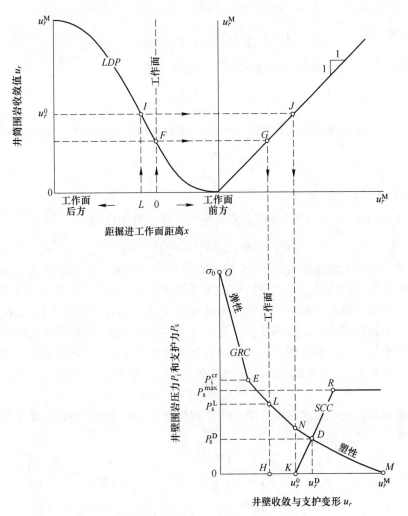

图 6.26 *LDP*、*GRC* 以及 *SCC* 图示

筒围岩的时间响应特性）。

6.8.1 竖井横剖面变形特性曲线

假设井筒围岩初始应力状态为静水压力状态，井筒围岩支护力均匀分布，则围岩特性曲线通过此假设条件下符合 Hoek-Brown 准则，圆形开挖体的弹塑性解析解建立。轴对称井筒半径 R，岩体远场应力为静水压力，大小为 σ_0，井筒内部围岩支护力为 P_i，如图 6.24（b）所示。岩体符合 Hoek-Brown 屈服准则，岩体强度变量为岩石单轴抗压强度 σ_{ci}，完整岩石系数 m_i、以及岩体参数 m_b、s，本分析中假设 $\alpha = 0.5$。均布内部支护压力 p_i 以及远场应力 σ_0 经缩放转化如下：

$$P_i = \frac{p_i}{m_b \sigma_{ci}} + \frac{s}{m_b^2} \tag{6.64}$$

$$S_0 = \frac{\sigma_0}{m_b \sigma_{ci}} + \frac{s}{m_b^2} \tag{6.65}$$

定义弹塑性过渡点（图 6.26 中点 E）的缩放的极限内部支护压力如下：

$$P_i^{cr} = \frac{1}{16} \left(1 - \sqrt{1 + 16S_0}\right)^2 \tag{6.66}$$

由式（6.66）推出实际的（未缩放的）内部极限支护压力：

$$p_i^{cr} = \left(P_i^{cr} - \frac{s}{m_b^2}\right) m_b \sigma_{ci} \tag{6.67}$$

当 $p_i > p_i^{cr}$，井筒围岩处于弹性变形阶段，围岩变形和内部支护力间的关系如下：

$$u_r^{el} = \frac{\sigma_0 - P_i}{2G_{rm}} R \tag{6.68}$$

式中，G_{rm} 为岩体的剪切模量。

当内部支护力 $P_i < P_i^{cr}$ 时，井筒围岩出现塑性区，其半径为：

$$R_{pl} = \exp\left(2\sqrt{P_i^{cr}} - \sqrt{P_i}\right) R \tag{6.69}$$

对塑性阶段围岩特性曲线（图 6.26 中 EM 段）进行定义，需要掌握流动法则，即当材料进入到塑性变形阶段时，定义材料塑性应变和体应变之间关系的法则。在井巷开挖实践中，流动法则经常被假设为线性法则，由剪胀角 ψ 定义岩体体积改变的大小，当 $\psi = 0$ 时，塑性变形阶段的岩体将无体积变化，若 $\psi > 0$，岩体塑性变形阶段体积将增加。

在井筒围岩塑性变形阶段围岩内部支护力与围岩变形之间关系的解析中，通过剪胀角 ψ 计算的剪胀系数 K_ψ 定义井筒围岩的流动法则。表达式如下：

$$K_\psi = (1 + \sin\psi)/(1 - \sin\psi) \tag{6.70}$$

通过剪胀系数定义的流动法则，围岩特性曲线塑性 EM 段井筒围岩内部支护力与围岩变形关系定义如下：

$$\frac{u_r^{pl}}{R} \frac{2G_{rm}}{\sigma_0 - p_i^{cr}} = \frac{K_\psi - 1}{K_\psi + 1} + \frac{2}{K_\psi + 1}\left(\frac{R_{pl}}{R}\right)^{K_\psi + 1} + \frac{1 - 2\nu}{4(S_0 - P_i^{cr})}\left[\ln\left(\frac{R_{pl}}{R}\right)\right]^2 -$$

$$\left[\frac{1 - 2\nu}{K_\psi + 1}\frac{\sqrt{P_i^{cr}}}{S_0 - P_i^{cr}} + \frac{1 - \nu}{2}\frac{K_\psi - 1}{(K_\psi + 1)^2}\frac{1}{S_0 - P_i^{cr}}\right] \times \left[(K_\psi + 1)\ln\left(\frac{R_{pl}}{R}\right) - \left(\frac{R_{pl}}{R}\right)^{K_\psi + 1} + 1\right] \tag{6.71}$$

式中，ν 为岩石泊松比。

假设岩体塑性阶段无体积变化（无剪胀岩体），即 $K_\psi = 1$，则式（6.71）简化如下：

$$\frac{u_r^{pl}}{R} \frac{2G_{rm}}{\sigma_0 - p_i^{cr}} = \left(\frac{1 - 2\nu}{2}\frac{\sqrt{P_i^{cr}}}{S_0 - P_i^{cr}} + 1\right)\left(\frac{R_{pl}}{R}\right)^2 + \frac{1 - 2\nu}{4(S_0 - P_i^{cr})}\left[\ln\left(\frac{R_{pl}}{R}\right)\right]^2 -$$

$$\frac{1 - 2\nu}{2}\frac{\sqrt{P_i^{cr}}}{S_0 - P_i^{cr}}\left[2\ln\left(\frac{R_{pl}}{R}\right) + 1\right] \tag{6.72}$$

以上为理论解析绘制井筒围岩特性曲线的基本过程与方法，据发表的文献或资料，收敛约束法中理论法绘制的围岩特性曲线还包括满足 Mohr-Column 准则或双剪强度准则的井筒围岩特性曲线的解析解，同样可运用于收敛约束法中井筒围岩的围岩特性曲线的绘制。

案例分析：某竖井井筒半径 $R = 1\text{m}$，远场轴对称应力 $\sigma_0 = 7.5\text{MPa}$，岩体单轴抗压强度 $\sigma_{ci} = 20\text{MPa}$，$m_i = 15$，$\nu = 0.25$，$\psi = 30°$，其他岩体参数见表 6.6。

表 6.6　其他岩体参数计算结果汇总

GSI	m_b	S	G_{rm}/GPa
30	1.2	0.4×10^{-3}	0.6
40	1.8	1.3×10^{-3}	1.0
50	2.5	3.9×10^{-3}	1.8

结合式（6.54）~式（6.61）绘制井筒围岩变形特性曲线，同时通过 FLAC3D 数值模拟获取数据加以验证，绘制结果如图 6.27 所示。

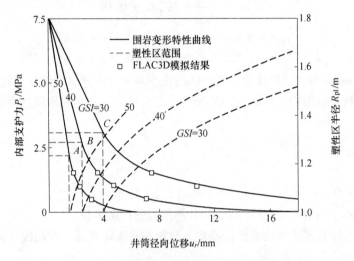

图 6.27　井筒围岩变形特性曲线绘制结果

图 6.27 中，A、B 与 C 点为围岩开始出现塑性区的位置，虚线则为围岩塑性区随井筒开挖边界径向变形的变化情况，图中实线即为理论计算绘制而成的井筒围岩变形特性曲线，而方格点则为通过 FLAC3D 模拟所得数据。由图 6.27 看出，理论计算与数值模拟所得井筒围岩开挖边界径向压力与位移结果较为吻合。

6.8.2　竖井纵剖面变形特性曲线

井筒围岩纵剖面变形特性曲线是收敛约束理论的重要组成部分，其可显示井筒掘进工作面上部围岩变形的分布情况。假设距离井筒掘进工作面 x 处的井筒围岩径向位移为 u_r，当距离 X 足够大时，井筒掘进工作面附近上部围岩位移达到最大 u_r^M。对于 x 取负值（竖井井筒掘进工作面附近下部围岩），井筒围岩的径向位移继续缩减，在有限范围径向位移缩减至零。除式（6.34）与式（6.35）所给井巷围岩纵剖面变形特性曲线表达式以外，许多学者也提出了基于弹性分析的井巷围岩纵剖面变形特性曲线表达式。Unle 和 Gercek[23] 注意到井巷掘进工作面前后其围岩径向位移随距掘进工作面距离 X 变化并不是单一的连续函数关系，为此，提出了分段的井巷围岩纵剖面变形特性曲线表达式：

对于 $X^* \leqslant 0$：

$$u^* = \frac{u_r}{u_{max}} = \frac{u_0}{u_{max}} + A_a(1 - e^{B_a X^*}) \tag{6.73}$$

对于 $X^* \geqslant 0$：

$$u^* = \frac{u_r}{u_{max}} = \frac{u_0}{u_{max}} + A_b\{1 - [B_b/(A_b + X^*)]^2\} \tag{6.74}$$

式中，$X^* = X/R$，X 为距掘进工作面的距离；X 取正值时指已开挖的井巷工程段，相反为掘进工作面后方未开挖的井巷工程段；R 为井巷开挖半径；u_r 为井巷围岩径向位移；u_{max} 为井巷围岩最大径向位移；u_0 为井巷掘进工作面处围岩径向位移；A_a、A_b、B_a 以及 B_b 为泊松比函数，具体如下：

$$u_0^* = \frac{u_0}{u_{max}} = 0.22\nu + 0.19$$

$$A_a = -0.22\nu - 0.19 \; ; \; B_a = 0.73\nu + 0.81$$

$$A_b = -0.22\nu + 0.81 \; ; \; B_b = 0.39\nu + 0.65$$

N. Vlachopoulos 等人[24]认为，塑性区的大小对井巷围岩纵剖面变形特性有重要影响，在考虑塑性区对井巷围岩变形影响的情况下，提出了如下井巷围岩纵剖面变形特性曲线表达式：

对于 $X^* \leqslant 0$：
$$u^* = \frac{u}{u_{max}} = u_0^* \, e^{X^*} \tag{6.75}$$

对于 $X^* \geqslant 0$：
$$u^* = 1 - (1 - u_0^*) e^{\frac{-3X^*}{2R^*}} \tag{6.76}$$

式中，$u_0^* = u_0/u_{max}$；$R^* = R_P/R$；R_P 为井巷围岩塑性区半径。

通过参数与计算或监测结果的标准化，绘制井巷围岩变形特性曲线如图 6.28 所示。

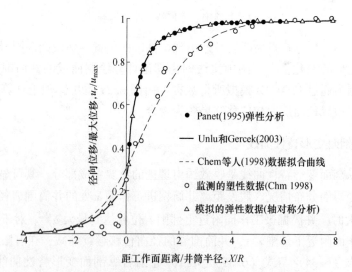

图 6.28　不同方法绘制的井巷围岩纵剖面变形特性曲线

6.8.3　支护特性曲线

图 6.26 中的支护特性曲线 SCC 通过支护荷载 P_s 与其产生的井筒轴向单位长度支护断面径向位移的弹性关系建立（见图 6.24（c））。若 K_s 为支护结构的弹性刚度，则井筒围岩支护特性曲线的弹性部分，即图 6.26 中 SCC 曲线的 KR 段，其表达式如下：

$$P_s = K_s u_r \tag{6.77}$$

式中，刚度 K_s 通过压力除以长度计算，MPa/m。图 6.27 中支护特性曲线 SCC 的塑性部分——曲线的水平段，其开始于点 R，由支护结构破坏前的最大支护压力确定。对于多种支护方式组成的支护系统，其相关参数的计算如下：

$$\begin{cases} K_s^{\text{com}} = \sum_i K_s^i \\ P_s^{\text{max, com}} = K_s^{\text{com}} \min\left(\dfrac{P_s^{\text{max, 1}}}{K_s^1}, \ \dfrac{P_s^{\text{max, 2}}}{K_s^2}, \ \cdots, \ \dfrac{P_s^{\text{max, i}}}{K_s^i} \right) \end{cases} \tag{6.78}$$

常见支护结构特性曲线的建立如下：

（1）对于锚杆（索）支护：

$$\begin{cases} P_s^{\text{max}} = \dfrac{T_{\text{bf}}}{s_c s_1} \\ \dfrac{1}{K_s} = s_c s_1 \left(\dfrac{4l}{\pi d_b^2 E_s} + Q \right) \end{cases} \tag{6.79}$$

式中，K_s 为锚杆（索）支护刚度；T_{bf} 为锚杆最大支护力，MN；E_s 为锚杆材料弹性模量，MPa；s_c、s_1 为锚杆间、排距，m；l 为锚杆（索）自由段长度，m；d_b 为锚杆（索）直径，m；Q 为与锚杆体、垫片锚头等受力变形特性有关的常数，m/MN。

（2）对于浇筑混凝土衬砌：

$$\begin{cases} K_s = \dfrac{E_c}{(1 - \nu_c)R} \dfrac{R^2 - (R - t_c)^2}{(1 - 2\nu_c)R^2 + (R - t_c)^2} \\ P_s^{\text{max}} = \dfrac{\sigma_{\text{cc}}}{2} \left[1 - \dfrac{(R - t_c)^2}{R^2} \right] \end{cases} \tag{6.80}$$

式中，σ_{cc} 为混凝土单轴抗压强度，MPa；E_c 为混凝土弹性模量，MPa；ν_c 为混凝土泊松比；t_c 为混凝土衬砌厚度，m；R 为井筒半径，m。若在喷射混凝土中加金属网或者混凝土中加轻型钢筋，则不会显著增加支护刚度，故采用钢筋混凝土进行井筒支护设计时，支护刚度计算不考虑钢筋对钢筋混凝土支护刚度的影响。

（3）对于钢支架支护（见图 6.29）：

$$P_s^{\text{max}} = \frac{3}{2} \frac{\sigma_{\text{ys}}}{SR\theta} \frac{A_s I_s}{3I_s + DA_s [R - (t_B + 0.5D)](1 - \cos\theta)} \tag{6.81}$$

$$\frac{1}{K_s} = \frac{SR^2}{E_s A_s} + \frac{SR^4}{E_s I_s} \left[\frac{\theta(\theta + \sin\theta\cos\theta)}{2\sin^2\theta} - 1 \right] + \frac{2S\theta t_B R}{E_B B^2} \tag{6.82}$$

式中，B 为背板宽度，m；D 为钢材断面厚度；A_s 为横断面面积；I_s 为截面惯性矩；E_s 为钢材弹性模量；σ_{ys} 为钢材屈服强度；S 为钢支架排距；θ 为背板夹角一半；t_B 为背板厚度；E_B 为模板弹性模量；R 为开挖半径。

案例分析：

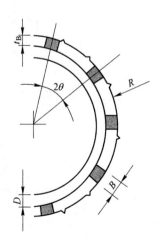

图 6.29 钢支架支护参数分析

选取支护结构及参数：

（1）喷射混凝土，$\sigma_{cc} = 30\text{MPa}$，$E_c = 30 \times 10^3 \text{MPa}$，$\nu = 0.25$，$t_c = 30\text{mm}$ 与 $t_c = 60\text{mm}$；

（2）混凝土衬砌，$\sigma_{cc} = 35\text{MPa}$，$E_c = 35 \times 10^3 \text{MPa}$，$\nu = 0.25$ 以及 $t_c = 75\text{mm}$；

（3）钢拱架，$B = 76\text{mm}$，$D = 127\text{mm}$，$A_s = 1.7 \times 10^{-3}\text{m}^2$，$I_s = 4.76 \times 10^{-6}\text{m}^4$，$E_s = 210 \times 10^3 \text{MPa}$，$\sigma_{ys} = 150\text{MPa}$，$S = 1\text{m}$，$\theta = \pi/10\text{rad}$，$t_B = 75\text{mm}$，$E_b = 10 \times 10^3 \text{MPa}$；

（4）机械锚杆，$d_b = 19\text{mm}$，$l = 2\text{m}$，$T_{bf} = 0.1\text{MN}$，$Q = 0.03\text{m/MN}$，$E_s = 210 \times 10^3 \text{MPa}$，$s_c = 0.63\text{m}$，$s_1 = 0.50\text{m}$。

结合式（6.54）~式（6.59），计算支护特性曲线相关参数见表 6.7 和表 6.8。

表 6.7　单一支护结构支护参数计算结果

支护类型	P_s /MPa	K_s /MPa·m^{-1}	u_r^{max} /m
30mm 喷射混凝土	0.89	0.984×10^3	0.90×10^{-3}
60mm 喷射混凝土	1.75	2.019×10^3	0.87×10^{-3}
75mm 混凝土衬砌	2.53	2.893×10^3	0.87×10^{-3}
钢支架（127×76）	0.25	0.261×10^3	0.95×10^{-3}
锚杆（19mm）	0.32	0.050×10^3	6.36×10^{-3}

表 6.8　支护系统支护参数计算结果

支护类型	P_s /MPa	K_s /MPa·m^{-1}	u_r^{max} /m
30mm 喷射混凝土+锚杆	0.93	1.034×10^3	0.90×10^{-3}
60mm 喷射混凝土+锚杆	1.79	2.069×10^3	0.87×10^{-3}
衬砌+锚杆	2.57	2.943×10^3	0.87×10^{-3}
钢支架+锚杆	0.3	0.311×10^3	0.95×10^{-3}

结合表 6.7 与表 6.8 支护系统支护参数计算结果，绘制支护特性曲线如图 6.30 所示。

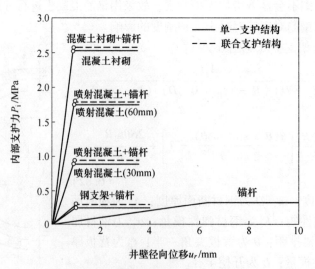

图 6.30　各支护系统支护特性曲线

结合 6.7.1~6.7.3 节所给收敛-约束理论三曲线的绘制方法，按照图 6.31 进行收敛约束曲线的绘制与运用，现直接给出某一井巷围岩收敛-约束曲线的绘制结果，供参考。

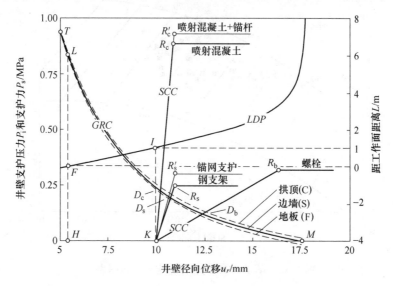

图 6.31　某一井巷围岩收敛-约束曲线

6.8.4　支护时机选择

在浅部井巷围岩支护设计中，由于地压小，所设计支护系统支护力完全可以对围岩压力或位移进行刚性控制，因此支护设计中只需给出支护方式与支护参数，而在其施工过程中则直接采用了"开挖即支护"的方式进行；而对于深部井巷工程而言，其所处岩层地压大，井巷围岩失稳破坏类型多样，采用传统浅部支护设计理论与方法对深部井巷围岩压力进行刚性控制已不再可行。运用收敛-约束理论进行深部井巷围岩支护设计相较于浅部已产生重大区别，其所在即为设计的支护系统及其相应的支护方式划分为临时支护与永久支护两类。其中，临时支护用以使井巷以稳定可控的方式调整围岩压力，调控围岩稳定状态，以保证后续永久支护结构的稳定，同时保障工人施工安全；而永久支护则用于维护井巷围岩的长期稳定。

支护时机，包括临时支护支护时机与永久支护支护时机，其选择关系到整个支护工程的成败。考虑到临时支护需保证永久支护前段井巷围岩稳定，要求于井巷围岩失稳前进行临时支护，而对于井巷围岩的无支护自稳跨度，可通过基于 *RMR* 分级的岩体稳定图表（图 6.32）确定。然而，往往通过改变临时支护结构（选择特殊支护结构，如大变形或释能锚杆）或支护参数，按照设计要求（同一安全系数），提前甚至开挖即进行临时支护，减小井巷围岩暴露面积与暴露时间，更好地保证了掘进期间井巷围岩的稳定性。

对于永久支护支护时机的选择，通过永久支护结构的收敛-约束分析，按照某一安全标准确定即可。然而，收敛-约束理论未考虑井巷围岩应力响应的时间效应，可能在施工过程中，空间上已满足井巷围岩压力调节与稳定性的控制要求，但时间上仍无法满足。因此，往往需要后延（增大）运用收敛-约束理论确定的永久支护时机（无永久支护跨度），而工程类比或现场监测则是进行此环节的必要手段。

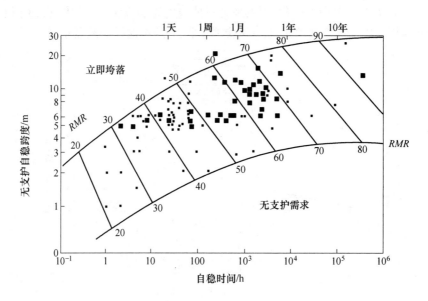

图 6.32　基于 RMR 的岩体稳定性分析图表

6.8.5　收敛-约束理论的优点与局限性

收敛-约束法是一种针对地下工程支护结构的设计方法。该方法的重要特点是强调了围岩与支护共同作用的思想，并在设计与稳定分析中加以体现。它以施工中巷道断面的变形测量值为依据，将巷道的开挖视为围岩应力重分布的过程。其要点为测量巷道围岩径向压应力与径向位移的关系曲线与巷道围岩位移-时间曲线，它反映四个阶段：

（1）围岩无约束自由变形；

（2）从初期支护开始，变形由于受支护约束抗力的反作用而减缓；

（3）从衬砌完成开始，由于形成了封闭结构使变形速率大为降低；

（4）达到变形稳定。

若所采用的支护刚度较大，则地压急剧增长，若支护时间过晚，则出现松动地压。因此，支护时间和支护自身刚度及其与围岩接触程度均影响到围岩的稳定和支护所受地层压力的大小。此外，收敛变形曲线还可供判断支护是否适当和变形是否趋于稳定，并且可配合现场和实验室的岩土力学试验和应力（应变）测试以及实验室模型试验等，作为设计计算的依据。

与其他设计方法相比，收敛-约束法有如下优点：

（1）通过对巷道进行简单的轴对称假设后，位于开挖面附近的围岩与支护的相互作用过程可简化成二维或一维的平面应变问题；

（2）基于此方法设计的巷道围岩变形更接近实际变形；

（3）定量给出围岩支护系统在锚喷支护末期围岩收敛的概率值；

（4）通过控制围岩变形可直观地体现出支护效果。

但是，收敛-约束法的基础离不开岩体破坏的本构关系，收敛-约束法对建立岩体远场应力为非对称应力条件的井巷围岩变形特性曲线还需数值模拟法做说明（部分可转化成远场对称应力作用，见6.3.1节），此方法不考虑井巷围岩变形的时间效应等。

6.9　井巷围岩稳定性评价

　　要想判断围岩是否稳定，除了运用目前广泛采用的各种方法和手段外（见表6.9），还须充分结合围岩的实际情况建立围岩稳定的失稳判据，从而依据岩体实际的应力参数和建立好的合理标准来判断岩体处于何种状态。目前最常用的方法主要是利用塑性区或位移扰动区来判断围岩的稳定影响范围。然而，采用不同的失稳判据得到的稳定安全系数，对于围岩稳定及其稳定影响范围不能进行量化判断。

表6.9　围岩稳定性判定指标

项　　目	破坏/允许准则	评　　价
附加剪切应力	2MPa 内聚力：3.25MPa 内摩擦角：23°	
应力	高质量岩石：$\sigma_{cr} < 100$MPa	对于高质量岩石 $\sigma_{cr} = 200$MPa，σ_{cr} 值为岩石单轴抗压强度50%
应变	−0.4~2 微应变 0.4 微应变 0.4 微应变	建议以经验上最大垂直应变容许值作为井筒保安矿柱的设计参考。应变值为毫应变，正值为压缩状态——根据 McKinnon 的摘要
能量释放率	30MJ/m²	
（Rockwall Condition Factor （RCF）	1.4	超过该极限值的 RCF 不适用于当前的研究
水平径向位移	0.02%（0.15m）	在采取必要的缓解措施前，井筒设施仅允许 0.02%（0.15m）的径向位移
垂直位移	1.5m（总位移）	130m 长，31 层的井筒悬吊装备允许的最大位移

　　在井巷围岩稳定的数值计算中，若以弹性理论为基础，则认为当各质点应力值满足一定条件时发生屈服，此时的条件称为屈服（破坏）条件[25]。

$$f(\sigma) = H(\chi) \tag{6.83}$$

式中，f 为某一函数关系；σ 为总应力；材料参数 H 为标量的内变量 χ 的函数。

　　为表征其安全程度，工程技术人员提出了安全系数的概念，即表示为：

$$F_s = H(\chi)/f(\sigma) \tag{6.84}$$

　　将分析所得应力值代入式（6.84）后，就可直接求出安全系数 F_s 值。

　　当 $F_s > 1$，表示未破坏（屈服面内）；$F_s < 1$，表示已破坏（屈服面外）；$F_s = 1$，表示处于临界状态（屈服面上）。

　　对于岩土介质，Mohr-Coulomb 屈服条件是工程界应用最为广泛的屈服条件之一，其主应力表示形式为：

$$f(\sigma_1, \sigma_2, \sigma_3) = \frac{1}{2}(\sigma_1 - \sigma_3) - \frac{1}{2}(\sigma_1 + \sigma_3)\sin\varphi - c\cos\varphi = 0 \tag{6.85}$$

式中，σ_1，σ_2，σ_3 均为主应力；c 为内聚力；φ 为内摩擦角。

由此可得，满足 Mohr-Coulomb 屈服条件的岩体稳定性安全系数为：

$$F_s = \frac{c\cos\varphi + \dfrac{\sigma_1 + \sigma_3}{2}\sin\varphi}{\dfrac{\sigma_1 - \sigma_3}{2}} \qquad (6.86)$$

通过岩体稳定安全系数可对围岩稳定性及其范围给出一个可量化的评判指标。在进行岩体破坏判据时，采用抗拉强度准则和抗剪强度准则。如果岩体中任一点的应力状态满足屈服条件时，岩体在该点发生破坏。当 $\sigma_T \geq [\sigma_T]$ 时，即认为岩体发生拉破坏；对于剪应力区，当单元的局部安全系数 $F_s < 1$ 时，即判断该单元发生剪切破坏[26~28]。

参 考 文 献

［1］Terzaghi K, Richart F E. Stresses in reek about cavities ［J］. Geotechnique, 1952, 3 （2）: 57~90.

［2］Mindlin R D. Stress Distribution Around a Tunnel ［M］. New York: American Society of Civil Engineers, 1939.

［3］Pender M J. Elastic solutions for a deep circular tunnel ［J］. Geoteehnique, 1980, 30 （2）: 216~222.

［4］Salencon. Contraction quasi-statiqued' une cavitesymtrique, spheriqueou cylindriqueclans un milieuelastoplastique ［J］. Annales des Ponts et Chausskes, 1969, 4: 231~236.

［5］Panet M, Guellec P. Contribution to the problem of the design of tunnel support behind the face ［J］. Progres en Mecanique Des Roches - Comptes Rendus du 3EME Congres de la Societe Internationale de Mecanique des Roches, Denver 1974.

［6］Panet M. Calcul des Tunnels Par la Methode Convergence-Confinement ［M］. Presses des Ponts, 1995.

［7］Carranza-Torres C, Fairhurst C. Application of the convergence-confinement method of tunnel design to rock masses that satisfy the Hoek-Brown failure criterion ［J］. Tunnelling and Underground Space Technology incorporating Trenchless Technology Research, 2000, 15 （2）: 187~213.

［8］McCreath D R. Analysis of formation pressures on tunnel and shaft linings ［J］. University of Alberta, 1980.

［9］郭力. 深厚表土中立井井壁水平侧压力不均匀性研究 ［D］. 北京: 中国矿业大学, 2010.

［10］张建俊, 张向东. 不均匀侧压条件下井壁结构受力机理研究 ［J］. 广西大学学报（自然科学版）, 2014 （2）: 237~244.

［11］郭力, 齐善忠. 不均匀侧压力对井筒受力的影响分析 ［J］. 煤炭工程, 2008 （11）: 64~67.

［12］杜良平. 终南山隧道大直径深竖井围岩稳定性研究 ［D］. 上海: 同济大学, 2008.

［13］Carranza-Torres C, Fairhurst C. Application of the convergence-confinement method of tunnel design to rock masses that satisfy the Hoek-Brown failure criterion ［J］. Tunnelling and Underground Space Technology, 2000, 15 （2）: 187~213.

［14］韩建新, 李术才, 李树忱, 等. 贯穿裂隙岩体强度和破坏方式的模型研究 ［J］. 岩土力学, 2011, 32 （增刊 2）: 178~184.

［15］Hoek E, Carranza-Torres C, Corkum B. Hoek-Brown failure criterion-2002 edition ［J］. Proceedings of NARMS-Tac, 2002, 1: 267~273.

［16］Vlachopoulos N, Diederichs M S. Improved longitudinal displacement profiles for convergence confinement analysis of deep tunnels ［J］. Rock mechanics and rock engineering, 2009, 42 （2）: 131~146.

［17］Detournay E, Fairhurst C. Two-dimensional elastoplastic analysis of a long, cylindrical cavity under non-hydrostatic loading [J]. Int. J. Rock Mech. Min. Sci. &Geomech. Abstr. , 1987, 24 (4): 197~211.

[18] Detournay E, St. John C. Design charts for a deepcircular tunnel under non-uniform loading [J]. Rock Mechanics and Rock Engineering, 1988, 21: 119~137.

[19] Hoek E. Estimating Mohr-Coulomb friction and cohesionvalues from the Hoek-Brown failure criterion [J]. Int. J. Rock Mech. Min. Sci. & Geomech. Abstr. , 1990, 27 (3): 227~229.

[20] 郭晓菲, 马念杰, 赵希栋, 等. 圆形巷道围岩塑性区的一般形态及其判定准则 [J]. 煤炭学报, 2016, 41 (8): 1871~1877.

[21] Martin C D, Kaiser P K, McCreath D R. Hoek-Brown parameters for predicting the depth of brittle failure around tunnels [J]. Canadian Geotechnical Journal, 1999, 36: 136~151.

[22] Diederichs M S. The 2003 Canadian Geotechnical Colloquium: Mechanistic interpretation and practical application of damage and spalling prediction criteria for deep tunnelling [J]. Canadian Geotechnical Journal, 2007, 44 (9): 1082~1116.

[23] Unlu T, Gercek H. Effect of Poisson's ratio on the normalized radial displacements occurring around the face of a circular tunnel [J]. Tunn. Undergr. Sp. Tech. , 2003, 18 (5): 547~553.

[24] Vlachopoulos N, Diederichs M S. Improved longitudinal displacement profiles for convergence confinement analysis of deep tunnels [J]. Rock Mechanics and Rock Engineering, 2009, 42 (2): 131~146.

[25] 吕森鹏. 高地应力下地下工程岩爆机理及应用研究 [D]. 武汉: 中国科学院岩土力学研究所, 2009.

[26] 康勇. 深埋隧道围岩破坏机理相关问题研究 [D]. 重庆: 重庆大学, 2006.

[27] 陶振宇. 高地应力区的岩爆及其判据 [J]. 人民长江, 1987 (5): 25~32.

[28] 唐宝庆, 曹平. 评岩爆的有关应力判据 [J]. 湖南有色金属, 2001, 3 (2): 1~3.

7 深部采场设计方法与稳定性分析

金属矿床地下采矿方法以地压管理为依据，将其划分为空场法、崩落法和充填法三类。当前，我国对于地下采矿方法选择和采场结构参数确定，主要依据矿床地质条件和开采技术经济条件，应用工程类比法进行采矿方法初选，辅以计算机模拟优化采场结构参数，并进行损失、贫化等技术经济分析，最后确定采场结构参数。

对于深部采矿而言，采场结构参数确定不仅与矿体产状、地质构造、节理发育程度等有关，还与开采方法、回采顺序、地压控制方法等相关。当矿石回采形成空区后，在采场围岩（顶板、两帮、端面）中将产生采动应力集中；当高度集中的采动应力值超过岩体强度（抗压、抗拉、抗剪强度）时，造成采场围岩体产生层裂、剥落、岩爆以及挤压大变形等破坏，导致矿石损失、贫化，甚至无法采出。因此，在对深部矿体进行采矿采场结构参数确定时，应充分分析深部开采诱发采动应力与采场围岩体作用关系，应用岩体本构方程、强度准则、失稳判据等，分析判断采场围岩的破坏模式与稳定时间，确定合理的采场结构参数。

采场稳定性分析是确定采场是否处于稳定状态，是否需要对其进行加固与治理，防治其发生破坏的重要决策依据。目前，用于采场稳定性分析的方法可分为定性分析法和定量分析法两大类。定性分析方法主要包括工程类比法、图解法等，定量分析方法主要有梁理论分析法、薄板理论分析法、极限分析法、数值计算法等[1,2]。

7.1 稳定性图表

稳定性图表是由大量工程数据经过总结、分析得到的采场稳定性判断图表，将所统计的各个工程案例稳定性与工程特点放在同一个图表中，用以分析、判断其他采矿工程的稳定性。

1981 年，Mathews 等人[1]提出稳定性图法，主要用于 1000m 以下的硬岩矿山开采方法设计和稳定性分析，基本原理是以岩体质量分级 Q 为基础，通过修正 Q 值后获得 Q'，计算岩体稳定性指数 N'，综合考虑矿山开拓和采准工程，确定采场结构尺寸并计算采场暴露面形状系数 S（即水力半径 HR），将 N' 和 HR 值绘制到稳定性图表上，即可判断采场稳定性。在 Mathews 稳定性图表的基础上，Potvin[2]、Potvin 和 Milne[3]、Nickson[4] 等人通过对加拿大地下矿山 350 多个矿山案例进行分析，提出一个新的稳定性图表，充分考虑了影响采场稳定的关键因素，如岩体结构和岩体强度、采场围岩应力、采矿空间结构尺寸、采场空间形状和走向。

稳定图表法是以稳定性指数 N' 和水力半径 HR 两个影响因子为基础进行分析、计算。稳定性指数 N' 指在已知应力条件下采场的自稳能力；水力半径 HR 反映采空区尺寸和几何形状[5~9]。

7.1.1 稳定性指数 N'

稳定性指数 N' 计算方法[10]：

$$N' = Q'ABC \tag{7.1}$$

式中，Q' 为岩体质量指标；A 为岩石应力因数；B 为节理产状调整因数；C 为重力调整因数。

岩体质量指标 Q' 为修正的 Q 岩体质量分级指标：

$$Q' = \frac{RQD}{J_n} \frac{J_r}{J_a} \tag{7.2}$$

式中，RQD 为岩石质量指标；J_n 为节理组数；J_r 为节理粗糙系数；J_a 为节理蚀变系数。

式（7.1）中的 A 为岩石应力因数，依据作用在采场顶板和两帮的最大采动应力与岩石单轴抗压强度之比进行确定（见图 7.1），A 值范围为 $0.1 \sim 1$；因此，A 可依据式（7.3）~式（7.5）和 σ_c / σ_{max} 值对应的 A 值如图 7.2 所示。

$$\sigma_c / \sigma_{max} < 2：A = 0.1 \tag{7.3}$$

$$2 < \sigma_c / \sigma_{max} < 10：A = 0.1125(\sigma_c / \sigma_{max}) - 0.125 \tag{7.4}$$

$$\sigma_c / \sigma_{max} > 10：A = 1.0 \tag{7.5}$$

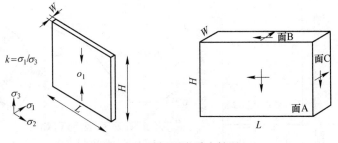

图 7.1 采场围岩受力情况

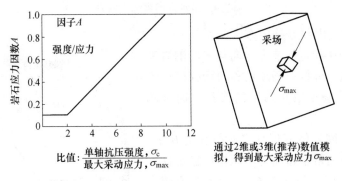

图 7.2 岩石应力因数 A

关于采动应力详细计算见第 4 章内容。

式（7.1）中的 B 为节理产状调整因数，主要考虑岩体节理对采场稳定性的影响；沿着控矿稳定性节理，在采场围岩内形成结构面控制型破坏。节理倾角与采场平面夹角越小，在开采爆破、采动应力与其他节理相互切割等影响下，采场顶板越容易发生冒落（见图 7.3）。当采场顶板控矿稳定性节理倾角 θ 与顶板的夹角接近于 0°时，可将节理化采场顶板看做"岩桥"，在采场顶板"岩梁"内主要为采动应力集中。当控矿稳定性节理与采场走向方向平行时，采场稳定性最差；节理走向垂直于采场走向时，对采场稳定性影响最小。B值取决于控矿稳定性节理方向与采场工作面的夹角，其值可依据图7.4确定。

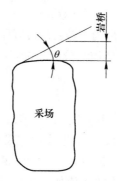

图7.3　采场工作面与控矿稳定性节理夹角

采场顶板	倾斜顶板	垂直帮	节理与采场岩壁夹角	因数B
节理　岩壁			$\alpha=90°$	1.0
	α		$\alpha=60°$	0.8
			$\alpha=45°$	0.5
			$\alpha=30°$	0.2
			$\alpha=0°$	0.3

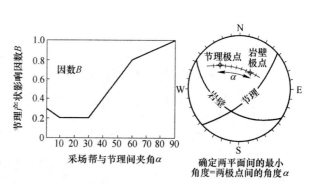

图7.4　节理方向影响因数 B

节理方向影响因数 B 确定方法：

（1）依据控矿稳定性节理走向与采场围岩夹角不同确定 B 值。分析采场顶板和两帮控矿稳定性节理走向与采场顶板和两帮的夹角，通过图7.5直接确定 B 值。

（2）依据不同岩体节理真实夹角确定 B 值。考虑采场顶板和两帮暴露面与不同控矿稳定性节理组夹角确定 B 值（见图7.6（a））。B 值测定涉及每组节理1、2和3极值及平均极值。

对于离散节理，依据不同倾角节理10°、30°、45°、60°和90°与采场帮的夹角确定因素 B（见图7.6（b））。不同节理面间的真实角度由极点与平面之间的最小角度绘出，同时图7.6（b）说明了如何确定从平面到集合1=20°、集合2=53°以及集合3=71°的角度。

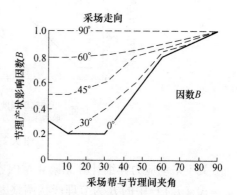

图7.5　不同倾向节理与采场
走向夹角确定 B 值

控矿稳定性节理倾角等高线由相应的节理产状调整系数 B 代替（见图7.6（c））。

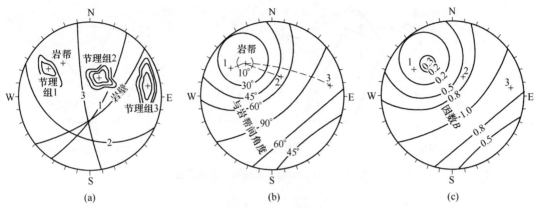

图 7.6 真实节理面夹角和节理影响因数 B

（3）依据节理倾角与采场围岩夹角全局坐标系计算。对于给定控矿稳定性节理面的倾角和倾向，可通过计算相应极点（法矢）的走向和倾角：

$$T_{走向} = 倾向 + 180°$$

$$P_{倾角} = 90° - 倾角$$

对于采场顶板或两帮面 w 和节理面 j，相对于全局坐标网格（北、东、下）的方向余弦，分别用 N、E 和 D 表示，采场顶板和两帮面倾角计算如下：

1）岩体节理面计算：

$$N_w = \cos T_w \cdot \cos P_w \qquad\qquad N_j = \cos T_j \cdot \cos P_j$$

$$E_w = \sin T_w \cdot \cos P_w \qquad\qquad E_j = \sin T_j \cdot \cos P_j$$

$$D_w = \sin P_w \qquad\qquad\qquad D_j = \sin P_j$$

2）计算采场顶板和两帮面与岩体节理面之间的点积 $w \cdot j$：

$$w \cdot j = N_w N_j + E_w E_j + D_w D_j$$

3）计算采场顶板和两帮面真正的平面角 α 为：

$$\alpha = \arccos(w \cdot j)$$

用计算出真正的采场顶板或两帮面和节理面的夹角，确定节理产状调整因数 B。

（4）依据节理倾角与采场围岩夹角局部坐标系计算。当一个岩体节理面近似水平或接近垂直时（$Dip = 0°$ 或 $Dip = 90°$），节理面倾角的计算被简化。对于确定因数 B 的真角度计算，必须考虑采场工作面与岩体节理面之间关系：

1）水平节理或水平采场顶板：仅考虑采场顶板与节理面倾角值确定。当控矿稳定性岩体节理倾角近似水平时，采场帮与岩体倾角的差值近似为真实的夹角。

2）近垂直节理或近垂直采场面：在采场走向和节理走向相同的情况下，对于控制稳定性岩体节理垂直于垂直采场帮时，只能用一个岩体节理面接近垂直，确定 B 值。

式（7.1）中的 C 为重力调整因数，主要考虑重力作用下采场顶板和两帮的破坏模式，如采场顶板冒落、片帮、沉帮、岩体结构面滑移等破坏（见图7.7）。Potvin[2]认为重力诱导的破坏和剥落破坏取决于采场面的倾角，两帮沉帮、下滑破坏主要取决于控矿稳定性节理的倾角 α，C 值可以通过经验公式进行估算（$C = 8 - 6\cos\alpha$），对于采场两帮的重力调整系数取最大值8，对于水平采场顶板取最小值2，如图7.8所示。

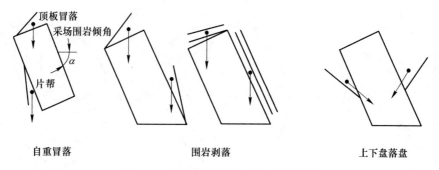

图7.7　自重作用下采场围岩破坏形式

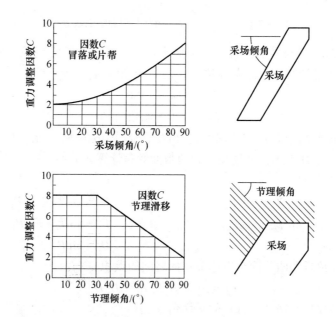

图7.8　重力调整因数 C

7.1.2　水力半径 HR

采场水力半径 HR 是通过将采场顶板或两帮的面积除以相对应面的周长进行计算（见图7.9），采场水力半径（形状系数，S）具体通过式（7.6）进行计算：

$$HR = a/l \tag{7.6}$$

式中，a 为待分析采场顶板或两帮的面积；l 为待分析采场顶板和两帮的周长。

水力半径 HR 具体计算公式为：

$$HR = \frac{WH}{2W + 2H} \tag{7.7}$$

式中，W 为待分析采场的宽度；H 为待分析采场的高度。

水力半径准确地考虑了采场尺寸和形状对采场稳定性的综合影响。

不同形状采场的水力半径计算方法见表7.1。

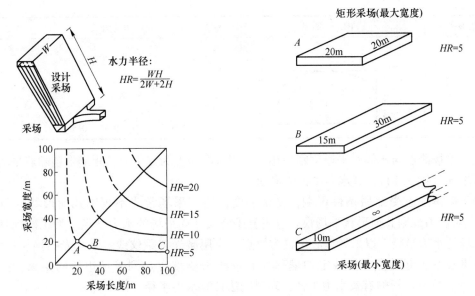

图 7.9 采场水力半径计算图

表 7.1 不同形状采场水力半径计算公式

采场形状	图 形	计算公式
圆形		$HR = \pi(0.5a)^2/2\pi(0.5a) = 0.25a$
正方形		$HR = a^2/4a = 0.25a$ 或 $HR = \dfrac{(4)(0.5)}{\dfrac{1}{0.5a}+\dfrac{1}{0.5a}+\dfrac{1}{0.5a}+\dfrac{1}{0.5a}} = \dfrac{2(0.5a)}{4} = 0.25a$
三角形		$HR = \dfrac{0.5L^2\sin 60°}{3L}$ 或 $HR = \dfrac{3(0.5)}{\dfrac{1}{0.5a}+\dfrac{1}{0.5a}+\dfrac{1}{0.5a}} = \dfrac{(1.5)(0.5a)}{3} = 0.25a$
椭圆形		$HR = (\pi ab)/[2\pi(a+b)]$ 或 $HR = \dfrac{(4)(0.5)}{\dfrac{1}{0.5a}+\dfrac{1}{0.5a}+\dfrac{1}{0.5b}+\dfrac{1}{0.5b}} = \dfrac{2(0.5a)(0.5b)}{a+b}$ $= \dfrac{ab}{2(a+b)}$

采场形状	图　　形	计算公式
矩形	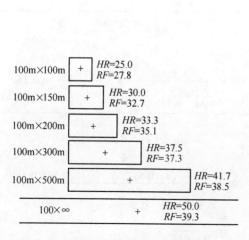	$HR = \dfrac{ab}{2(a+b)}$ 或 $HR = \dfrac{(4)(0.5)}{\dfrac{1}{0.5a}+\dfrac{1}{0.5a}+\dfrac{1}{0.5b}+\dfrac{1}{0.5b}} = \dfrac{ab}{2(a+b)}$

地下采场跨度与矿体水平厚度密切相关。当采场跨度为定值时，矩形采场随着采场走向长度增加（图 7.10），其水力半径值增加。

由于矿体形态受地质条件影响，复杂多变，地下采场常为不规则几何形状（见图7.11）。对于不规则几何形状采场很难应用上述公式计算采场的水力半径。为正确计算不规则采场的水力半径，以采场重心位置为原点，应用激光测距仪或三维激光扫描仪量测，以采场重心点为起始点，按一定的偏移角 θ 量测采场重心点到采场边界的距离，按式（7.8）计算采场顶板的有效水力半径，即射线法计算水力半径（ERF）。

$$ERF = \frac{0.5}{\dfrac{1}{n}\sum_{\theta=1}^{n}\dfrac{1}{r_\theta}} \tag{7.8}$$

式中，r_θ 为以一定偏移角 θ 由采场重心到不规则几何形状采场边界的距离；n 为以一定偏移角 θ 到不规则几何形状采场射线数目。

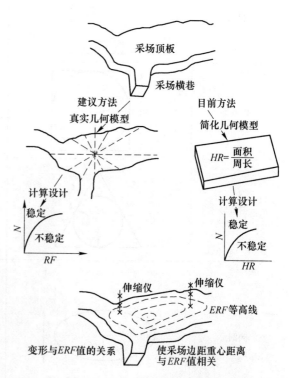

图 7.10　矩形采场顶板水力半径计算方法　　　　　图 7.11　不规则采场几何形状水力半径计算方法

7.1.3 稳定性图表

Potvin[2]使用稳定性指数 N' 和水力半径 HR（形状系数，S）修正了稳定性图表。Nickson[4]利用调整的岩石质量指标（RQD 值乘以调整系数）和水力半径之间的关系来估计采场的稳定性或冒落的可能性，如图 7.12 所示。

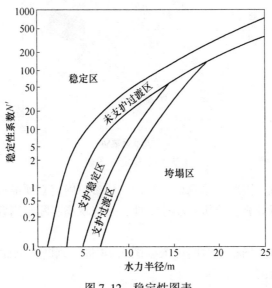

图 7.12　稳定性图表

Stewart 和 Forsyth[5]对稳定性图表进行了优化，采场稳定性可通过图 7.13 进行评估，划分为 4 个区域。

（1）稳定区域：矿体开采后，不支护仍能保证采场稳定；或者采场局部进行支护。

1）采场围岩未发生冒落；

2）未采取任何支护措施；

3）采用监测仪器，未观察到采场围岩移动。

（2）不稳定区域（潜在不稳定区域）：采场局部出现冒落，形成稳定拱结构；修改采场设计或安装锚索支护，减轻采场冒落程度。

1）可以采取采场支护控制采场围岩的稳定；

2）采用监测仪器，监测采场围岩连续往复移动规律；

3）开采作业频率增加。

（3）严重破坏区域：采场顶板和两帮垮塌区域超过采场空间的 50%。

（4）冒落区：对于未支护采场，开采后采场围岩立即发生冒落，直至采场冒落岩体塌满空区为止，或采场围岩完全失稳时的真实冒落形态。

1）采场已垮塌；

2）采用支护仍不能维护采场稳定性；减小采场跨度。

对于不稳定采场和严重破坏采场区分不是很清晰，需根据现场实际情况进行观测。

采场结构参数及其稳定性与采场围岩稳定性指数、水力半径密切相关，对于人员可进入型采场，必须保证采场结构稳定，不允许发生冒落；对于采场稳定性评估，需要识别和

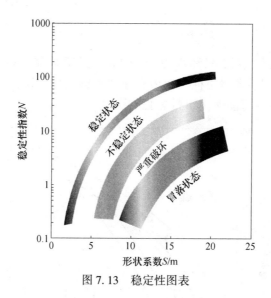

图 7.13　稳定性图表

判断潜在岩石冒落区域。因此，采场矿房结构尺寸参数确定必须根据岩体结构面信息、地应力、采场形状等进行计算，分析采场稳定性，并与现场实际监测数据进行对比分析，确定合适的采场结构参数。

对于空场法采矿，采场稳定时间可依据图 7.14 进行判断，据此可以判断采场是否采取支护以及采矿循环时间。

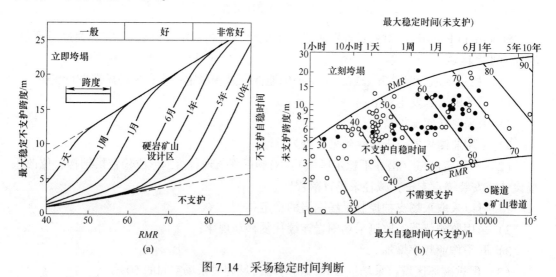

图 7.14　采场稳定时间判断

7.2　深部采场结构尺寸计算

地下深部采场结构参数确定主要包括：采场尺寸、顶柱厚度、点柱尺寸和充填体设计四个方面。

7.2.1　理论解析法计算采场尺寸

为了分析采动应力因数对采场结构尺寸确定的影响，定义了采场结构最大容许形状因

子 $S^{\max}$ ，代表采场顶板和两帮最大形状影响因子。对于地下稳定采场结构，最大形状影响因子可定义为：

$$S^{\max} = \sqrt[a]{Q'ABC/b} \tag{7.9}$$

式中，Q' 为修正的 Q 岩体质量分级指标；A、B、C 为稳定指数调整因数；a、b 为稳定采场状态边界参数。

分别用式（7.10）和式（7.11）表示采场顶板和两帮走向方向的容许长度 L。

$$L_{\text{back}} = \frac{2WS_{\text{back}}^{\max}}{W - 2S_{\text{back}}^{\max}} \tag{7.10}$$

$$L_{\text{wall}} = \frac{2WS_{\text{wall}}^{\max}}{W - 2S_{\text{wall}}^{\max}} \tag{7.11}$$

式中，W 为采场宽度；$S_{\text{back}}^{\max}$、$S_{\text{wall}}^{\max}$ 为对应于采场顶板和两帮的最大形状因子。

为评价采场顶板和两帮的最大形状容许因子与采场最终几何形状之间的关系，定义了采场的容许长度 L_{stope}，采场顶板和两帮同时稳定的采场结构尺寸为：

$$L_{\text{stope}} = \min(L_{\text{back}}, L_{\text{wall}}) \tag{7.12}$$

采场形状容许因子 S 由下列方程定义：

$$S_{\text{back}} = \frac{WL_{\text{stope}}}{2(W + L_{\text{stope}})} \tag{7.13}$$

$$S_{\text{wall}} = \frac{HL_{\text{stope}}}{2(H + L_{\text{stope}})} \tag{7.14}$$

按式（7.13）和式（7.14）计算采场形状容许因子，投到图 7.15 上，确定采场顶板和两帮围岩的稳定性；再根据采场暴露面形状系数 S，即可确定采场跨度尺寸。

假设某深部采场的矿床基础地质条件（见图 7.16）为：

（1）采场埋深为 1500m；

（2）单一采场；

（3）矿体水平厚度 25m，最小走向长度 30m，采场高度 70m，矿体倾角 90°；

（4）岩石单轴抗压强度 120MPa，采场中间垂直面相对于采场中间水平面的夹角为 90°；

（5）采场顶板中点采动应力；

（6）采场上盘中点采动应力。

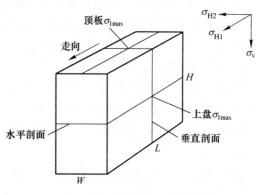

图 7.15 地下采场力学模型

修正的岩体质量指标计算。

岩体质量分级[10~13]结果见表 7.2。

岩体质量分级结果为：

$$Q = \frac{85}{3} \times \frac{3}{1} \times \frac{1}{2.5} = 34$$

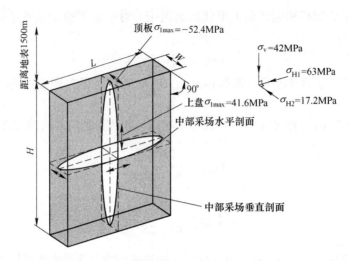

图 7.16　地下深部采场采动应力及其地应力条件

表 7.2　岩体质量分级结果

项　　目	描　　述	指　　标
岩体质量	好	$RQD = 85\%$
节理组数	一组带任意节理	$J_n = 3$
节理粗糙度	粗糙带不规则填充	$J_r = 3$
节理蚀变程度	节理面有水锈未蚀变	$J_a = 1$
节理水	节理面无水、带水锈	$J_w = 1$
应力折减	含黏土矿物单软弱区	$SRF = 2.5$

设 $SRF = 1$，修正的岩石质量等级 $Q' = 85$。

由于无地应力测量结果，估算地应力值：1500m 深，垂直应力 $\sigma_v = 1500 \times 0.027 = 40.5 \text{MPa}$；

k 为水平应力 σ_H 与垂直应力 σ_v 之比，1.4，$\sigma_H = 56.7 \text{MPa}$；

设各方向水平应力值相等，则：$\sigma_{H1} = \sigma_{H2} = \sigma_H = 56.7 \text{MPa}$，式中 σ_{H1} 为平行于走向的水平应力，σ_{H2} 为垂直于矿体走向的水平应力。

根据图 7.17，采场顶板和走向剖面中点的采动应力为：$\sigma_v = 40.5 \text{MPa}$；$\sigma_{H2} = 56.7 \text{MPa}$；$k = \sigma_{H2} / \sigma_v = 1.4$。

对于高跨比是 3，k 值为 1.4，则 $\sigma_1 / \sigma_v = 2.6$，$\sigma_1 = 2.6 \times 40.5 \text{MPa} = 105.3 \text{MPa}$。

按照图 7.2，$\sigma_c / \sigma_1 = 120/105.2 = 1.14$，由于该比值小于 2，采场顶板可能失稳。

采场顶板岩石应力因数 $A = 0.1$。

采场两帮走向水平剖面中点采动应力为：$\sigma_{H1} = 56.7 \text{MPa}$；$\sigma_{H2} = 56.7 \text{MPa}$；$k = \sigma_{H2} / \sigma_{H1} = 1$。

对于长跨比是 1.2，k 值为 1，则 $\sigma_1 / \sigma_{H1} = 1$，$\sigma_1 = 1.0 \times 56.7 = 56.7 \text{MPa}$。

按照图 7.2，$\sigma_c / \sigma_1 = 120/56.7 = 2.1$，采场两帮岩石应力因数 $A = 0.1$。

采场上下盘垂直方向剖面中点采动应力为：$k = \sigma_{H2} / \sigma_v = 56.7/40.5 = 1.4$。对于高跨

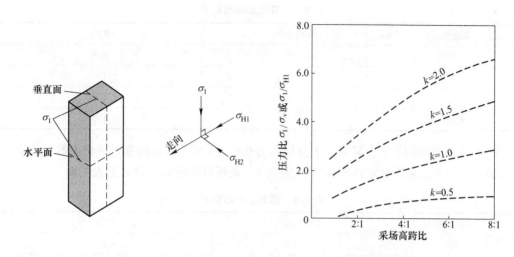

图 7.17 采场顶板和走向方向剖面的采动应力计算[5]

比是 3，k 值为 1.4，依据图 7.18，σ_1/σ_v 估算为 -0.1。由于该值为负数，σ_1 值为 0。按照图 7.2，σ_c/σ_1 值大于 10，因此，采场上盘中点岩石应力因数 $A=1$。采场上盘中点采动应力是拉应力，将使采场上盘岩体节理张开。

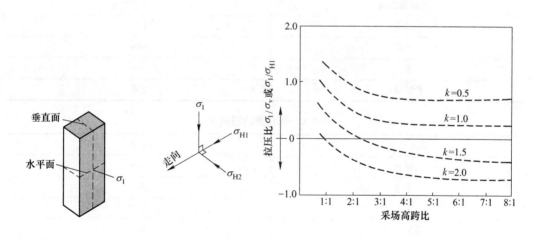

图 7.18 采场上盘中点采动应力计算[5]

采场上下盘水平剖面中点采动应力为：$k=\sigma_{H2}/\sigma_{H1}=56.7/56.1=1$。对于长跨比是 1.2，$k$ 值为 1，依据图 7.18，σ_1/σ_{H1} 估算为 0.75。$\sigma_1=0.75\times56.7=42.5$MPa。按照图 7.2，$\sigma_c/\sigma_1=120/42.5=2.8$，因此，采场上盘中点岩石应力因数 $A=0.2$。在走向方向，采场上下盘在走向方向是处于压缩状态，在采场倾向方向受拉。采场受力如图 7.16 所示。

（1）岩石应力因数：

顶板，$A=0.1$；上盘，$A=1$；下盘；$A=0.1$；采场端部，$A=0.2$。

（2）节理影响因数 B：主节理组倾向近水平，节理闭合，间距范围 7~15cm。节理表面未蚀变，带水锈。

矿体倾角 90°，矿体 25m 厚。按图 7.4 确定节理影响因数见表 7.3。

表 7.3　节理影响因数 B

采场暴露面	节理方向/(°)	B 值
顶板	0	0.5
上盘	100	1.0
下盘	80	1.0
采场端部	90	1.0

（3）重力影响因数 C：采场上下盘倾角为 90°，采场设计面的重力影响因数见表 7.4。采场顶板及上下盘岩体稳定性指数 N' 见表 7.5。采场形状影响因数 S 见表 7.6。

表 7.4　重力影响因数 C

采场暴露面	节理方向/(°)	C 值
顶板	水平	1
上盘	90	8.0
下盘	90	8.0
采场端部	90	8.0

表 7.5　岩体稳定性指数 N'

采场暴露面	N' 值
顶板	4.25
上盘	680
下盘	68
采场端部	136

表 7.6　形状影响因数 S

采场暴露面	S 值
顶板	6.8
上盘	10.7
下盘	10.7
采场端部	9.4

依据岩体稳定性指数 N' 和采场形状影响因数 S，判断采场顶板和上下盘稳定性。

7.2.2　采场跨度设计

采场稳定状态取决于岩体中初始应力和岩体的变形特性、强度特性之间的相互关系。同时，针对某一具体的矿山地质条件，存在一个与顶板暴露面积的尺寸相对应的极限跨度，顶板跨度小于此值时，采场处于稳定状态。因此，在确定采场结构参数时，首先应使矿房顶板跨度不超过其极限值，或采取相应支护方法支护采场顶板，适当扩大顶板跨度，以增加矿石回采率，提高回采经济效益[14~16]。

采场设计跨度是指不支护采场跨度或局部采取支护稳定采场的跨度，不包括采用系统支护采场的跨度；局部支护指控制临近采场爆破或采动诱发应力重分布造成采场产生潜在破坏所采用的支护[17~19]。

临界跨度是采场最大暴露尺寸，主要与采场顶板的岩体稳定指数与采场形状有关。

临界跨度设计应考虑下列因素：

（1）必须对采场离散楔形体进行识别；

（2）采用局部支护的顶板跨度；

（3）采场顶板短期稳定性（超过3个月）；

（4）水平采场顶板；

（5）采场顶板处于松弛应力状态，否则采场将发生突然垮塌；

（6）临界跨度图适用于 RMR 值范围的 40%~85%。

7.2.2.1 经验图表法

采场临界跨度为未支护采场或未充填采场上盘内能够标出的最大外接圆的直径（见图7.19）。1994年 Lang 和加拿大 UBC[20]基于岩体 RMR 值对上向水平分层充填法采场顶板的稳定性进行分析，经多次补充修正，提出临界跨度曲线法估算采场顶板最大跨度，图7.20中两条曲线将曲线图划分为三个区域：稳定区、潜在不稳定区和不稳定区。该方法是通过对采场进行岩体工程地质调查得到 RMR 值，然后结合图7.20采用临界跨度曲线确定采场临界跨度[20,21]。

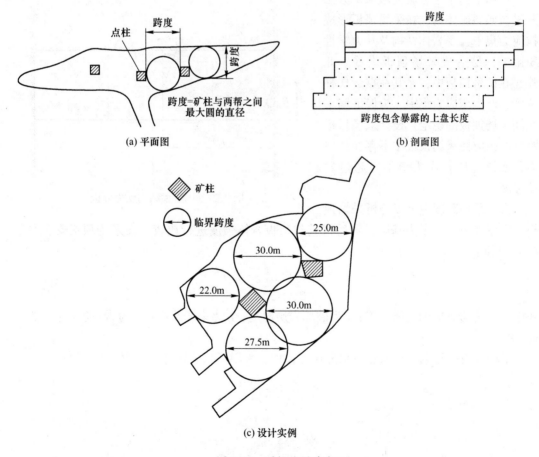

图 7.19 采场临界跨度

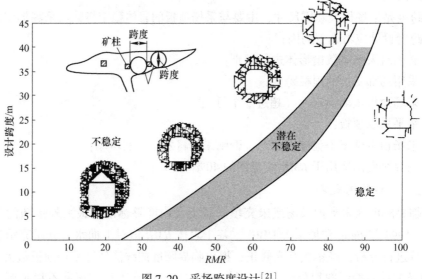

图 7.20　采场跨度设计[21]

7.2.2.2　理论计算法

　　应用上向水平分层充填采矿方法开采缓倾斜矿体时，在采场顶板形成拉应力集中，受岩体结构及其力学性质影响，易造成采场顶板失稳。此外，在矿房顶板中，尤其在靠近矿柱位置，产生压应力集中。为保证回采期间采场顶板的稳定，设计采场顶板跨度时，应使采场顶板中不存在拉应力，或拉（压）应力值不应超过岩体强度。

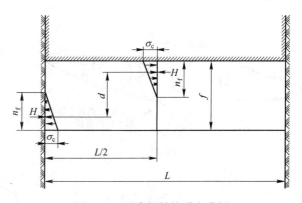

图 7.21　固定梁结构受力分析

　　设计采场跨度主要以分析采场顶板一定厚度应力分布为基础，然后将其与顶板岩体强度进行比较，设采场顶板安全系数 $F_s = 1$，则：

$$\sigma_c t^2 \left(\frac{n}{2} - \frac{n^2}{3} \right) = \frac{\gamma_r t L^2}{8} \tag{7.15}$$

式中，σ_c 为岩石单轴抗压强度；t 为破坏岩层厚度；L 为采场跨度；γ_r 为岩石容重；n 为载荷/深度。

　　采场顶板梁与上下盘承受三角形压缩作用，采用下列公式计算 n 值：

$$z_0 = t \left(1 - \frac{2n}{3} \right)$$

$$f_c = \frac{1}{4} \frac{\gamma_r L^2}{n z_0}$$

$$f\sigma_v = \frac{1}{2}f_c\left(\frac{2}{3} + \frac{n}{2}\right)$$

$$A_L = L + \frac{16}{3}\frac{2z_0^2}{L}$$

$$\Delta A_L = \frac{f\sigma_v}{E_m}A_L$$

$$z = \frac{3L}{16}\left(\frac{16z_c^2}{3L} - A_L\right)$$

$$n = \frac{3}{2}\left(1 - \frac{z}{t}\right) \tag{7.16}$$

式中，z 为可信拱高；L 为梁跨度；f_c 为承受最大压应力；$f\sigma_v$ 为梁内产生的压应力；γ_r 为岩体容重；A_L 为拱长；E_m 为岩体弹性模量；z_0 为 z 的原始坐标；z_c 为上一计算周期的 Z 值；n 为载荷/深度；t 为梁厚度。

第一个方程从初始 n 值得到悬臂向量 z_0 值；第二个方程计算压力水平，第三个方程计算在块中横跨拱的平均压力，第四个方程确定拱的长度，第五个方程计算在接触面（仅梁）处的压力引起的弹性形变。第六个方程计算拱高，最后方程是重新计算深度比 n。当最后计算的 n 与第一个方程中的前一个输入收敛时，迭代停止。取 f_c 的最终值与岩石单轴抗压强度 σ_c 之比，作为最后的安全系数 F_s：

$$F_s = \frac{f_c}{\sigma_c} \tag{7.17}$$

对于地下采场的最大跨度，其平衡方程为：

$$\frac{\gamma_r}{8}t\,L^2\cos\theta = \frac{f_c}{2}ntz$$

由材料力学梁理论已知，设采场跨度为 $2l$，两端固定受均布载荷 $q = \gamma H$ 作用梁的挠度 y 为：

$$y = \frac{q}{24EJ}(l^2 - x^2) \tag{7.18}$$

式中，l 为梁跨度的 $1/2$；E 为岩梁弹性模量；J 为梁断面对中性轴惯性矩；x 为研究截面距坐标原点距离。

因为：

$$M_{(x)} = EJ\frac{d^2y}{dx^2} \tag{7.19}$$

所以，对式（7.18）微分两次可得弯矩 $M_{(x)}$ 为：

$$M_{(x)} = \frac{q}{6}(3x^2 - l^2) \tag{7.20}$$

从式（7.19）知在矿房顶板中心部位，弯矩为负，其值最小。该处弯矩为：

$$M_{x=0} = \frac{q}{6}l^2$$

如将 l 用 $L/2$（L 为矿房顶板跨度）代替，得：

$$M_{x=0} = \frac{q}{24}L^2 \tag{7.21}$$

据此可根据 $\sigma_t = \dfrac{M_{(x)}}{W}$，求出梁横截面上作用的弯曲应力，式中 W 为截面矩。如顶板中央截面处表面弯曲应力 σ_t（为拉应力）等于该岩石的抗拉强度值时，则顶板处于极限状态。于是极限状态可表示为：

$$[\sigma_t] = \sigma_t = \frac{M_{(x)}}{W} \tag{7.22}$$

如把矿房顶板看作是高度为 h，宽度为 L 的矩形断面的梁，则 $W = h^2/6$，将其代入式（7.22）中，并将式（7.22）中的 M 用式（7.21）置换，则得：

$$[\sigma_t] = \frac{\dfrac{qL^2}{24}}{\dfrac{h^2}{6}} = \frac{qL^2}{4h^2} \tag{7.23}$$

化简得：

$$L^2 = 4h^2 \frac{[\sigma_t]}{q} \quad \text{或} \quad L = 2h\left(\frac{[\sigma_t]}{\gamma H}\right)^{1/2} \tag{7.24}$$

式（7.24）给出矿房顶板极限跨度与矿房顶板中拉应力 σ_t、顶板岩层厚度 h 和原岩应力的关系。为了得出矿房跨度随开采深度变化时，矿房顶板中拉应力的变化规律，可把顶板厚度看成是上覆岩层厚度 H，于是得出下列近似关系：

$$[\sigma_t] = \frac{\gamma H L^2}{4H^2}$$

$$L = 2H\left(\frac{[\sigma_t]}{\gamma H}\right)^{\frac{1}{2}} \tag{7.25}$$

上面按矿房顶板中间截面上的拉应力，考虑顶板极限跨度。如考虑顶板中最大弯矩 M_{max}，$M_{max} = \dfrac{qL^2}{12}$，则按前面步骤可求出极限跨度 L 为：

$$[\sigma_t] = \frac{\dfrac{qL^2}{12}}{\dfrac{h^2}{6}} = \frac{qL^2}{2h^2}$$

化简得：

$$L = h\left(\frac{2[\sigma_t]}{q}\right)^{\frac{1}{2}}$$

或：

$$L = 1.414H\left(\frac{[\sigma_t]}{\gamma H}\right)^{\frac{1}{2}} \tag{7.26}$$

对比式（7.25）和式（7.26）看出，按最大弯矩求出的极限跨度值小。

根据实验室用相似材料模型试验得出，矿房跨度 L 与开采深度 H、岩石抗拉强度 σ_t

之间关系为:

$$\frac{L}{H} = a\left(\frac{\sigma_t}{\gamma H}\right)^n \qquad (7.27)$$

式中,σ_t 为矿房顶板岩层中最大拉应力,MPa;γ 为覆盖岩层的容重,g/cm^3;L 为矿房跨度,cm;H 为开采深度,cm;a,n 为根据试验资料用图解法确定的常数,由试验曲线开始和最终两点上的 L、H 和 σ_t、γH 的值建立方程组求得。

根据试验数据可得出下列经验公式:

$$L = 1.25H\left(\frac{10[\sigma_t]}{0.1\gamma H} + 0.0012K\right)^{0.6} \qquad (7.28)$$

式中,L 为采场极限跨度,cm;σ_t 为覆盖岩层岩石抗拉强度,MPa;K 为随开采深度增加拉应力分布的估算系数,$K=H-100$。

7.2.2.3 经验公式法

经验公式法仅适用于倾角大于45°的采场[22,23]。比例跨度 C_s 的关系式为:

$$C_S = S\left[\frac{\gamma}{T(1+S_R)(1-0.4\cos\theta)}\right]^{0.5} \qquad (7.29)$$

式中,S 为顶柱跨度,m;γ 为岩石容重,t/m^3;T 为顶柱厚度,m;θ 为矿体/层理倾角;S_R 为跨度比 $=S/L$(顶柱跨度/顶柱走向长度);

临界跨度计算公式如下:

$$S_C = 3.3Q^{0.43}\sinh^{0.0016}(Q) \qquad (7.30)$$

式中,$Q = e^{\frac{RMR-44}{9}}$;RMR 为地质力学岩体质量分级指标。

等效跨度的计算公式适用于缓倾斜采场的计算(见图7.22):

$$S_{Eff} = S + L_H\cos\theta - \frac{\sin\theta}{\tan\xi_L} \qquad (7.31)$$

式中,S 为真实的采场跨度;L_H 为采场上盘长度;ξ_L 为塌陷角。

$$\beta_H = \tan^{-1}\left(\sqrt{2\pi}\tan\{(45+\varphi/2)[1-0.32\sin(2\theta)]\}\right)$$

$$\xi_L \approx \theta + \tan^{-1}\left[\sqrt{2\pi}\tan(45-\varphi/2)\right]$$

$$\theta = \arctan\frac{1}{\sqrt{4h\cos^2\alpha - 1}}$$

其中,$h = 1 + \dfrac{16(m\sigma_n + s\sigma_c)}{3m^2\sigma_c}$ 且 $\alpha = 1/3\left[90° + \arctan\left(\dfrac{1}{\sqrt{h^3-1}}\right)\right]$,$m$ 和 s 可由 GSI 得出,计算公式为:

$$m_b/m_i = \exp[(GSI-100)/(28-14D)]\,,\ s = \exp[(GSI-100)/(9-3D)] \qquad (7.32)$$

式中,D 为扰动因子;σ_c 和 m_i 分别为岩石单轴抗压强度和 Hoek-Brown 完整岩石材料常数(适合于上盘岩体);σ_n 为当前正应力的估值,可能与破断线垂直(由采场底部垂直深度和典型的最小破断角60°来估算,相当于 Rankine 楔形体破坏角45°+$\varphi/2$),例如:

$$\sigma_n = \frac{\sqrt{3}}{2}\gamma H \qquad (7.33)$$

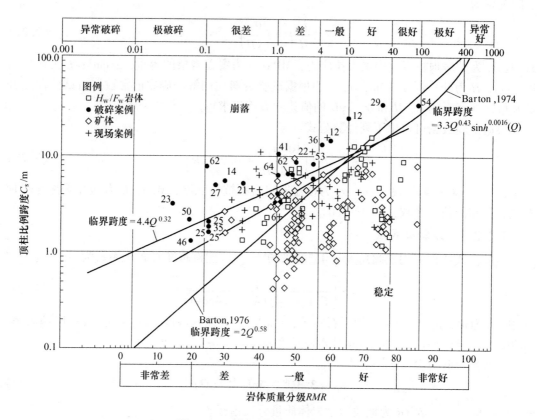

图 7.22　采场顶柱的关键经验跨度

当 $C_s < S_c$，矿柱稳定。当 $C_s > S_c$，矿柱破坏的概率更大（见表 7.7）。安全系数定义为 $F_s = S_c / C_s$。

矿柱破坏概率可按下式计算：

$$P_f = 1 - \mathrm{erf}\left(\frac{2.9F_c - 1}{4}\right) \tag{7.34}$$

表 7.7　矿柱失稳破坏概率

分级	破坏概率/%	最小安全系数	最大比例跨度 C_s（$=S_c$）	ESR	隔离矿柱可行性/服务年限设计准则	
					期望稳定时间	年限
A	50~100	<1	$11.31Q^{0.44}$	>5	实际为零	<0.5
B	20~50	1.0	$3.58Q^{0.44}$	3	极短（仅适用于临时采矿；临时隧道）	1.0
C	10~20	1.2	$2.74Q^{0.44}$	1.6	非常短（准临时采场顶柱）	2~5
D	5~10	1.5	$2.33Q^{0.44}$	1.4	短期（半临时顶柱，无重要矿山基础建设）	5~10
E	1.5~5	1.8	$1.84Q^{0.44}$	1.3	中期（半永久顶柱，可有构筑物）	15~20
F	0.5~1.5	2	$1.12Q^{0.44}$	1	长期（准永久顶柱，近地排水隧道）	50~100
G	<0.5	>>2	$0.69Q^{0.44}$	0.8	非常长（可作为土木工程隧道永久顶柱）	>100

采场有效跨度如图 7.23 所示。

7.2.3 点柱设计

采场点柱主要作用为确保采场及所在区域采场顶板岩体的稳定。点柱设计主要考虑矿柱几何形状和矿柱岩体强度。矿柱的形状与岩体结构、爆破扰动和采动应力有关，点柱稳定性取决于作用在矿柱上的采动应力大小及矿柱自身岩体强度。

点柱的作用是维护采场的稳定，矿柱的安全系数为：

$$F_S = 矿柱强度 / 作用在矿柱上的采动应力 \tag{7.35}$$

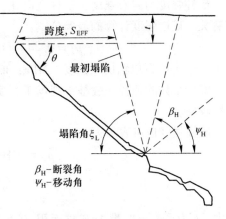

图 7.23 采场有效跨度示意图

式中，F_S 为安全系数；当作用在矿柱上的采动应力超过矿柱强度时，矿柱即发生失稳破坏。

矿柱所受应力一般采用等效面积法确定，开采前上覆岩体的重力为矿柱承受的静水压力。矿石采出后，采空区由矿柱支撑，点柱承担等效面积内的静水压力将由矿柱来承担。如图 7.24 中所示，矿柱平面尺寸为 ab，矿柱之间距离为 c。在垂直方向上根据力的平衡方程可知：

$$\sigma_p ab = p_{zz}(a + c)/(b + c) \tag{7.36}$$

式中，σ_p 为矿柱所受轴向应力；p_{zz} 为覆盖层自重应力。

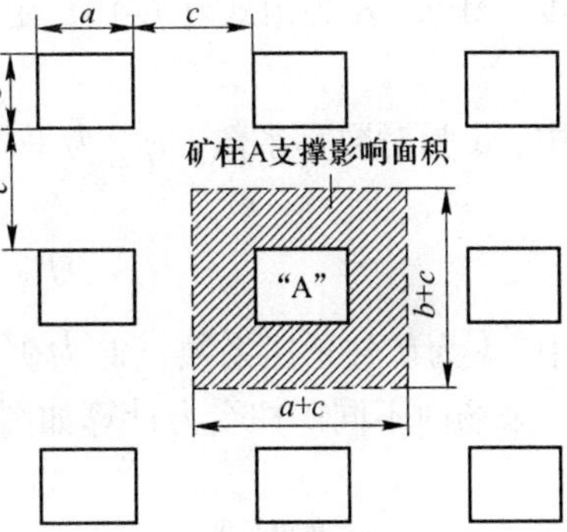

图 7.24 等效面积法

因此，回采率为：

$$r = [(a + c)(b + c) - ab]/[(a + c)(b + c)] \tag{7.37}$$

对于正方形矿柱（图 7.25），若矿柱断面尺寸为 $W_p W_p$，矿柱之间距离为 W_o，则：

$$\sigma_p = p_{zz}(W_p + W_o)^2/W_p^2 \tag{7.38}$$

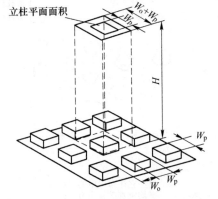

典型的矿房和矿柱布置，显示假定总岩石荷载均匀分布在所有柱子上的单柱所承载的荷载

图 7.25 采场内矿柱几何尺寸设计

矿柱强度与岩石强度、矿柱宽高比、矿柱结构特征、矿柱力学特性及爆破对矿柱的影响有关。矿柱强度计算的经验公式：

$$p_s = 0.44\sigma_c [0.68 + 0.52(W_p/H_p)] \tag{7.39}$$

式中，σ_c 为矿石单轴抗压强度，MPa；W_p 为矿柱宽度，m；H_p 为矿柱高度，m。

安全系数的选择一般基于现场工程实践经验。当安全系数介于 1.3~1.9 时，矿柱完整性较好。

矿柱强度也可表示为：

$$p_s = 矿柱尺寸 \times 矿柱形状$$

$$p_s = k\frac{W^{0.5}}{H^{0.7}} \tag{7.40}$$

式中，k 为系数；W 为 4×矿柱面积/矿柱周长；H 为高度。

研究表明，矿柱强度与矿柱宽度和高度的比值有关。则矿柱强度为：

$$p_s = (0.44\sigma_c)\frac{c_w}{c_n} \tag{7.41}$$

式中，p_s 为矿柱强度，MPa；W 为矿柱宽度，m；H 为矿柱高度，m；σ_c 为矿石单轴抗压强度，MPa；α 为由式（7.42）定义的试验岩体常数。

$$\alpha = 131 - cp_{av}^{0.1} \tag{7.42}$$

式中，α 为对数幂系数；cp_{av} 为平均矿柱强度，MPa。

$$cp_{av} = k\left[\log\left(\frac{W}{H} + 0.75\right)\right]^{\frac{1.4}{W/H}} \tag{7.43}$$

式中，k 为矿柱承压系数；W 为矿柱宽度，m；H 为矿柱高度，m。

采场内不同矿柱受力计算如图 7.26 所示。

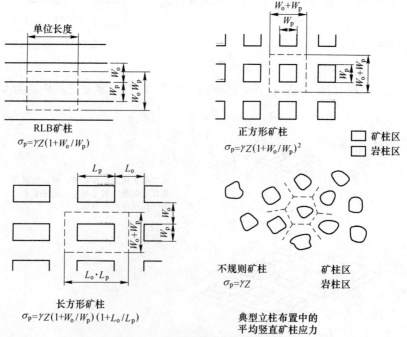

图 7.26　采场内不同矿柱受力计算

矿柱形状及尺寸选择，需考虑采场的稳定性和矿石回收率。从维护采场稳定性方面考虑，间柱间距应小于极限跨度，点柱横断面尺寸应满足岩体强度要求。如果点柱断面尺寸过小，易造成矿柱失稳破坏，致使采场实际跨度过大而导致冒顶；同时采场顶板覆岩压力转移到相邻矿柱上，致使相邻矿柱破坏，引发连锁破坏反应。

充分考虑点柱的"尺寸效应"和"形状效应"影响，计算、分析点柱中心平均最小/最大主应力比计算矿柱摩擦系数，应用岩体强度公式，推导硬岩点柱强度计算公式：

$$p_s = 0.44U(0.68 + 0.52K_a) \tag{7.44}$$

$$K_a = \tan\{\cos^{-1}[(1 - C_p)/(1 + C_p)]\} \tag{7.45}$$

$$C_p = 0.46[\log(a/h + 0.75)]^{1.4h/a} \tag{7.46}$$

式中，p_s 为矿柱强度，MPa；U 为完整岩样强度，MPa；K_a 为矿柱摩擦系数；C_p 为矿柱平均强度系数。尽管矿柱强度理论考虑因素比较多，但应用时涉及的参数比较简单、可靠。

观察法判断矿柱稳定性见表 7.8。

表 7.8 观察法判断矿柱稳定性级别

矿柱稳定性分级	矿柱破坏形态	观测矿柱破坏特征
1	采场	无应力致裂迹象
2	采场	仅矿柱两端拐角处破坏
3	采场	矿柱表面开裂 裂隙长度小于 1/2 矿柱高度 裂隙张开度小于 5 mm
4	采场	裂隙长度大于 1/2 矿柱高度 5 mm<裂隙张开度<10 mm
5	采场	矿柱破坏 块体掉落 裂隙张开度大于 10 mm 裂隙贯穿矿柱核部

根据 $p_s/\sigma_p = n$ 确定矿柱尺寸（图 7.27），$n > 1$ 矿柱稳定，$n < 1$ 矿柱不稳定。

计算矿柱尺寸的公式中含有 n，该值为安全系数，它等于矿柱强度除以矿柱应力。这两个值有很大的不确定性。在选取 n 值时，要考虑矿柱作用、地质构造、应力分布、矿柱服役时间等因素，可按下面的条件选取：

(1) 人在矿房中工作，n 值要大于 1.5。如矿柱最后要回采时，n 应大于 2.0。

(2) 人不在矿房中工作，n 值要大于 1.1。采用充填法回采矿柱时，允许矿柱出现破坏，n 值可小于 0.5。

7.2.4 顶柱设计

采场顶柱主要是保护采场上下盘围岩及采场的稳定（见图 7.28）。为了保证回采时的安全，减少矿石损失贫化，必须科学合理地确定采场顶柱安全厚度。

进行采空区顶柱稳定性分析时必须考虑两个因素：(1) 内在因素，包括顶柱厚度、

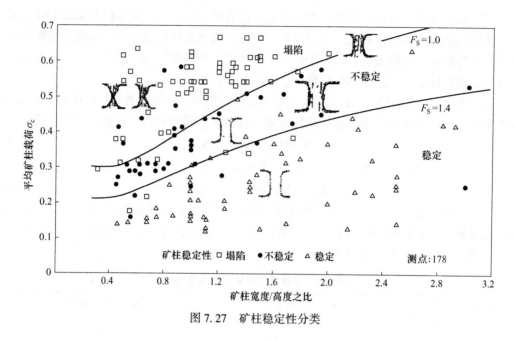

图 7.27　矿柱稳定性分类

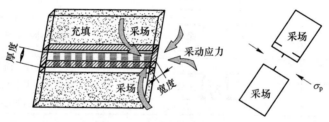

图 7.28　采场顶柱受力状态

跨度、形态及岩体工程特性指标等；（2）外在因素，包括采场的回采顺序、爆破震动影响等。总之，影响采场顶柱稳定的因素主要有顶柱岩体强度、顶柱形态（水平或拱形）、矿柱中应力、顶柱厚度、采场跨度及安全系数（图 7.29）。采场顶柱的稳定性可表示为：

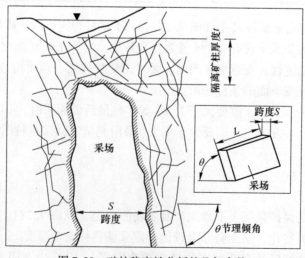

图 7.29　矿柱稳定性分析的几何参数

$$顶柱稳定性 = f\frac{t\sigma_h\theta}{SL\gamma u} \tag{7.47}$$

式中，t 为隔离矿柱厚度；σ_h 为水平应力；θ 为倾角（层理倾角或采场上下盘倾角）；S 为隔离矿柱跨度；L 为采场走向长度；γ 为岩体容重；u 为地下水压力。

矿柱稳定性随 S、L、γ、u 的减小而增加。

由式（7.47）可以看出，除 σ_h 和 u 之外，所有计算参数都与矿柱几何形状有关。

7.2.4.1 理论法

假设岩体为均质、各向同性和线弹性介质[24,25]，则依据不同理论公式计算顶柱厚度方法为：

（1）极限分析法。基于极限分析法的顶柱安全厚度计算公式为：

$$\left[\frac{M_p}{q}\right]^{1/2} = \begin{cases} \dfrac{L\sqrt{(C_nL)^2 + 3L} - C_nL^2}{\sqrt{3}CL}, & \dfrac{1}{CL} < \left[\dfrac{M_p}{q}\right]^{1/2} \leqslant \dfrac{\sqrt{3}}{CL} \\[4mm] \dfrac{l\sqrt{l^2 + 3C_nL^2} - l^2}{\sqrt{3}CC_nL}, & \left[\dfrac{M_p}{q}\right]^{1/2} \geqslant \dfrac{\sqrt{3}}{CL} \end{cases} \tag{7.48}$$

式中，q 为顶板上的分布载荷，MPa；M_p 为单位极限弯矩，综合反映了顶板岩性和厚度等因素，计算式为：

$$M_p = \frac{1}{6}\sigma_t h^2 \tag{7.49}$$

式中，h 为顶板厚度，m；σ_t 为顶板岩体的抗拉强度，MPa；L 为顶板长度，m；l 为顶板跨度，m；C、C_n 为当量系数，不同边界条件下 C 和 C_n 的取值见表 7.9。

表 7.9 不同边界条件下 C 和 C_n 取值

边界约束形式	C	C_n
四周固支	4	1
三固一简	$2+\sqrt{2}$	$4/(2+\sqrt{2})$
二固二简	$2+\sqrt{2}$	1
一固三简	$2+\sqrt{2}$	$(1+\sqrt{2})/2$

（2）薄板理论法。地下采矿活动在三维空间中进行，采用空场法采出矿体后，悬空顶柱由间柱和上下盘围岩支撑，并在矿房上方形成具有某种边界约束的三维板状结构。采场顶柱稳定性可以通过板结构的强度计算进行分析。基于弹性力学小变形薄板理论的顶柱安全厚度计算公式如下：

$$\sigma_1 = \frac{12L_x^2 L_y^2(L_y^2 + \nu L_x^2)q}{\pi^2[3(L_x^4 + L_y^4) + 2L_x^2 L_y^2]h^2}$$

$$\sigma_2 = \frac{12L_x^2 L_y^2(L_y^2 + \nu L_x^2)q}{\pi^2[3(L_x^4 + L_y^4) + 2L_x^2 L_y^2]h^2}$$

$$\sigma_3 = 0 \tag{7.50}$$

根据 H. Tresca 屈服准则，当顶柱的危险点产生剪切屈服时，该点的主应力满足下式：

$$\sigma_1 - \sigma_2 = 2\tau_0 \tag{7.51}$$

故有：

$$\tau_{max} = \frac{6L_x^2 L_y^2 (L_y^2 - L_x^2)(1-\nu)q}{\pi^2 [3(L_x^4 + L_y^4) + 2L_x^2 L_y^2]h^2} \tag{7.52}$$

式中，τ_{max} 为顶柱岩体中的最大剪应力，MPa；H 为作用在顶柱的覆岩厚度，m；h 为顶柱岩体的厚度，m；γ 为顶柱岩体的容重，kg/m³；ν 为顶柱岩石的泊松比；L_x、L_y 为研究区域的宽和长，其中 $L_x = \min(L_x, L_y)$，m。

将 $q = \gamma H$ 代入上式，可得顶柱承受剪应力。将其与顶柱岩体的抗拉强度和抗剪强度进行比较，如果顶柱承受的剪应力或拉应力达到或超过岩体抗剪或抗拉强度时，采场顶柱就发生破断。因而，采场顶柱发生失稳断裂判据为：

$$\max\{\sigma_x, \sigma_y\} > [\sigma_T] \tag{7.53}$$
$$\tau_{max} > [\tau] \tag{7.54}$$

式中，$[\sigma]$，$[\tau]$ 分别为岩体抗拉强度和抗剪强度，MPa。

（3）荷载传递线交汇法。假定荷载沿顶板中心与竖直线成 30°~35° 的扩散角向下传递，当此应力传递线位于顶板与采空区两帮交点以外时，则认为采空区两帮直接支承顶板上的岩石自重与外载荷，顶板安全（见图 7.30）。

设 α 为隔离顶柱中心线与载荷传递线之间的夹角，则采场顶板跨度与采场安全厚度之间计算关系为：

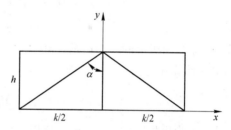

图 7.30　荷载传递交汇线法计算示意图

$$h = \frac{nk}{2\tan\alpha} \tag{7.55}$$

式中，α 为顶板中心竖直线与载荷传递线之间的夹角，取 35°；h 为顶板厚度，m；k 为矿房跨度，m；n 为安全系数，取 1.3。

7.2.4.2　经验法

采用经验法设计顶柱厚度时，当矿岩条件较好时，厚跨比为 1:1；当岩体条件较差时，厚跨比要大于 3:1，但该经验准则缺乏实际操作性。1992 年，Carter[22] 提出尺度跨度法设计隔离矿柱厚度，最初该方法只适用于倾角大于 45° 的矿体，将采场顶板中最小的水平尺寸定义为矿柱跨度，但当矿体倾角较平缓时，矿体上盘也很容易破坏。2002 年，Carter[23] 对该方法进行了修正扩展，能适用于缓倾斜矿体，修正考虑到上盘岩体对隔离矿柱稳定性的影响。

该部分计算参照 7.2.2 节的经验法计算。

7.2.5　充填设计

7.2.5.1　充填作用机理

为了维护采场稳定，充填体能够发挥多种形式的作用，因此作用机理不仅仅只靠充填体压缩变形方式来确定充填体维持采场稳定的效果；充填体还能够提供多种模式的岩体支撑作用，如图 7.31 所示。充填体的作用主要包括：保护充填采场顶板岩体的完整性、有效的填充节理与裂隙和充填让压作用[26]。

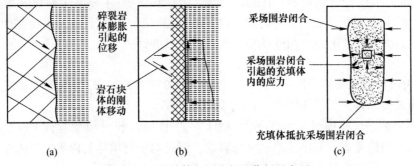

图 7.31 充填体与围岩相互作用示意图

7.2.5.2 充填体经典强度设计方法

充填材料的力学属性主要包括抗压强度和渗透性[27]。充填体抗压强度受开采方法影响较大，抗压强度值变化范围较大；对于上向水平分层充填采矿采场充填强度值低于 1MPa；对于二步矿房法采矿，一步采场充填强度要求达到 5~7MPa。充填体的渗透性主要影响采场脱水能力，通常充填材料渗透率为 100mm/h。在对充填体与围岩相互作用机理的研究基础上，国内外学者提出了一些充填体强度确定计算模型，具有代表性的有五种：Terzaghi 模型、Thomas 模型、Mitchell 模型、Donavan 经验计算方法以及卢平修正模型。

（1）Terzaghi 强度计算模型。由于充填体表现出散体的力学性质，因此，在强度设计上可采用 Terzaghi 于 1943 年创立的 Terzaghi 理论[28]，其表达式为：

$$S_{FB} = \frac{D}{A} f(h) \tag{7.56}$$

$$A = \lambda W_B^{-1} \tan\alpha$$

$$D = \gamma - c W_B^{-1}$$

$$f(h) = 1 - \exp(-Ah)$$

式中，S_{FB} 为当充填体高度为 h 时，设计的充填体强度；W_B 为充填体的宽度；λ 为侧压系数；γ 为充填体容重；c 为充填体的内聚力；α 为充填体的内摩擦角。

（2）Thomas 强度计算模型。1979 年，托马斯等人[29]考虑到充填体与围岩的相互作用关系，采用极限平衡理论作为充填体强度设计依据，Thomas 强度计算表达式为：

$$S_{FB} = \frac{\gamma H}{\dfrac{H}{B} + 1} \tag{7.57}$$

式中，S_{FB} 为当充填体高度为 H 时，设计的充填体强度；γ 为充填体容重；H 为充填体的高度；B 为充填体的宽度。

（3）Mitchell 强度计算模型。Mitchell 强度计算模型[30]认为胶结剂是胶结充填体强度的主要来源，较长时间范围内可忽略充填体与矿柱之间的摩擦力，其强度设计式为：

$$S_{FB} = \frac{(\gamma L - 2c)(H - B/2)\sin 45°}{L} F_S \tag{7.58}$$

式中，S_{FB} 为当充填体高度为 H 时，设计的充填体强度；B 为充填体的宽度；L 为充填体的纵向长度；γ 为充填体容重；c 为充填体的内聚力；F_S 为安全系数（可取 1.5）。

（4）Donavan 经验计算模型。Donavan 经验计算方法[31]主要基于假设充填体上部所受到的垂直载荷主要受顶板变形的影响，没有进行充填前，围岩便已经有位移产生，顶板变形的岩体重力要大于充填体所受的顶板的载荷，其表达式为：

$$S_{FB} = k\gamma_p H_p F_S \tag{7.59}$$

式中，S_{FB} 为设计的充填体强度；k 为比例系数（0.25~0.5）；H_p 为顶板位移变形岩体的深度；γ_p 为顶板位移变形岩体的容重；F_S 为安全系数。

（5）卢平修正计算模型。1987 年，卢平[32]对 Thomas 设计模型进行了修正，其原因主要为该模型虽然考虑了充填体的尺寸与容重，但是对于充填体的内聚力与内摩擦角没能充分考虑，因此提出的修改模型如下所示：

$$S_{FB} = \frac{\gamma H}{(1 - k)\left(\tan\alpha + \dfrac{2H}{B}\dfrac{C_1}{C_2}\sin\alpha\right)} \tag{7.60}$$

式中，S_{FB} 为当充填体高度为 H 时，设计的充填体强度；γ 为充填体容重；C_1、C_2 为充填体的内聚力及围岩间的内聚力；H 为充填体的高度；B 为充填体的宽度；φ、φ_1 为充填体的内摩擦角及围岩间的内摩擦角；λ 为侧压系数，$\lambda = 1 - \sin\varphi$，$\alpha = 45° + \varphi/2$。

上述五种具有代表性的充填体强度设计公式各自具有其特点，共同之处在于设计充填体强度时需充分理解、分析充填体与围岩相互作用关系，再依据各自特点选择相适合的强度计算模型，指导充填材料强度配比。

7.2.5.3　充填采场高度计算

在充填压力作用下，采场围岩体的单轴抗压强度为：

$$S_c = \sigma_1 + K\sigma_3 \tag{7.61}$$

式中，S_c 为围压作用下岩石抗压强度；σ_1 为自重应力；σ_3 为对采场围岩产生的充填压力，$\sigma_3 = \gamma H \tan^2(45° - \varphi/2)$；$K = (1 + \sin\varphi)/(1 - \sin\varphi)$；$\varphi$ 为充填体的内摩擦角。

对于二步开采采场，是在两侧都是充填体的条件下开采矿柱。当采用爆破回采矿柱后，充填采场两侧的充填体大面积暴露，形成临空面。此种条件下，采空区内的充填体不受压。若充填体自重超过充填体强度时，充填体仍然稳定，则需满足当安全系数为 1 时，垂直于充填的应力 γH = 充填体强度 S_c，即：

$$H = S_c/\gamma \tag{7.62}$$

例如：对于尾砂/水泥比为 32∶1，其 90 天强度，即充填体强度（S_c）为 689kPa，充填体的密度为 $\gamma = 15.7$kN/m³。

当安全系数为 1 时，则充填体的最大自稳定高度（见图 7.32）为：

$$H = (689\text{kN/m}^2)/(15.7\text{kN/m}^3) = 43.9\text{m}$$

7.2.5.4　充填体沉降

采空区充填以后，充填材料逐渐压实下沉，充填材料沉降的程度称为沉降率（P），用百分数表示：

$$P = \frac{V_1 - V_2}{V_1} \times 100\% \tag{7.63}$$

式中，V_1 为充填材料刚充填时的体积；V_2 为充填材料沉降后的体积。

充填材料力学性质、湿度、矿体倾角、围岩压力、充填方法等，都对充填的沉缩率有影响：干式充填的沉缩率为 15%~25%；水力充填为 10%~15%；风力充填为 10%~12%。

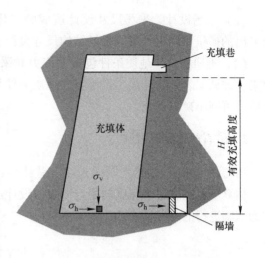

图 7.32 充填采场高度计算简图

7.3 矿石贫化及控制措施

由于矿体形态的不规则特性，在矿体开采过程中，不可避免地造成矿石损失和贫化。矿石贫化可分为采矿计划内贫化和采矿计划外贫化（见图 7.33）。计划外贫化是由采场冒落或废石混入造成，采矿计划内贫化是由包含在矿体内，或采场边界随回采而混入的废石造成[33,34]。具体的矿石损失和贫化分类如图 7.34 所示。

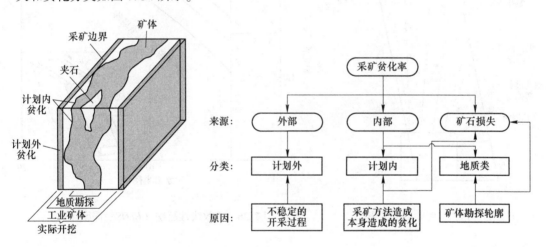

图 7.33 计划内和计划外贫化

图 7.34 矿石贫化和损失分类

7.3.1 矿石贫化影响因素

导致采场矿石贫化的影响因素很多，并非仅由单一变量造成贫化，而是多种因素共同作用结果。因此，影响矿石贫化的主要原因主要有：钻孔爆破质量、采场设计和地质条件。

（1）钻孔爆破质量。钻孔爆破质量包括钻孔精度和炸药单耗。钻孔精度是由钻孔位置、钻孔倾角、钻孔偏斜和钻孔长度的误差造成。钻孔和爆破问题对矿石贫化的影响很难预测，需充分统计和比较钻孔精度和超挖尺寸之间的关系，包括钻孔缺失、钻孔间距的变化等。图 7.35 所示为钻孔精度对贫化率的影响，图中深色是计划中的钻孔，浅色是错误钻孔。由于钻孔误差的持续累积，爆破的对称性发生变化，导致矿石贫化或矿石损失。

（2）采场设计。采场尺寸设计造成的贫化，是由确定采场边界不准确造成的贫化；当采出的矿量相同时，不同采场结构尺寸设计变化，导致采场矿石贫化程度发生变化。

（3）地质条件。地质条件包括地应力和采场围岩条件，是造成矿石贫化的基本影响因素，如软弱岩体的垮塌、冒落等。地质条件与采场设计密切相关，因为合理的采场结构参数，可减小矿石贫化。

7.3.2　矿石贫化计算方法

UBC 的 Clark（1998）[35]引入"等效线性超挖深度（ELOS）"量化上盘围岩冒落程度。估算上盘围岩冒落深度的稳定图表的设计过程是以稳定数 N' 和水力半径 HR 这两个参数为基础进行的（见图 7.36）。

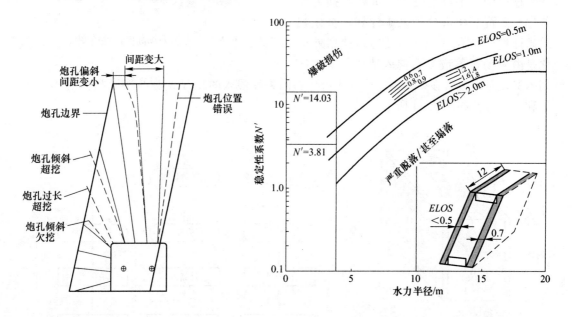

图 7.35　钻孔精度差造成的影响　　　　图 7.36　等效线性超挖（ELOS）深度计算

等效线性超挖（ELOS）是矿石贫化的一种计算方法，用采场边界以外的体积除以相对应开挖面的面积（见图 7.37），是检验采场设计成功与否的方法，与采场体积无关，只与采场边界的表面积相关。等效线性超挖（ELOS）可用式（7.64）计算，由于在采场设计阶段，无法现场监测采场上下盘的超挖体积，常采用经验图表法（图 7.38）来估算等效线性超挖（ELOS）值：

$$ELOS(m) = \frac{超挖体积(m^3)}{采场长(m) \times 采场宽(m)} \quad (7.64)$$

图 7.37　ELOS 计算示意图

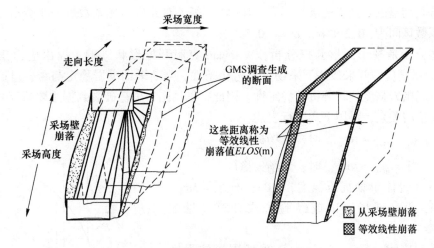

计算线性崩落值的步骤
(1) 沿着长钻孔剖面线切割GMS调查剖面；
(2) 在每一个剖面图上计算每个采场壁面的崩落面积，m；
(3) 基于每个剖面上计算的面积值，计算每个采场壁面崩落的体积，m，这要求为每一个剖面指定厚度；
(4) 给定面的等效线性崩落可通过下式计算；

$$等效线性崩落 = \frac{采场壁面崩落体积}{采场高度 \times 采场壁走向长度}$$

图 7.38　采场上下盘围岩贫化分析

7.3.3　矿石贫化控制措施

矿石贫化控制措施如下：

（1）提高钻孔精度。通过对钻孔进行系统的检测，对不符合设计要求的钻孔重新补打，提高钻孔精度。现场工作人员在凿岩过程中要严格按照规程操作，避免重新打孔；尽量减小钻孔的偏斜，通过采取技术措施可将钻孔偏斜减小至1%。

（2）优化采场尺寸。在确定采场边界的过程中，应充分考虑地质和岩石力学信息，改进采场设计；需要统计采场边界附近节理、断层和剪切带等，调整采场边界。在评价采场围岩质量等级时，需综合采用 Q、RMR 和 GSI 岩体质量分级方法对采场围岩进行分级。对沿走向布置的采场进行边界设计时，应使其简单、易于施工；在某些情况下，增加计划内的贫化，减少矿石损失，提高采掘效率。

（3）增强采场的稳定性。当采场围岩条件较差时，应采用锚索支护加固围岩以控制采场围岩的稳定性，防止围岩冒落混入矿石堆，降低矿石的贫化率。

（4）设置挡墙。在矿石和废石之间合适位置设立挡墙，防治废石混入矿石堆而降低矿石的品位。

7.4　采动应力作用下采场顶板破坏

在采动应力作用下，采场围岩破坏形式主要为应力控制型破坏，表现为剥落、层裂、冒落、岩爆等破坏特征。Ortlepp[36]等人通过对南非巷道围岩破坏特征进行研究，总结出巷道围岩失稳的判据：开挖最大主地应力（σ_1）与岩石单轴抗压强度（σ_c）比值，并以此判断分析巷道围岩产生的破坏形态。Hoek[37]等人对此应力比系数进一步分析，划定其应力比系数区间为：$0.2 \leqslant \sigma_1 / \sigma_c \leqslant 0.5$。

上述分析是基于圆形开挖分析，Wiseman 克服开挖形状影响，提出应力集中因数（SCF）分析高应力开采条件下采场围岩劣化条件。判断采场围岩稳定与否，可通过采动应力与采场围岩强度比较分析其稳定性。因此，采场围岩失稳破裂判据主要研究采动应力与岩体强度的关系，可用下式进行表述：

$$\begin{aligned} &\text{当}\ \sigma_{1\max} < \sigma_{c\max}\ \text{时，采场稳定} \\ &\text{当}\ \sigma_{1\max} > \sigma_{c\max}\ \text{时，采场失稳} \end{aligned} \right\} \qquad (7.65)$$

式中，σ_c 为岩体单轴抗压强度，MPa；$\sigma_{1\max} = 3\sigma_1 - \sigma_3$，MPa，通过现场测试或经验公式计算（见图 7.39）。

当采动应力（$\sigma_{1\max}$）远大于采场围岩体强度（$\sigma_{c\max}$）时，采场围岩可能产生剥落、层裂、冒落、岩爆等破坏（见图 5.4）。

深部采场应力边界条件主要受垂直应力和最大（小）水平应力共同作用。在三维应力场作用下开采

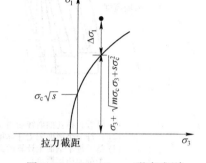

图 7.39　Hoke-Brown 强度准则

矿体，采场围岩表面采动诱发的采动应力超过采场围岩体强度，且其应力矢量随采动而不断变换作用方向，需通过现场监测与三维应力场分析进行校验。

常见的应力诱发型破坏为屈曲，对其分析常采用欧拉方法。在高应力下的高度各向异性（片理）岩体中，层理会产生与开挖墙平行的层状屈曲（见图 7.40）。屈曲主要由于 μ 中的失稳现象而在远低于岩石抗压强度的应力水平处失效。与强钢薄板在平行于薄板的最小载荷下弯曲和倒塌的方式相同。屈曲所需临界应力计算基于平板几何形状和岩石刚度，并具有以下假设：

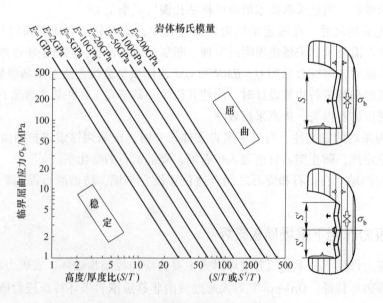

图 7.40　采场顶板围岩屈曲分析

（1）屈曲平面外尺寸是最大尺寸。

（2）屈曲厚度可定义为岩层潜在离层间距的最小值。

（3）层状岩体比较完整，保证使用岩体模量和抗压强度进行稳定性计算。

（4）不存在可导致交替失效模式的斜交结构。

$$\sigma_b = \frac{E^2}{12(S/T)^2} \tag{7.66}$$

式中，E 为完整岩石刚度（平行于面理）；S 为平面岩层跨度（长尺寸）；T 为层裂厚度（短尺寸）。

参 考 文 献

[1] Mathews K E, Hoek E, Wyllie D C, et al. Prediction of stable excavation spans for mining at depths below 1000 m in hard rock [J]. Canmet DSS Serial No: 0sQ80-00081, Ottawa, 1981.

[2] Potvin Y. Empirical open stope design inCanada [D]. University of British Columbia, 1988.

[3] Potvin Y, Milne D. Empirical cable bolt support design [C]. Rock Support inMining and Underground Construction, Proc. Int. Symp. on Rock Support, 1992: 269~275.

[4] Nickson, Simon D. Cable support guidelines for underground hard rock mine operations [D]. University of British Columbia, 1992.

[5] Stewart S B V, Forsyth W W. The Mathew's method for open stope design [J]. Cim Bulletin, 1995, 88 (4): 45~53.

[6] Mawdesley C. Using logistic regression to investigate and improve an empirical designmethod [J]. International Journal of Rock Mechanics and Mining Sciences, 2004, 3 (41): 507~508.

[7] Mawdesley C, Trueman R, Whiten W J. Extending the Mathews stability graph for open-stope design [J]. Mining Technology, 2001, 110 (1): 27~39.

[8] Trueman R, Mikula P, Mawdesley C A, et al. Experience in Australia with the application of the Mathew's method for open stope design [J]. The CIM Bulletin, 2000, 93 (1036): 162~167.

[9] Milne D M. Underground design and deformation based on surfacegeometry [D]. University of British Columbia, 1997.

[10] Hoek E, Kaiser P K, Bawden W F. Support of underground excavations in hard rock [M]. CRC Press, 2000.

[11] Martin C D, Kaiser P K, Christiansson R. Stress, instability and design of underground excavations [J]. International Journal of Rock Mechanics and Mining Sciences, 2003, 40 (7~8): 1027~1047.

[12] Singh B, Goel R K. Engineering Rock Mass Classification [M]. Butterworth-Heinemann, 2011.

[13] Kirkaldie L. Rock classification systems for engineering purposes [C]. ASTM, 1988.

[14] 杨宇江，常来山. 地下矿围岩压力分析与控制 [M]. 北京：冶金工业出版社，2014.

[15] 晋文. 白象山铁矿采场开采结构参数优化设计与围岩稳定性分析 [D]. 青岛：青岛理工大学，2011.

[16] 梁江波. 云南某磷矿灯杆树矿段采场结构参数优化研究 [D]. 昆明：昆明理工大学，2014.

[17] 刘培慧. 基于应力边界法厚大矿体采场结构参数数值模拟优化研究 [D]. 长沙：中南大学，2009.

[18] Ouchi A M. Empirical design of span openings in weakrock [D]. University of British Columbia, 2008.

[19] 张海波，李示波，张扬，等. 金属矿山嗣后充填采场顶板合理跨度参数研究及建议 [J]. 金属矿山，2014 (6): 21~24.

[20] Brennan Davis Allan Lang. Span design for entry-typeexcavations [D]. University of British Columbia,

1987.

[21] Wang J, Milne D, Pakalnis R. Application of a neural network in the empirical design of underground excavation spans [J]. Mining Technology, 2002, 111 (1): 73~81.

[22] Carter T G. A new approach to surface crown pillar design [C]. Proc. 16th Can. Rock Mechanics Symposium, Sudbury, 1992: 75~83.

[23] Carter T G, Alcott J, Castro L M. Extending applicability of the crown pillar scaled span method to shallow dipping stopes [C]. Proc. 5th North American Rock Mechanics Symposium, 2002: 1049~1059.

[24] 谢强. 岩体力学与工程 [M]. 成都: 西南交通大学出版社, 2011.

[25] 陆家佑. 岩体力学及其工程应用 [M]. 北京: 中国水利水电出版社, 2011.

[26] 齐宽. 永平铜矿全尾砂胶结充填材料性能与采场围岩稳定性研究 [D]. 北京: 北京科技大学, 2018.

[27] 蔡嗣经, 王洪江. 现代充填理论与技术 [M]. 北京: 冶金工业出版社, 2012.

[28] Terzaghi K. Theoretical Soil Mechanics [M]. London: Chapman and Hall, Limited., 1943.

[29] Thomas J A, Buchsbaum R N, Zimniak A, et al. Intracellular pH measurements in Ehrlich ascites tumor cells utilizing spectroscopic probes generated in situ [J]. Biochemistry, 1979, 18 (11): 2210~2218.

[30] Mitchell J K, Soga K. Fundamentals of soil behavior [M]. New York: John Wiley & Sons, 2005.

[31] Donavan D T, Brown T J, Mowen J C. Internal benefits of service—worker customer orientation: Job satisfaction, commitment, and organizational citizenship behaviors [J]. Journal of marketing, 2004, 68 (1): 128~146.

[32] 卢平. 确定胶结充填体强度的理论与实践 [J]. 黄金, 1992 (3): 14~19.

[33] El Mouhabbis H Z. Effect of stope construction parameters on ore dilution in narrow vein mining [D]. McGill University Libraries, 2013.

[34] Tommila E. Mining method evaluation and dilution control in Kittilä mine [D]. Aalto University, 2014.

[35] Clark L M. Minimizing dilution in open stope mining with a focus on stope design and narrow vein longhole blasting [D]. University of British Columbia, 1998.

[36] Ortlepp W D, Stacey T R. Rockburst mechanisms in tunnels and shafts [J]. Tunnelling and Underground Space Technology, 1994, 9 (1): 59~65.

[37] Hoek E. Estimates of rock mass strength and deformation modulus [J]. Rocscience, 2004. Available at: <http: . www. rocscience. com/library>. [Discussion Paper No. 4].

8 深部采动地压防控理论与方法

在地下岩体中开挖巷道或开采矿石时，岩体原有的系统平衡被打破，将会诱发各种地压灾害。为了避免或消除地压造成的灾害，必须对地压灾害控制方法进行研究。由于地下采矿是一个动态变化过程，与矿床地质、岩体力学性质、应力条件等密切相关，特别是在深部采动影响下，受矿体形态、开采顺序、充填情况与地压控制等交互作用，致使深部采矿地压灾害控制研究变得艰难而复杂。为有效控制深部采动地压，需要从矿山整体出发，构建含有构造、岩体质量分析、岩体力学参数信息的三维空间地质力学模型，运用应力转移原理与数值模拟方法分别分析不同采矿方法和不同开采顺序条件下，深部采矿采动诱发地质灾害风险，并进行评估、分析、分类，针对不同类别的地质灾害风险，采取相关地压调控措施及时对深部采动地压进行防控（图 8.1）。

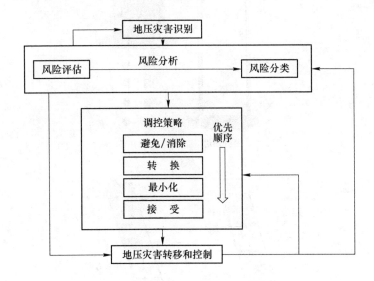

图 8.1 深部采动地压调控工作流程

对于深部采动地压灾害的防控需要系统考虑，合理布置矿山开拓系统，优化采场、硐室和巷道的结构参数和方位，确定最佳回采顺序，防止大范围应力长期超过岩体强度；卸压爆破降低岩体强度，增加岩体塑性变形比例，使岩体内积聚的应变能多次小规模释放，防止应变能集中释放；开采岩体保护层，先将大规模开采矿体上方或者下方的岩层采掉，使矿体大部分落入到卸压带内，降低矿体大面积回采时区域应力（采场应力）；充填采空区，降低采场弹性变形，降低平均能量释放率，减缓地压传递。依据地压风险分析选取相应的调控对策，使地压灾害转移或者对矿山开采活动的影响最小，保证采矿工作区域处于低应力区，以期实现对地压的有效防控。

8.1　深部采动地压风险评估

　　深部采动地压指在进行深部矿产资源开采过程中引发的矿区、采场与井巷等工程有关的岩体产生变形、失稳破坏问题。随着矿体开采深度的不断增加，采矿诱发地压灾害日趋增多、地压显现加剧（图8.2），如屈曲、岩爆、挤压大变形、流变等，对深部矿产资源的安全高效开采造成了巨大威胁，其中深部地压控制显得尤为关键。因此，深部矿产资源开采过程中的地压控制已成为国内外研究的热点和难点。

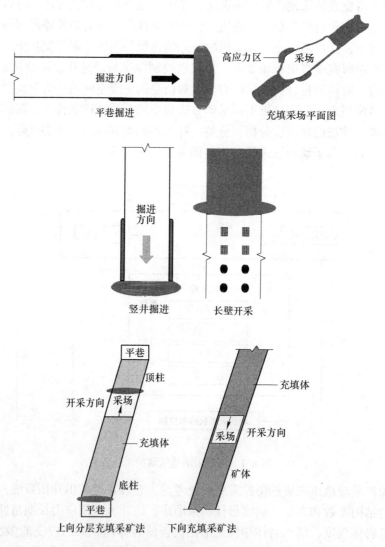

图8.2　深部采场和井巷地压集中位置

　　对于深部采动地压研究，需要从矿体赋存空间形态的整体出发，科学、系统地研究矿山开采潜在地质风险灾害，包括地压灾害发生概率及其危害程度，与矿山采动过程应力场动态演化的关联性，并对矿山地质灾害进行系统和定量的分析和评估；依据深部采动地压灾害风险等级，应用采动应力分析深部采场和井巷地压显现特征，据此对深部采动地压进行合理调控，通过最佳技术途径将其控制在可接受的水平。合理布设井巷空间位置，使其处于低应力区域，采用相应的地压控制技术，维护采场、井巷的长期稳定[1]。

8.1.1 地质灾害风险评估

矿山地质灾害是指矿山开采诱发的人类生命财产和生态环境损失，主要包括采场片帮、冒落、滑移、岩爆、矿山地震和地表沉降等。地下矿山开采地质灾害主要与矿山区域地质、地层岩性、地质构造、岩土类型、水文地质和采矿活动有关。

矿山地质灾害风险评估[2]是从采动诱发岩体失稳和致灾体与承灾对象遭遇的概率上分析入手，对于矿山潜在的危险性进行客观评价，分析采矿可能造成的人员伤亡、经济损失与生态环境破坏的危险程度（图8.3）。

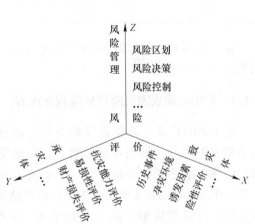

图 8.3 地质灾害风险评估三维结构模式

地质灾害风险评估方法[3]分为两类：第一类，单一型评价方法，如层次分析法、信息量法、经验模型法、灰色模型法、数理统计模型法、模糊评价模型法等；第二类，交叉型评价方法，如模糊聚类综合评价、物元模型综合评价、灰色聚类综合评价。每种评价方法有其各自的优缺点，实际工程可考虑两种或两种以上评价方法。

矿山地质灾害风险评估必须充分理解：

（1）评估灾害发生的可能性、严重程度；

（2）审查与灾害风险有关的健康和安全信息；

（3）确定导致灾害风险发生的因素；

（4）识别消除或控制灾害风险所需开展的工作；

（5）查明需要保存的任何记录，以确保灾害风险被消除或控制。

对识别地质灾害的严重程度和发生概率评估时，应包括：

（1）判断事件产生的后果（表8.1）。

表 8.1 事件产生后果

级别	事件的后果
5	灾难性后果，伤亡或设施和机械严重损毁
4	严重受伤或设施和机械严重损毁
3	一般受伤或设施和机械损毁
2	轻伤或设施和机械轻微损毁
1	没有受伤或设施和机械损毁

（2）判断灾害发生概率（表8.2）。

表 8.2　事件发生概率

级别	事件的概率
A	几乎肯定发生
B	很可能发生
C	可能发生
D	不太可能发生
E	不可能发生

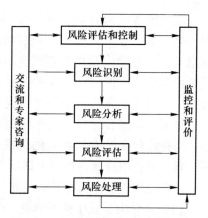

根据表 8.1 和表 8.2，绘制风险评估定量矩阵（图 8.4）。

		事件的后果				
		1	2	3	4	5
事件发生的概率	A	L18	M11	H6	H2	H1
	B	L20	M14	M10	H4	H3
	C	L22	L19	M12	H7	H5
	D	L24	L21	M15	M13	H8
	E	L5	L23	M17	M16	H9

图 8.4　风险评估定量矩阵[4]

8.1.2　矿山地质灾害风险评估流程和内容

地下矿山开采（尤其是深部开采）过程中，矿山地质灾害频发，例如片帮、冒顶、岩爆等，需要对矿山潜在地质灾害进行评估。地质灾害评估需遵循的工作流程如图 8.5 所示。灾害风险评估的主要内容包括工程地质模型、地下开拓系统、采矿设计、充填、现场施工、围岩支护以及其他方面。

图 8.5　矿山地质灾害风险评估流程

对于深部采动地压灾害风险评估，需要从矿山工程地质、水文地质、岩体力学、原岩应力、采矿方法、回采顺序、充填工作、井巷布设等基础地质、采矿、井巷条件，进行现场工程调查、取样、实验、试验、监测以及动态反馈、分析等多方面展开工作（图 8.6）。

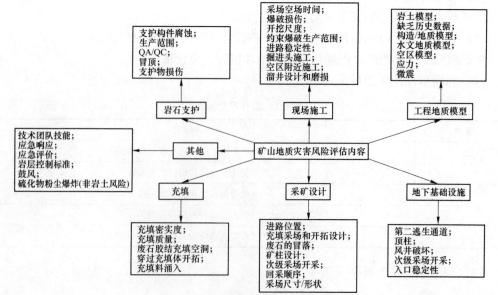

图 8.6　采动地压风险评估基础条件

　　对于不同地压显现形式，需要采取相应的地压控制方法[5]。例如，如果采场发生冒顶，需要采取相应的采场顶板支护方法控制采场顶板的稳定。采用的采场支护方法要确保能有效控制采动诱发采场顶板产生的位移量。一旦采场顶板采取的地压控制方法不适合或不及时，将造成采场顶板产生冒落，造成人员伤亡、设施或设备损毁等灾害。因此，在矿体开采之前合理评估采动地压发生的潜在地压灾害风险，降低采场垮冒和采动应力导致的岩体破坏所带来的潜在安全风险十分必要。采场稳定性风险评估的流程如图 8.7 所示。

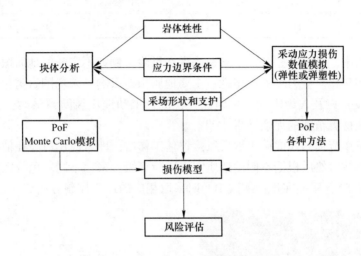

图 8.7　采场稳定性风险评估分析流程图

采场地压灾害风险评估定量矩阵的基础内容为[6]：

（1）工程地质调查，确定岩体特性、应力边界条件、采场形状和支护；

（2）确定潜在的破坏模式及其诱发因素；

（3）确定损伤破坏范围及破坏概率；

（4）确定采场围岩失稳造成的经济损失；

（5）绘制采场稳定性风险评估定量矩阵。

　　在分析采场冒落型破坏时，需要统计冒落体积、统计分布特征，以确定地质灾害风险发生概率。在分析采动应力导致围岩损伤破坏时，根据二维或三维弹性、弹塑性数值模拟或者经验方法确定采动应力损伤范围。确定破坏概率（PoF）的方法有点估计方法（PEM）、响应面法（RSM）和响应影响因子法（RIF）。

$$地质灾害风险 = PoF \times 潜在破坏后果 \qquad (8.1)$$

式中，潜在破坏后果以地质灾害造成的损失来计算，则可绘制出相应的地质灾害风险评估定量矩阵（表 8.3）。

表 8.3　采动地质灾害风险评估定量矩阵[4]

发生的概率	灾 害 风 险				
	不显著	较小	中等	较大	灾难性
几乎肯定发生	低	中等	高	极高	极高

发生的概率	灾 害 风 险				
	不显著	较小	中等	较大	灾难性
很可能发生	低	中等	高	高	极高
可能发生	低	低	中等	高	高
不太可能发生	低	低	中等	中等	高
罕见	低	低	低	中等	中等

　　在实际应用中，将有一些其他因素影响潜在风险，例如不完整的地质数据、采场尺寸变化、研究范围变化、应力场不确定性、主要地质构造影响、采场围岩劣化、数值模型偏差（简化和假设）以及人为因素等。因此，在进行采动地压风险评估时，要充分考虑上述影响因素，获得更精确的评估结果[7~10]。

　　依据上述工作流程，完成矿山地质风险评估工作后，即可应用风险评估矩阵，对矿山地质灾害进行评估，然后根据不同的地质灾害风险等级，采用不同颜色分区标示于三维矿山模型上（图 8.8），以便在生产实践中及时采取相应的地压控制方法。

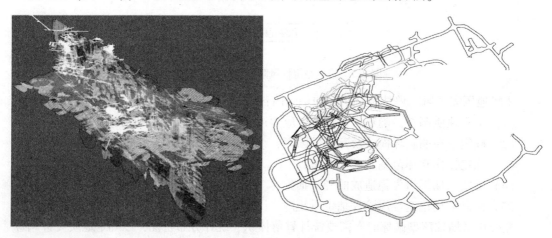

图 8.8　采场（井巷开拓）地质灾害风险评估三维模型
(不同颜色代表不同风险程度)

8.2　深部采动地压调控机理

　　对于地下金属矿床开采，特别是深井采矿，采场地压管理是研究的核心内容（图 8.9）。研究采场地压的目的是防止采动作用下采场围岩发生失稳破坏、并产生大的岩移，直接影响到矿山的生产安全、开采成本、矿石损失贫化和矿山生产能力等，尤其是深部矿体开采，合理调控地压并利用地压活动规律尤为重要[11~21]。

　　在地下开采之前，地下矿体属于连续的，处于原岩应力平衡状态。当地下矿体开采之后，地下采场形成采空区，破坏了原岩应力平衡，采场围岩应力重新分布、迁移并达到新的应力平衡，在采场围岩表面及一定深度产生采动应力集中，并在采场围岩内产生局部应

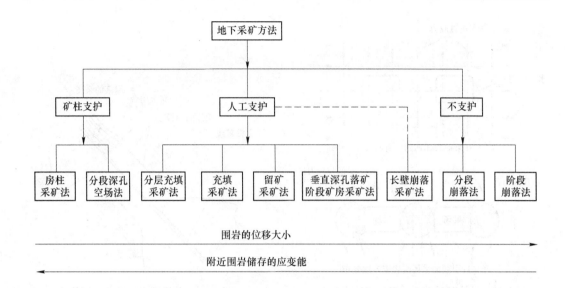

图 8.9 不同采矿方法采场围岩位移和存储应变能关系

力升高区、降低区或应力转换区，采场围岩从三向应力状态转变为二维受力状态，进而使采场围岩处于拉压应力状态的转变，当其超过采场围岩体抗拉（压）强度时，造成采场围岩体产生节理裂隙张开、闭合，从而导致采场顶板出现下沉、楔形体冒落、底板凸起、上下盘围岩出现片帮、滑移等现象，甚至造成采场围岩出现层裂、折曲、岩爆等破坏，在爆破等动力往复冲击作用下产生冲击型岩爆灾害，这些现象统称为矿山地压显现（或现象）。由于采矿引起的岩体内部应力场变化称为矿山地压。在地下采矿中，为了保证矿体安全开采和保持矿山正常生产工艺流程，而采取的一系列地压控制综合措施，称为矿山地压管理。

与传统的地下工程（如硐室、井巷）地压管理相比，深部采动地压受采场开采影响范围、采场尺寸变化、矿体复杂形状多变等诸多条件限制，造成深部采场地压管理复杂，尤其是受相邻的两个或多个采场相互采动影响，致使深部采场地压处于动态变化过程（图 8.10）。采动地压随采场所处空间位置、开采顺序、开采时间的推移而不断产生变化，致使采场围岩体产生变形失稳破坏、流变（蠕变、松弛现象）和岩体风化造成的地压现象加剧（图 8.11）。

由于矿体赋存空间形态、空间分布位置、岩体性质以及地质环境具有多变、复杂特性，造成深部采动地压管理复杂、多变。对于深部采动地压调控从空间上可分为区域性防控和局部控制两个方面。对于区域性防控，需要在矿体未开采之前，构建含岩体地质灾害风险的矿体三维空间地质模型，应用数值模拟手段分析不同采矿顺序条件下矿区采动应力空间分布状态（图 8.12）。以此为基础，合理布置矿山井巷开拓系统，优化采场、硐室和巷道的结构参数和空间位置，确定最优回采顺序，防止大范围采动应力长期高度集中超过岩体强度，借以降低采动地压致灾风险。

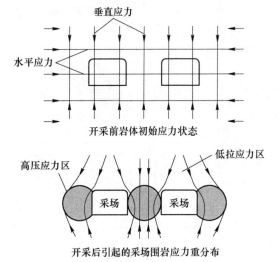

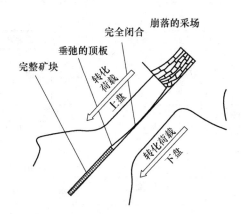

图 8.10　矿体开采前后采场围岩应力分布　　　　图 8.11　采场围岩地压分布规律

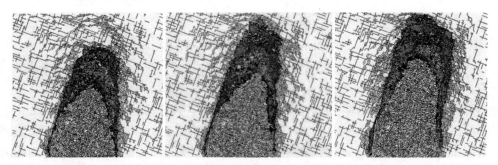

图 8.12　不同采动过程围岩体应力变化过程

　　为调控深部采动地压，需要依据矿体所处自然条件和人类采矿活动影响，对影响深部采矿稳定的可控（调）因素采取人工干预或防控措施，深部采动地压管理应符合以下原则：

　　（1）从空间上，合理规划采区范围，减小采动区域应力集中影响范围；

　　（2）依据采动应力计算合理采场结构参数；

　　（3）调整采矿顺序，降低能量释放率和应力集中，实现管理地压的目的；

　　（4）应用数值模拟方法评估区域采动应力影响范围，合理设计矿柱空间位置及尺寸，应用矿柱提高采场稳定性；

　　（5）合理利用、充分发挥岩体强度特性；

　　（6）充填采空区，支撑围岩并保持其稳定性，依据采场围岩应力分析特征，合理设计充填体强度；

　　（7）通过注水、钻孔或爆破等方法，降低采场围岩、掘进工作面的应力分布状态，使其达到新的应力平衡；

　　（8）采取各种支护方法，维护和加固采场（巷道）围岩稳定；尤其应用释能支护控制岩爆等动力灾害。

（9）建立矿山地压长期监测系统，总结深部采动地压活动规律，作为深部采动地压防控依据。

8.3 深部采动地压控制方法

地压控制指在充分掌握矿体开采过程中采场（巷道）围岩体中的应力位移分布规律及其诱致采场结构系统产生变形、破坏，进而采取合理的地压控制方法[22]，保持矿山开采系统的相对稳定，确保矿山生产的安全、有序进行。

8.3.1 采矿顺序

地下矿体开采过程中，需将矿体分成若干个中段，一个中段又分成几个分段，一个分段又分成几个分层，一个分层再分成若干进路进行回采。因而，一个矿体需经过数以万计步的开采过程。每步开采对采场本身、围岩以及其他相邻采场是加卸载过程；不同的开采顺序和开挖步骤将使其经受不同的加载路径。因而，合理选择采矿顺序是控制深部地压活动的有效途径之一。

8.3.1.1 采矿顺序调控地压的力学机理

当矿体开采后，采场围岩和矿柱承受自重应力、水平应力和采动应力作用，受回采顺序影响，采场围岩和矿柱经历数以万计次的诸如爆破等加卸载作用。对于线弹性介质而言，由于分步采动应力应变状态可以线性叠加，但只要最终采矿边界一致，不管一步开采矿体、还是分步开采，工程结构最终受力状态与开采步骤无关，开采后采场围岩受力状态相同[23]。但对于采场围岩体，岩体属于非线性弹塑性介质，不同的加卸载路径表现为不同的力学响应特征。前一步开采都对后序的每步开采产生影响，不同的开采顺序和开挖步骤将最终导致采场（井巷）围岩体产生不同的系统力学响应状态，即不同的围岩稳定状态（图8.13）。因此，应把采矿多步开采过程作为非线性岩石力学加卸载问题来处理，研究采矿工程中开采顺序与采场围岩稳定关系，借以找出最优或适合的开采顺序；应用此开采顺序使得矿区范围内采场（井巷）围岩体内形成的应力场、位移场有利于围岩稳定，从而保证开采系统围岩达到最佳稳定状态。

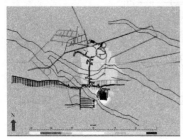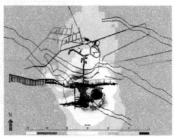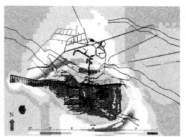

图8.13 不同采动过程采区应力场分布特征

对于采矿顺序的力学机理研究，主要研究不同开采顺序所形成的采动应力场分布，以及采动应力场集中能否造成采区范围内岩体产生损伤累积、破坏（图8.14）。不同的采矿顺序，对井下采场及井巷工程围岩体的稳定影响不同。当矿山选取安全合理的回采顺序时，能有效调控、迁移和释放采区范围内岩体开挖而积聚的能量，防止矿山出现大规模突发性地压活动[24~27]。

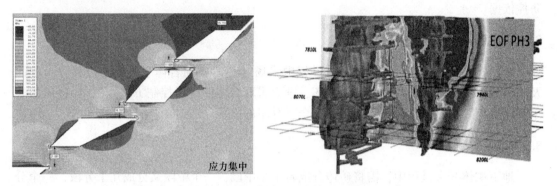

图 8.14   不同采矿顺序采区围岩体损伤累积、破坏

随着地下采矿范围扩大，采空区面积不断扩大，采场地压产生并在采空区和采场矿柱产生集中，采动应力场随开采的进行也不断发生变化，在井下部分区域产生应力升高、部分区域产生应力降低；当采矿诱发的高采动应力超过岩体强度，造成采场围岩体发生破坏、地压显现。不同采矿顺序造成采动应力分布特征为：

（1）对于深部矿体开采，随着地下采矿面积扩大，在矿体上下盘围岩中，将产生明显的应力升高区，且上盘应力集中程度略高于下盘，并随开采活动下移而增加，在矿体下盘则出现一个应力降低区，此处巷道破坏程度较小。

（2）对于上行采矿，在矿体走向方向的两翼产生高度应力集中，且应力集中程度高于矿体上盘（图 8.15）。由于采空区的存在，虽切断沿脉方向的水平应力，但因采空区顶

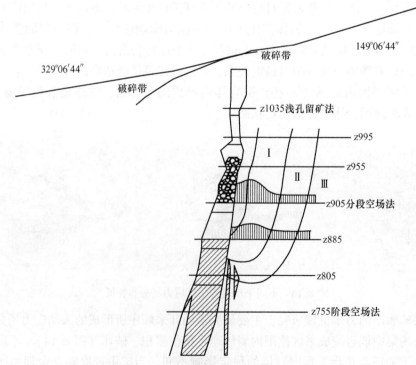

图 8.15   采场下盘围岩应力集中分布特征

压经采空区顶板以双支点梁的形式传递两侧形成采动应力，叠加垂直地应力场，产生应力叠加区，同时承受上下盘方向的水平应力作用，造成采场（巷道）失稳，采场出现大范围垮冒。

在矿体开采过程中，合理回采顺序为先采承压带后采卸压带。处于承压区的巷道后掘、采场先采，快掘快采，使整个水平的采准、切割、回采衔接紧凑。但需指出各分层的回采要尽量避免常规由矿体的两翼向中间退采，以免引起中间矿块的应力叠加，造成采矿系统工程破坏。

由平衡拱理论可知，当矿体开采以后，如不及时支护，采场顶板将不断垮落而形成拱形（塌落拱）。起初冒落拱是不稳定的，如果采场两端稳定，则塌落拱高随塌落不断增高；反之，采场两端也不稳定，则拱跨和拱高同时增大，采场垮冒范围急剧增加。当采场埋深较大（埋深 $H>5b$，b 为拱跨）时，塌落拱不会无限发展，最终将在围岩中形成一个自然平衡拱，与拱外岩体无关。

卸压开采是运用应力转移原理，将回采区域的高应力利用平衡拱理论（图8.16），通过一定的卸压措施转移到采场周围，使回采区内的应力降低，改善矿岩体的应力分布状态，控制由于多次采动影响而造成的应力增高带相互重叠的程度，以实现顺利开采。

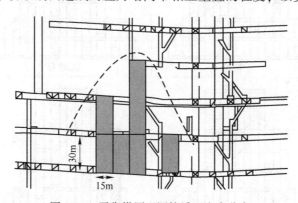

30m
15m

图 8.16 平衡拱原理调控采区应力分布

8.3.1.2 采矿顺序

采矿顺序与采场充填与否相关，对于未进行充填的空场法采矿，采矿顺序调控主要避免在永久矿柱产生高应力集中，采矿顺序从矿体中间向四周开采；对于充填采矿，不同采矿顺序主要保护矿柱，与空场法相比，减少矿柱设计数量。

对于深部充填采矿，矿体地质条件复杂，在选择采矿回采顺序时（见图8.17），应用数值模拟方法（MAP3D等），研究矿体不同回采顺序下，矿区范围内应力场分布状态；通过对不同开采顺序条件下，矿区范围内应力场对比分析，确定最优回采顺序；并在现场建立矿山地压监测系统，充分掌握采动应力的变化情况，进而为优化矿区回采顺序，为

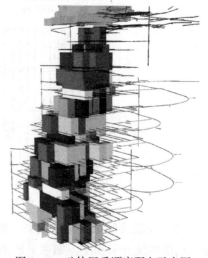

图 8.17 矿体回采顺序研究示意图

深部矿山安全高效生产提供基础。

基于深部采动应力分布特征、平衡拱理论以及矿体卸压开采原理,其矿体开采顺序主要分为以下几种[28,29]:

(1) 盘区交错式回采。盘区交错式(图8.18)上向水平分层充填采矿法,将盘区矿块划分为矿房、矿柱两步采场,矿房超前矿柱交错式回采;一步骤回采矿房时,采场拉开后顶板应力转移到两侧的矿柱,采用胶结材料充填采场,采场稳定性好;二步骤回采矿柱时,采场两侧均是高强度胶结充填体,依靠充填体内聚力与矿石自身黏结力支撑围岩稳定,但一步采场充填体受力性能较差,二步采动应力作用到一步采场胶结充填体上;且由于一步骤先采矿房形成的采动应力,转移到二步骤矿柱采场中,造成二步骤采场顶板产生明显应力集中,二步采场稳定性差。二步采场采完后,常采用全尾充填采场。

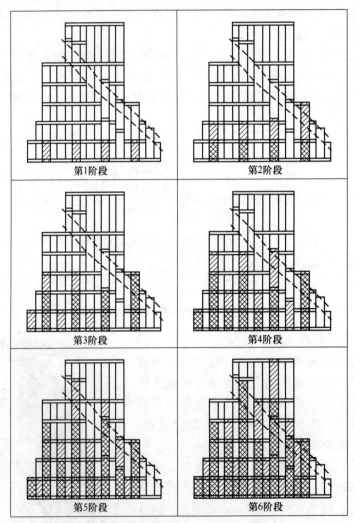

图8.18 盘区交错式回采示意图

(2) 交错式回采。交错式采矿顺序主要取决于开拓、钻爆计划和充填体可靠性,是最常用的传统开采顺序。如果采矿集中于某一开采水平,且有足够的采场数目,能有效降低钻机移动次数。否则,将在多个中段,同时开采一二步采场,主要应用于中深孔采矿采场。为了提高采矿效率和开采的灵活性，常采取多中段开采；一步采场胶结充填，二步采场全尾充填（图 8.19）。

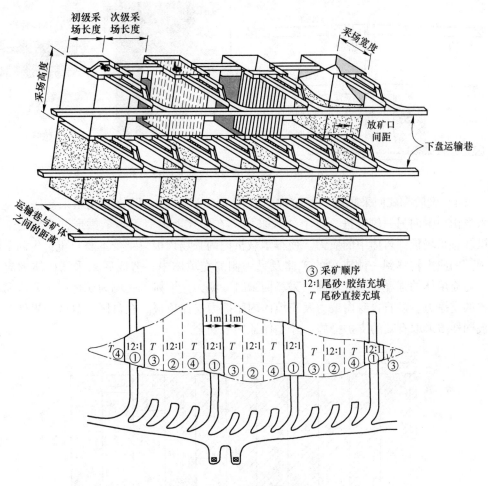

图 8.19 交错式回采顺序示意图

（3）金字塔型梯段式回采。金字塔型阶梯式（图 8.20）上向水平分层充填采矿法，中间采场超前周边采场 2~3 个分层，此时回采形式整体上类似于一个平衡拱形的大采场，已采采场顶部形成一个大的承载拱，将顶部的岩体自重应力转移到两侧拱脚处，进而将采动应力转移到深部原岩中，使得采场直接顶板的应力得到一定程度释放，承载拱内的采场顶板只承受顶部岩体自重，而不承受承载拱外岩体中的应力，且稳定性较好，但在承载拱两侧拱脚处，出现明显的应力集中。应用金字塔型梯段式回采顺序开采时，采场的一侧是原岩、另一侧为充填体，主要依靠矿体原岩承载能力、矿石内聚力及充填体内摩擦力进行支撑。理论上，采场顶板受力结构优于交错式布置的采场，但在生产实践中，由于原岩稳固性一般，其自支撑力对顶板稳固性作用不明显，而在盘区与盘区交界处的采场顶板需采取有效的支护措施，才能保证回采安全，并且要求充填体强度高于盘区交错式回采，此种采矿顺序的充填成本高。

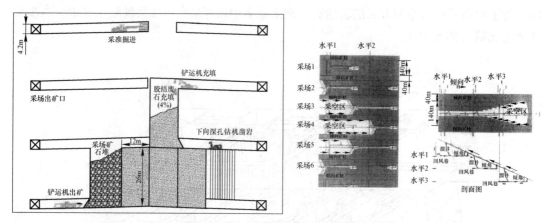

图 8.20　金字塔型梯段式回采顺序

（4）倒阶梯式回采顺序。倒阶梯式（图 8.21）上向水平分层充填采矿法，整个盘区采场由一侧向另一侧推进，整个"大采场"在形式上类似于半个拱形，可形成部分承载拱转移采场顶部岩体中的应力，使得承载拱内的采场顶板只承受本身自重；先回采的采场顶部的应力转移到一侧未采的矿体及另一侧的充填体中，造成后采采场矿体的应力集中，对充填体的强度要求也较高。采场回采时一侧为充填体，一侧为矿体，主要依靠矿体原岩的支撑力、矿石自身内聚力及充填体内摩擦力支撑顶板，在盘区与盘区交界处，采场顶板同样需采取有效的支护措施，才能保证回采安全。

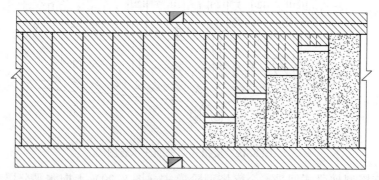

图 8.21　倒阶梯式回采顺序示意图

（5）不连续走向回采顺序。对于厚大矿体的大规模不连续沿走向开采顺序的采矿法[30]（图 8.22）。假定采场主应力方向垂直于矿体的走向长轴方向，运用应力卸压的调控综合应力分布的思想（图 8.23），设计合理的采矿顺序。一旦走向方向卸压槽形成（采场 1~4），有效转移采场周围主应力集中，使待采矿体处于低应力区域。备采矿房的数量与开采顺序有关，在同一时间充填体仅暴露在一个采场面上。此外，通过对相邻的采场进行开采，保证有足够的时间使充填体硬化。使处于矿床周边的角落矿体最后开采，不进行胶结充填。

在矿体开采过程中，当两个、更多采场开采方向与主应力迹线方向一致时，将会产生应力阴影。正是由于采场围岩处于采空区形成的应力阴影中，采动应力重新分布，使得有些区域处于应力松弛区，某些区域产生应力增加，主要取决于开采区域间隔距离。因此，

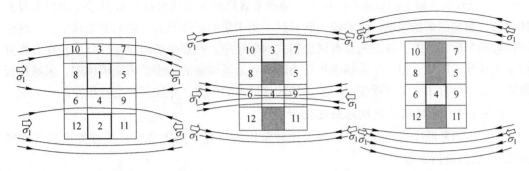

图 8.22 不连续走向回采顺序示意图

为了使早期开采矿体中的高应力得以解除，建议设计不连续的横向/纵向应力释放切割槽，因为不连续开采容易造成高应力集中。

当一系列相邻的中央采场开采时，将在初始开采区块内形成一个连续的卸压槽，为剩余采场创造一个低应力区（图 8.24）。为了形成一个连续的沿走向卸压槽，初始开采时，必须使充填体硬化，然后继续开采相邻采场。对于前三个采场的开采，由于不同时暴露采场两侧的初始充填要求而减慢地压传递，即：在走向卸压槽影响范围内开采第三采场，必须等第二采场充填体已经固化为

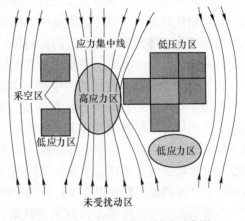

图 8.23 采场应力卸压转移示意图

止。随后按照采场（⑦、⑧、⑩、⑪）的顺序进行开采，以揭露采区两侧的充填体。

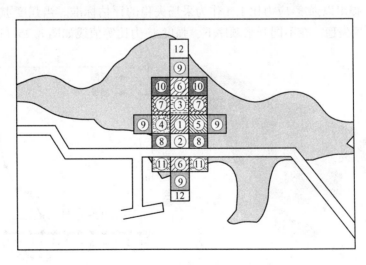

图 8.24 连续回采顺序的示意图

综合上述分析可知，金字塔型梯段式采场的顶部可形成承载拱，能将大部分顶板应力转移到承载拱两侧拱脚，进而转移到深部原岩中，采场直接顶板的应力得到有效释放，只承受顶板本身的岩体自重，此回采顺序的采动应力最低；其次为倒阶梯式回采顺序，形成

"半个"承载拱转移上部岩体中的应力，使得承载拱内的采场直接顶板只承受顶板本身岩体自重，但先回采的采场顶部的应力转移到一侧未采的矿体及另一侧的充填体中，采场稳定性较凸型阶梯式差；最差的是盘区交错式回采顺序，一步采场的稳定性好，且在垂直方向上形成卸压区域，但二步采场顶板压力转移到采场两侧的一步矿房充填体中，采场顶板既要承受本身自重，又要承受由一步采场转移过来的应力，导致其稳定性很差。

8.3.1.3　采矿顺序调控地压优化方法

在矿山回采顺序研究方面，工程上比较常用的研究方法主要有：工程类比法（即经验法）、数值分析法等[31~33]。

（1）经验法。对于地下工程结构，尤其是深部岩体工程结构，由于它的计算模型过于复杂，地质条件探测难度大以及力学参数难以评估，导致其在设计和施工的过程中，通常应用经验法研究采矿顺序，取决于以往采矿工程中所积累下来的经验。虽然信息化设计施工已经成为矿体开采工程发展的新趋势，但是在力学机制较为复杂的深部矿体结构参数以及回采顺序设计等方面，经验法是常用的研究手段。

（2）数值分析法。传统的力学解析方法指根据所要开采的结构面的几何形态、岩体介质的力学特性、初始的应力状态以及边界条件等，来建立相应的几何模型以及力学模型，利用固体力学的基本原理来求解岩体内部的应力、应变以及位移等力学变量，进而评价采场围岩体稳定性。由于岩体介质的非线性、各向异性等且其物理力学性质会随时间和温度而变化以及边界条件过于复杂等问题，传统的力学解析方法难以解决工程实际问题。然而随着计算机的快速发展以及计算技术的不断提高，数值分析法由于能很好地解决在传统力学解析方法中存在的无法克服的缺陷，现在已经成为了解决地下工程问题的有效手段，在采矿工程问题中得到广泛应用。以安大略省萨德伯里的 Garson 矿 1 号矿体为例，为优化回采顺序研究；采用三维弹塑性有限差分软件 FLAC3D 建立三维数值模型（图8.25（a）），提出以强度-应力比 1.4 作为采场失稳的评估标准。当强度-应力比超过 1.4 时，则认为采场失稳。在不同开采顺序下，强度-应力比等值线如图 8.25（b）所示[4]。

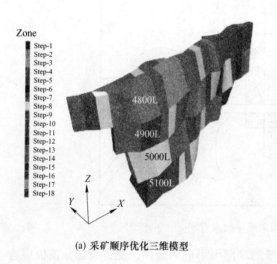

(a) 采矿顺序优化三维模型

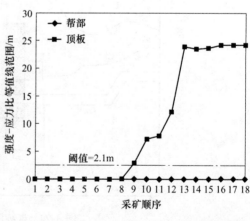

(b) 强度-应力比等值线与采矿顺序的关系

图 8.25　采矿顺序数值优化示意图

8.3.2 隔离矿柱

随着矿山开采深度的不断增加，采场地压显现日益剧烈。在采矿过程中，每隔一段垂直距离留设一定厚度的水平隔离矿层，支撑上下盘围岩，确保空区围岩整体稳定，预防空区上部发生大规模塌落时对下部采矿场产生的动力冲击及由此产生的气浪对人员造成伤害，这一水平隔离矿层称为隔离矿柱[34~36]。

如果留设合理的隔离矿柱，且在进行深部开采时，在采动应力作用下，该矿柱不发生破坏，很好地维护上盘岩体的稳定，将不会造成地表产生沉降，该矿柱的留设必须进行岩石力学计算合理的隔离矿柱的空间位置及其尺寸，即留设隔离矿柱的长、宽、高，关于隔离矿柱尺寸计算见第7章相关内容（图8.26）。对于合理的隔离矿柱尺寸，当采动应力作用到该矿柱上时，隔离矿柱不会产生变形、屈服和破坏。

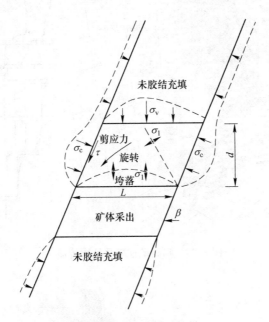

图 8.26 采场隔离矿柱设计

因此，在深部采矿中，为有效调控深部采动地压，通过留设隔离矿柱的方式分隔空区与矿体，有效控制围岩变形，维持采空区围岩稳定。可采用多种隔离矿柱布设形式维护采场稳定，尽管任何一种单独采用隔离矿柱调控地压作用小，但其累积起来矿柱调控地压的作用可大大地影响采场覆岩稳定；隔离矿柱对深部地压的调控通常与采矿顺序、采场充填共同作用。采场隔离矿柱对深部采场地压调控主要体现在以下几个方面：

（1）支撑上覆岩层，保持其完整性。矿体开采前，岩体内任意点上的应力是平衡的，当矿体开采以后，破坏原来采场的应力平衡状态，采场围岩应力重新分布，直到达到新的应力平衡为止。由于采场内矿体的开采，其上部覆岩应力由采场矿柱支撑，使得隔离矿柱所承受的压力要比开采之前高，形成高应力集中区。采场顶板被断层、节理和裂隙等切割成结构体。在高应力作用下，使得采场空区内某些结构体产生滑移、冒落。隔离矿柱使能够延缓并阻止拱顶岩体产生移动，从而提高顶板围岩体的自身承载能力。

（2）减缓地压转移速度。隔离矿柱改变深部采场的受力状态，缓解了浅部地压向深部转移速度，使深部采场的开采处于相对低应力环境（图8.27），延迟高应力环境下应力集中时间，有效地减轻采空区冒落、冲击压力、岩爆等采动灾害发生。

（3）通过留设隔离矿柱，并配合充填法进行开采，以隔离矿柱的自身厚度为浅部采场充填提供承载（图8.28），使浅部开采与深部开采同时进行，保证矿山开采矿量的稳定和通风系统正常运行。有效阻隔上部采场的废石、废水进入下部采场，为上下部采场创造相对独立的作业环境。

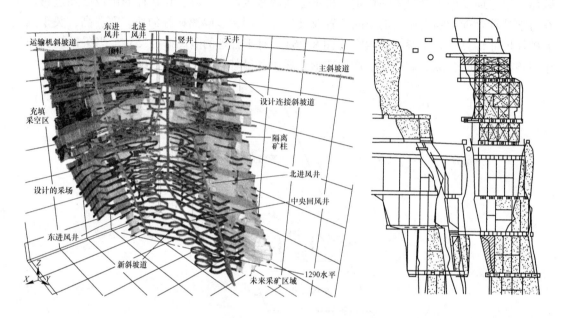

图 8.27　隔离矿柱减缓地压传递

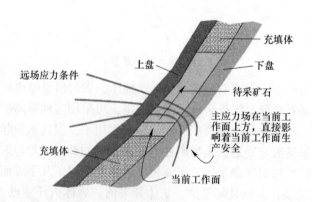

图 8.28　采场内隔离矿柱应力集中状态

8.3.3　采场充填作用

充填体与围岩相互作用分为三个层面[37~39]：

（1）改变围岩受力条件。充填体能有效将采场应力状态由单轴或双轴受力状态转变为三向应力状态，有效地增强采场围岩的稳定性，同时对矿柱有很好的保护作用（图8.29）。因此，充填体不仅对围岩有很好的支撑作用，同时更有效地提高采场围岩自身强度。

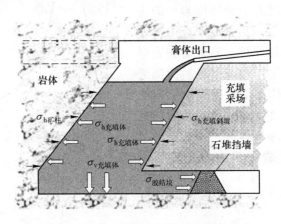

图 8.29　膏体充填体与围岩力学作用关系

充填采场围岩所受的侧向压力主要分两种：被动，岩层移动产生的侧向压力；主动，作用在采场围岩的自重应力。借此提高矿柱和采场围岩承载应力，以及部分充填体自重荷载。

由于充填体刚度远小于岩体的刚度，即：$E_{充填} < 0.01E_{岩体}$；而充填体自重对围岩的支撑作用很小。

（2）填充结构面。由于岩体中存在许多断层、节理裂隙，岩体被切割成结构体，因此，结构体的稳定性受节理裂隙组成方式决定。采用充填材料填充采场后，充填材料将渗透至岩体节理裂隙内，胶结岩体结构，使结构面岩体形成整体。

（3）让压作用。与岩体相比，由于膏体充填体可看作柔性介质，具有良好的变形能力。因而在采场围岩体的变形过程中，充填体能够有效控制和减缓采场围岩地压释放，有效控制围岩积聚能量的释放速度。围岩与充填体组合结构形式及其力学参数是决定充填作用的关键影响因素。

8.3.4　卸压爆破

卸压爆破指在高应力集中的危险区域，采用钻孔爆破方法，使其在高应力岩体内爆破产生裂隙或切割裂缝，减缓高应力集中程度或转移高应力作用空间位置，借以消除或减缓高应力潜在危害，为深部采矿或掘进提供安全空间，该方法在深部采矿中应用广泛[40]。

8.3.4.1　卸压爆破作用机理

卸压爆破属于岩体内部控制爆破，主要通过钻凿炮孔、装药、起爆，利用爆生气体的静压作用和爆破动压作用。爆生气体的静压作用使岩体破裂，形成切向拉应力，产生径向拉破裂，在岩体内产生切割裂隙。爆破预裂裂隙的形成，导致岩体弹性模量减小，岩体强度降低，岩体内积聚的弹性能减少（图 8.30），进而破坏了高应力积聚区域岩爆发生强度条件和能量条件。

采用卸压爆破要充分理解采场围岩体内积聚应力和爆破性能，尤其要充分了解开采造成的临近采动区域的应力重新分布规律，及采取合适的卸压爆破方法转移围岩中的主应力。在卸压爆破之前，要详细调查采场地质特征及采动应力作用原理，分析潜在岩爆的断裂面。卸压爆破是在爆破掘进后的掘进工作面进行，掘进工作面受爆破影响会产生裂隙区，而卸压爆破会在爆破开挖后的巷道围岩深部创造一个破碎岩体区，使巷道围岩无法储能，从而避免岩爆等灾害发生（图8.31）。

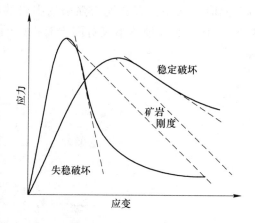

图 8.30　卸压爆破原理

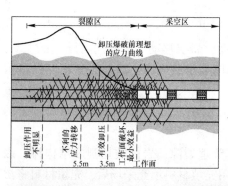 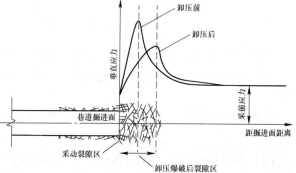

卸压爆破前　　　　　　　　　　　卸压爆破后

图 8.31　卸压爆破作用机理

卸压爆破作用是通过应用爆破技术，使处于高应力集中区域的节理化岩体内的节理裂隙进一步破裂、活化并诱致其产生新裂隙；产生的新岩体裂隙降低了炮孔周围的岩体强度，降低了岩体节理之间的摩擦力，在二者共同作用下降低工作面附近的高集中应力，有效实现高集中应力的转移和释放。卸压爆破前后应力变化可用下式表示：

$$\beta_{ij} = 100 \times (\sigma_{ij爆前} - \sigma_{ij爆后}) / \sigma_{ij爆前} \tag{8.2}$$

式中，β_{ij} 为测点处 j 平面内主应力 σ_i 的松弛应力；σ_{ij} 为测点处 j 平面内 i 方向的主应力；i 为主应力坐标（$i=1$，2，3）；j 为笛卡尔平面坐标（$j=x$，y，z）。式（8.2）详细说明了卸压爆破应力引起的岩石破碎程度。

8.3.4.2 采场卸压爆破

采场卸压爆破是针对采场围岩体产生的高应力集中问题，采用卸压爆破转移应力原理，将集中在待回采区上方的高应力，转移到矿体四周围岩体中，使采掘采场区域无高应力集中区，保证采掘活动都在应力降低区中进行，采场卸压爆破方案如图8.32所示。

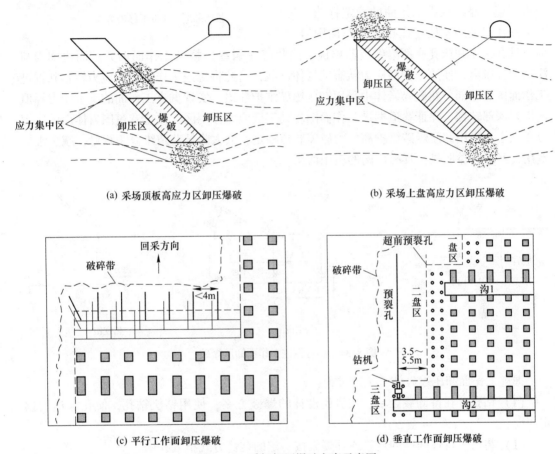

(a) 采场顶板高应力区卸压爆破   (b) 采场上盘高应力区卸压爆破

(c) 平行工作面卸压爆破   (d) 垂直工作面卸压爆破

图8.32 采场卸压爆破方案示意图

采场卸压爆破可划分为两类：主动卸压爆破和预卸压爆破。主动卸压爆破与掘进爆破同时施工作业，使采场周边围岩体与采场深部岩体脱离，进而使原处于高应力状态采场围岩卸载，将采场周围的高应力转移到岩体深部，在采场工作面前方形成一个岛型安全卸压区域。卸压爆破不仅能够释放岩体中所积聚的高弹性变形能，而且在卸压爆破诱导应力作用下，使采场围岩体松散岩体压密，在一定的时间内，可使采场周围岩体变形直接被卸压爆破产生的松动区吸收，从而维持采场的稳定性。若要开采高应力区矿体，需事先对已开采区域附近的高应力区进行预卸压爆破，使高应力区集中的高应力得到释放、转移，保证开采时采场工作面处于低应力区（图8.33）。

按照采场卸压爆破的不同位置，可分为顶柱卸压爆破、底柱卸压爆破、上下盘卸压爆破、长壁采场卸压爆破。

8.3.4.3　巷道掘进工作面卸压爆破

巷道掘进工作面卸压爆破（图 8.34）指从巷道（硐室）掘进工作面向工作面前方围岩通过钻凿卸压孔，实施爆破、局部弱化围岩调整掘进工作面围岩的应力分布状态，使巷道（硐室）掘进工作面处于低应力环境，提高掘进工作面的稳定性[41]。巷道卸压爆破的实质是在掘进工作面围岩

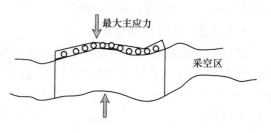

图 8.33　预卸压爆破方案

前方钻孔，在卸压孔底部集中装药爆破，使巷道（硐室）掘进工作面前方及周边围岩与深部岩体脱离，使原处于高应力状态的岩体卸载，借此将掘进工作面的高应力转移到掘进工作面围岩深部。在破碎岩体中采用卸压爆破维护巷道，实现掘进工作面的支承压力峰值向围岩深部转移，保证巷道掘进工作面围岩处于低应力作用区，改变巷道围岩体内的应力分布状态。采用卸压爆破维护高应力破碎巷道稳定，大大降低巷道维修工程量，减少维护费用，经济效益明显，具有广阔的应用前景。

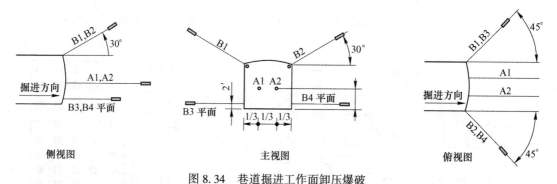

图 8.34　巷道掘进工作面卸压爆破

掘进工作面卸压爆破施工工艺过程：

（1）钻孔。在待卸载区域，按事先设计的爆破方案，使用钻机钻孔，使孔深达到预定深度。

（2）装药。将炸药连同雷管或导爆索按一定的装药方式推入孔中。

（3）封孔。用封孔材料，按一定要求填塞钻孔剩余部分的长度。

（4）起爆。将每个待爆破孔的引线接到母线上，将母线拉到安全地点后接到起爆器上，起爆。

8.4　深部采场（巷道）支护

地下采场（巷道）支护主要是保证人员和设备安全，尽可能保持设计采场（巷道）断面形状，满足工程设计要求。依据支护作用不同可分为主动支护和被动支护。

8.4.1　支护原理

传统的锚杆支护理论主要有：悬吊理论、组合梁理论、组合拱理论、最大水平应力理论等。深部巷道支护主要指巷道开挖后，在开挖扰动应力作用下，巷道围岩达到新的应力

或变形平衡，致使巷道围岩产生变形或破裂，采用锚杆支护系统改变围岩性态（刚度、强度等）及其应力状态，控制巷道围岩变形和破裂进一步发展，维护巷道围岩的长期稳定。支护作用（图8.35）主要为：

（1）加固围岩体，提高围岩强度并控制巷道围岩膨胀；

（2）维护破碎岩层稳定，防止块体破坏产生滑移和冒落；

（3）应用锚杆支护系统等加固破碎岩体形成岩梁结构。依据岩体的完整性抵抗深部岩体变形（图8.36）。

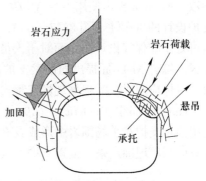

图 8.35 支护功能

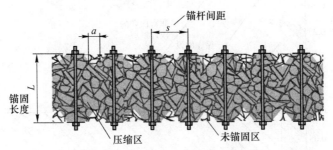

图 8.36 锚杆支护系统加固破碎岩体形成岩梁物理模型

8.4.2 锚索支护

在矿山开采过程中，特别是人员可进入的采场，采场围岩暴露面积大，一旦采场围岩发生破坏，具有破坏深度大和影响范围广的特点，严重影响相邻采场和上阶段采场回采，并诱发局部岩体因应力集中而发生破坏。采用锚索支护[42~45]能有效控制采场围岩破坏，维持采场围岩稳定，减小采场矿石的损失、贫化。采场锚索支护参数设计方法主要有稳定性图表法、工程类比法、普氏拱理论、悬吊理论。

8.4.2.1 稳定图表法

（1）锚索网度/密度确定。对于地下采场需要锚索支护时，可依据稳定性图表法（图8.37）选择锚索支护参数。锚索支护参数与岩体节理切割块体尺寸（RQD/J_n）、采场空间的水力半径密切相关。Potvin 通过对加拿大地下金属矿山锚索支护案例进行调查、统计、分析，形成锚索支护数据库，据此确定锚索支护经验图表（图8.37（a））；在图8.37（a）中，依据（RQD/J_n）/HR，作为节理岩体块体尺寸与采场开挖尺寸估算选择锚索支护参数依据，当锚索支护密度小于0.1或选取经验参数小于0.6时，Potvin 图表法无效。依据 Potvin（1989）稳定性图表进行锚索支护参数设计时，必须充分考虑节理岩体潜在破坏模式。当采场出现岩体滑动破坏时，安装锚索时应倾斜于采场面17°~27°，垂直于节理面安装锚索，利于采场围岩的稳定。

1992年，Nickson 使用锚索支护案例数据，并调查、分析多种不同影响因素组合，发现 Potvin 提出的锚索支护经验参数和锚索参数之间的关联性较差。为更好地设计锚索支护参数，Nickson 提出使用参数 N'/HR 作为变量，进行锚索支护参数设计图表，并给出锚索支护设计的可靠性（图 8.37（b））。对于无人员进入采场锚索支护设计时，锚索支护参数可处于非保守设计区；而对于人员进入采场顶板支护时，锚索支护参数应该选择保守设计区。综合 Nickson 提出的锚索支护参数设计图表，可以确定推荐锚索支护的最大锚索参数。具体应用时，需根据现场工程实际进行选择，应用数值模拟和现场监测进行优化。

Hutchinson 和 Diederichs（1996）根据楔形块拱（梁）理论计算锚索支护参数。通过应用锚索支护在采场围岩中形成具有自承能力的拱或梁，抵抗采场围岩体弯曲变形，依据等效面积原理确定采场锚索支护参数（图 8.37（c））。

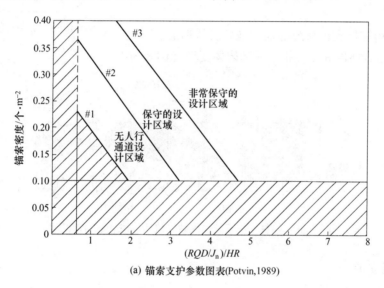

(a) 锚索支护参数图表(Potvin,1989)

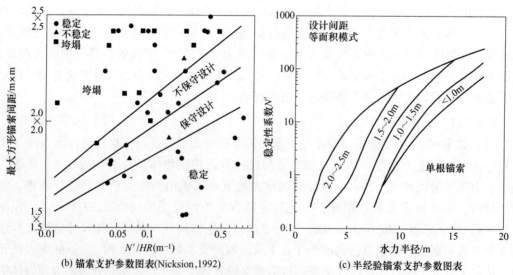

(b) 锚索支护参数图表(Nicksion,1992)　　　　(c) 半经验锚索支护参数图表

图 8.37　锚索网度/密度确定表

（2）锚索长度确定。锚索长度设计与采场尺寸密切相关，锚索支护长度应该超过采场围岩破坏区域，锚索孔底锚固到采场围岩未扰动区域，达到良好的锚固效果；如果锚索

支护处于破坏区域，锚索锚固深度很难确定，此种条件下增加锚索支护长度设计的困难性。对于锚索支护长度确定，可以应用经验公式估算锚索支护长度，Potvin（1988）提出锚索长度设计准则（锚索长度是采场面水力半径的函数（图8.38（a））；Barton（1988）根据不同的岩体稳定性系数 N' 提出一个详细的锚索支护图表，Grimstad 和 Barton（1993）根据一些现场锚索支护方案，提出一个总体锚索支护图表，Hutchinson 和 Diederichs（1996）提出了改进的锚索支护长度设计图表（图8.38（b））。

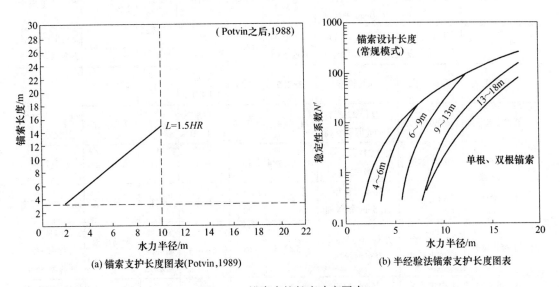

图8.38　锚索支护长度确定图表

8.4.2.2　工程类比法

自20世纪30年代锚索发明以来，20世纪70年代芬兰科塔拉提镍矿首次应用锚索支护采场顶板，1981年我国凤凰山铜矿引进锚索、锚杆联合护顶支护技术。20世纪80年代中后期，铜绿山铜矿学习凤凰山铜矿锚索支护方式，提出了以长锚索为主、短锚杆为辅的联合支护顶板方式，采用长锚索与短锚杆联合支护共支护27个采场，有效控制采场顶板冒落，提高采矿安全条件和生产能力。湘西金矿、吴县铜矿、金川二矿区等也使用长锚索护顶加固围岩、控制顶板变形。近年来，随着充填采矿发展、矿山环保要求和资源有效利用要求提高，为避免矿石损失、贫化，增加二步回采的安全性，焦家金矿、新城金矿、三山岛金矿等矿山在充填采矿过程采用锚索支护预控顶，增加采场围岩稳定。现将国内外应用锚索支护矿山的锚索支护网度、支护长度、注浆材料等参数汇总于表8.4。

表8.4　不同矿山使用锚索支护汇总表

矿　山	采矿方法	锚索类型	网度 /m×m	长度/m	水灰比 W：C	水泥标号	支护位置	支护效果
芬兰科塔拉提镍矿	分段空场法	不详	6×6	25	不详	不详	两帮和顶板	增加效益，加固松软围岩
瑞典基律纳铁矿	空场法	钢丝绳	3×3	20	不详	不详	上盘和顶板	提高岩体稳定性

矿　山	采矿方法	锚索类型	网度 /m×m	长度/m	水灰比 W∶C	水泥标号	支护位置	支护效果
澳大利亚道尔芬矿	点柱充填法	不详	3.5×3.5	20	不详	不详	上盘和顶板断层	控制断层的暴露时间和面积
美国霍姆斯克金矿	充填采矿法	2 根直径 15.9mm 或 1 根直径 36.6mm 钢丝绳	2.4×2.4 或 3×3	18.3	不详	不详	矿体顶板围岩	降低采矿成本
凤凰山铜矿	水平分层尾砂充填法	直径 24.5mm 的 6×7 新钢丝绳	3×3 或 4×4 或 5×5	14.5	砂浆 1∶10.4	不详	采场顶板	提高生产效率，避免采场冒落
吴县铜矿	残矿开采	深孔锚索	2×2.5	12.5	砂浆 1∶1∶0.35	不详	矿房顶部	成功回采 2 号残矿
湘西金矿	削壁充填	直径 22 或 31mm 旧钢丝绳	1.5×8	4.5~6	砂浆 1∶1∶0.4	不详	采场顶部	回收率达 96%，贫化 6.7%
铜绿山铜矿	水砂充填	直径 21~24.5mm 钢丝绳	3×3 或 4×4	15	不详	不详	采场顶部	避免冒顶
金川二矿区	VCR 法	2~4 根直径 21.5mm 钢丝绳	0.8×1	16.5~22	不详	不详	上盘围岩	减少损失贫化
南京栖霞铅锌矿	上向水平充填采矿法	直径 20~24mm 废弃钢丝绳	2.5×2.5	15	0.4~0.45	525 普通硅酸盐水泥	采场顶板 (23m×50m)	配合锚杆支护，贫化率 3%，回收率 85%
山东黄金焦家金矿	上向进路分层充填采矿法	直径 15.24mm 钢绞线	3×3	15	0.4~0.5	不详	进路顶板	将进路跨度从 3m 扩大到 4m
山东黄金新城金矿	机械化盘区上向分层充填法	直径 15.2mm 钢绞线	3×2.4	13	0.4	42.5 硅酸盐水泥	二步采场顶板	确保二步开采顶板稳定
山东黄金三山岛金矿		直径 15mm 钢绞线	2.5×2.2	不详	不详	不详	不详	提高二步开采矿柱恩定性
青菜冲矿上盘磷矿	分段空场法	直径 18mm 钢绞绳	2×2	4.3	不详	不详	采场顶板	矿石回收率提高 7%，贫化率降低 3%
会泽铅锌矿	进路式分层回采	直径 25.4mm 钢丝绳	2.5×2.5 或 3.5×3.5	20	砂浆 1∶1.25∶0.38	42.5 普通硅酸盐水泥	进路顶板 (8m×22m)	未发生大块冒落，多出 2.4 万吨矿
云南某铜矿	留矿法或中深孔分段开采	6×25TSFC 结构钢绞线	1.9×1.9	10~15	砂浆 1∶1.1∶0.38	32.5R 滇北水泥	采场上盘和顶柱	安全，减少损失和贫化
鲁南矿业王裕矿区	上向水平充填采矿法	直径 15.24mm 钢绞线	3×3	10	不详	不详	矿山顶板	避免采场冒落
银茂铅锌矿业	上向水平充填采矿法	直径 20~24mm 废弃钢绞线	2.5×2.5	15	砂浆 1∶1∶0.45	525 普通硅酸盐水泥	采场顶板	配合锚杆支护减少矿石损失贫化

矿 山	采矿方法	锚索类型	网度 /m×m	长度/m	水灰比 W∶C	水泥标号	支护位置	支护效果
某矿试验采场	充填采矿法	废旧6股×19根钢丝绳	2.5×3	9.4	砂浆 1∶1.5∶0.5	42.5普通硅酸盐水泥	采场岩壁	抵抗爆破冲击，增加采场稳定性
东乡铜矿	高水胶结材料充填法	6股×19根钢丝绳	2×2	12	1∶1.4∶0.4	32.5硅酸盐水泥	采场顶板	预控顶提高安全性
白银深部铜矿	高分段大跨度空场法	热处理废旧钢丝绳	4×4.8	不详	砂浆 1∶2∶0.5	不详	上盘层状围岩	增加安全，降低贫损指标

注：表中砂浆比代指水泥∶砂∶水。

8.4.2.3 普氏拱理论

当采场顶板岩体较为破碎时，假定采场上部松散岩体无内聚力，且围岩可形成稳定的免压拱，则采场所需支护岩体即为免压拱内岩体的重量，即为普氏拱理论。假定拱内两帮岩体稳定，免压拱内岩体重量为所需支护岩体重量。

单位走向长度免压拱内岩体重量：

$$q = \frac{4ab\gamma}{3} = \frac{4a^2\gamma}{3f} \leftarrow b = a/f$$

整个采场拱内岩体重量：

$$p_1 = ql = \frac{4a^2\gamma l}{3f} \tag{8.3}$$

将抛物线拱假定为矩形拱时： $p_2 = ql = 2a^2\gamma l/f$

当采场埋深超过 400 m 时： $p = kp_1 \leftarrow k = 1.1$

假定锚索支护承受所有支护载荷的压力，并且锚索破坏形式为锚索破断。在进行采场冒落荷载计算时，预留一定的锚索支护设计安全系数 n，则采场所需锚索支护数量、锚索网度为：

整个采场所需锚索根数 $\qquad m = \frac{np}{T} = \frac{4a^2k\gamma ln}{3fT} \leftarrow n = 1.6$

单根锚索破断力 $\qquad\qquad T = S\sigma\eta \tag{8.4}$

矩形锚索间距 $\qquad\qquad d^2 = D/m$

根据普氏拱理论，锚索长度大于冒落拱最大高度，满足几个分层开采高度并预留一定的外露长度，根据锚索灌浆体与锚索孔滑移破裂方式进行锚固长度计算。因此锚索长度计算公式为：

$$L = L_1 + L_2 + L_3$$
$$L > a/f$$
$$L_1 = np/(m\pi d_1\tau) \tag{8.5}$$
$$L_2 = n_1h$$

式（8.3）~式（8.5）中，q 为走向长度为 1m 时冒落拱内岩体重量，kN/m³；a 为采场宽度一半，m；b 为采场冒落拱高度，m；γ 为岩体容重，kN/m³；f 为普氏系数；l 为采场长度，m；p_1 为拱形内岩体重量；p_2 为矩形拱内岩体重量；k 为埋深超过 400m 时修正系数；p 为埋深超过 400m 时采场落拱内重量；n 为安全系数（根据国标规范两年内无重大伤害事故，取 1.6）；m 为整个采场所需锚索数量；T 为锚索破断力，kN；S 为锚索横截面积，m^2；σ 为锚索抗拉强度，kN/m^3；η 为锚索有效利用系数（取 0.99）；d 为方形锚索间距，m；L_1 为锚固长度，m；L_2 为上采各分层总高度，m；L_3 为锚索外露长度或锚固稳定岩体内长度，m；L 为锚索总长度，m；n_1 上采总分层高度，m；τ 为灌浆体与钻孔黏结强度，MPa；h 为上采一分层高度，m；d_1 为钻孔直径，m。

8.4.2.4　悬吊理论

锚索悬吊支护理论认为锚索所支护岩块重量等于上覆不稳定块体的最大重量。

与使用普氏拱理论相似，悬吊理论进行锚索支护参数设计时，应该遵循以下几个原则：

（1）锚索长度应大于不稳定块体冒落高度；

（2）将锚索破断力除以安全系数作为锚索支护网度设计依据；

（3）按照锚索孔内灌浆体与锚索钻孔间破坏形式确定锚索长度计算。

因此，应用悬吊理论进行采场顶板锚索支护参数设计过程如下：

$$\text{锚索最大承载力}\qquad\qquad T = F/n$$
$$\text{锚索锚固段长度}\qquad\qquad L_1 = T/\pi d_1\tau$$
$$\text{锚索总长度}\qquad\qquad L = L_1 + L_2 + L_3 \qquad\qquad(8.6)$$
$$\text{不稳定区域所需锚索根数}\qquad m = GK/T$$
$$\text{锚索间距}\qquad\qquad d^2 = D/m$$

式中，T 为锚索最大承载力，kN；F 为锚索破断力，kN；n 为安全系数；d_1 为钻孔直径，m；τ 为灌浆体与钻孔黏结强度，MPa；L_1 为锚固长度，m；L_2 为上采各分层高度，m；L_3 为锚索外露长度或锚固稳定岩体内长度，m；L 为锚索总长度，m；G 为锚固范围内岩体重量，kN；m 为不稳定区域锚索数量；d 为方形锚索间距，m。

悬吊理论只适用于采场顶板中存在不稳定冒落拱、楔形冒落体或软弱夹层的地质条件。由于采场顶板不稳定块体赋存位置难以详细调查，因此，常采用悬吊理论作为采场顶板局部加固设计方法。

8.4.3　巷道支护

目前矿山巷道的支护形式有喷射混凝土支护、锚杆支护、锚喷支护、锚喷网支护、金属支架支护以及这些支护方式的组合。下面介绍几种典型的巷道支护方式以及支护参数选择方法[26,46~50]。

8.4.3.1　锚杆支护

锚杆支护是加固开挖体围岩最常用的方式，锚杆种类繁多，常用的锚杆主要有树脂锚杆、管缝锚杆等，各具优缺点。锚杆支护的作用机理是基于静态载荷的加固围岩方式，在受到岩爆等动力破坏时，往往导致锚杆产生变形过大而失去锚固力。以树脂锚杆为例，因其具有高强预应力、锚固力高、承载能力好，且能提高围岩的抗剪能力而被广泛使用。根据锚杆支护作用力学机制，按照不同地质条件和巷道围岩条件，选择相应的锚杆支护参数。目前，工程上常用的锚杆支护设计方法有经验图表法、组合拱理论等。

A　*RMR* 分级锚杆支护设计

为了控制巷道围岩变形和保持岩体的稳定，在巷道掘进的同时，应采取临时支护维护巷道围岩的稳定，使永久支护应与采动应力相匹配。

巷道支护系统主要由锚杆、金属网、钢带等组成（图 8.39）。

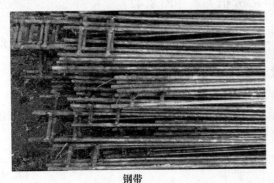

钢带　　　　　　　　　　　　　　　金属网

图 8.39　锚杆支护构件

支护系统所承受的岩体荷载是岩体条件和初始应力状态的函数。如果岩体没有承受过高应力并且并未发生挤压变形，则支护设计载荷为：

$$P_{\mathrm{r}} = \frac{100 - RMR}{100} 10\mathrm{m} \left(\frac{\mathrm{Span}}{10\mathrm{m}} \right)^{\frac{1}{2}} \rho_{\mathrm{r}} \gamma_{\mathrm{r}} \tag{8.7}$$

式中，γ_{r} 为偏项系数；ρ_{r} 为岩体容重。当 $\gamma_{\mathrm{r}} = 1.5$，$\rho_{\mathrm{r}} = 27\mathrm{kN/m^3}$ 时，支护设计荷载与 *RMR* 的关系（图 8.40）为：在图 8.40 中，岩石荷载随 *RMR* 的减小而呈线性增加，其最大值等于开挖空间跨度。对于不同开挖跨度尺寸，应用修正系数，则支护系统承受的最大载荷取决于开挖跨度的平方根。

锚杆间距取值仅与 *RMR* 有关。只有当 *RMR*<85 时，采用锚杆支护。

a　锚杆间距

当 *RMR* = 20~85 之间时（图 8.41），锚杆间距 $S_{\mathrm{b}} = 0.5\mathrm{m} + 2.5\mathrm{m} \dfrac{RMR - 20}{65}$；

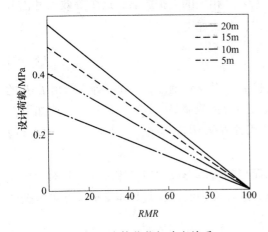
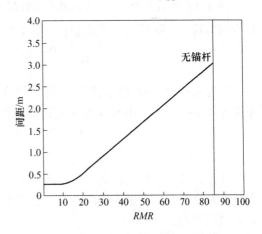

图 8.40　岩体荷载与跨度关系　　　　　图 8.41　锚杆间距与 *RMR* 的关系

当 $RMR = 10 \sim 20$ 时，$S_b = 0.25\text{m} + \dfrac{(RMR-10)^{1.5}}{140}\text{m}$；

当 $RMR < 10$ 时，$S_b = 0.25\text{m}$。

b 锚杆长度

根据经验公式，锚杆长度与开挖跨度和 RMR 值关系（图 8.42）：

$$跨度 = \frac{(L_b + 2.5)^{\frac{RMR+25}{52}}}{3.6} \tag{8.8}$$

式中，跨度为开挖巷宽，m；L_b 为锚杆埋设长度，m。

c 承载能力

假定锚杆承载能力为 F_{bd}，每根锚杆承载力除以支护表面积。典型的 $\phi25\text{mm}$ 锚杆的承载能力，其极限强度为 160kN（图 8.43）。

$$F_{bd} = \frac{F_b}{\gamma_b}\left(\frac{RMR}{85}\right)^{\frac{40}{RMR}} \tag{8.9}$$

式中，F_b 为锚杆抗拉强度；γ_b 为偏项系数。

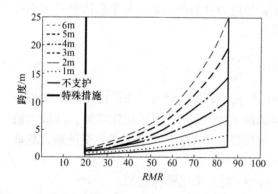

图 8.42 锚杆长度与 RMR 的关系   图 8.43 锚杆承载能力与 RMR 的关系

B Q 分级锚杆支护设计

图 8.44 所示为 Q 与开挖空间的等效尺寸（D_e）相关的支护图表，这个等效尺寸由开挖空间的跨度、高度和开挖支护比（ESR）确定，公式如下：

$$D_e = \frac{开挖跨度、直径或高度(\text{m})}{开挖支护比，ESR} \tag{8.10}$$

开挖支护比（ESR）反映了开挖空间的支护需求以及安全性，Barton 等人给出 ESR 的范围为 $0.8 \sim 5$，锚杆的长度 L_b 由巷道的顶板宽度（B）或墙高（H）来确定，公式如下：

$$L_b = 2 + (0.15B 或者 H/ESR) \tag{8.11}$$

C 楔形冒落支护设计

当巷道破坏为结构控制型时，需考虑结构面切割岩体形成的楔形体尺寸，并对楔形体进行受力分析，根据楔形体的自重和锚杆承载力进行支护设计，其具体支护设计可依据图 8.45 进行选取。

依据经验法设计锚杆，锚杆最小长度为：

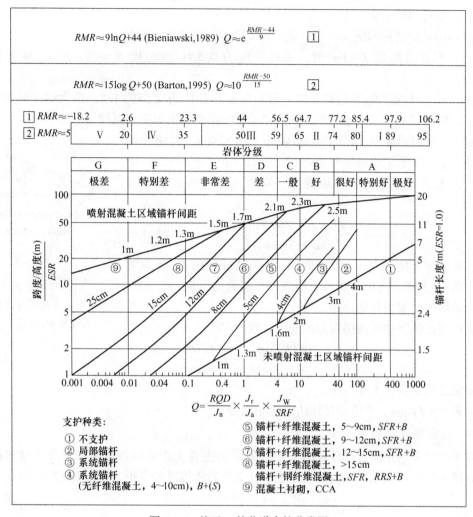

图 8.44 基于 Q 的巷道支护分类图

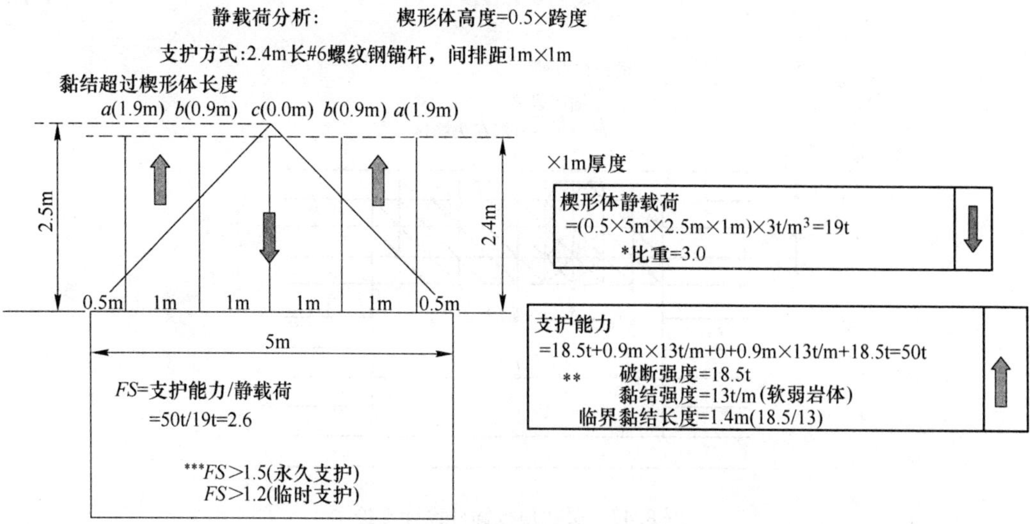

静载荷分析： 楔形体高度=0.5×跨度

支护方式:2.4m长#6螺纹钢锚杆，间排距1m×1m

黏结超过楔形体长度

$a(1.9m)$ $b(0.9m)$ $c(0.0m)$ $b(0.9m)$ $a(1.9m)$

×1m厚度

楔形体静载荷
=(0.5×5m×2.5m×1m)×3t/m³=19t
*比重=3.0

支护能力
=18.5t+0.9m×13t/m+0+0.9m×13t/m+18.5t=50t
** 破断强度=18.5t
黏结强度=13t/m(软弱岩体)
临界黏结长度=1.4m(18.5/13)

FS=支护能力/静载荷
=50t/19t=2.6

***FS>1.5(永久支护)
FS>1.2(临时支护)

图 8.45 楔形冒落巷道支护设计

（1）锚杆间距 s 的2倍。

（2）由平均节理间距 b 切割形成潜在不稳定岩块宽度的3倍。

（3）当巷道跨度 $B < 6\text{m}$ 时，锚杆长度为 $0.5B$；当跨度 $B = 18 \sim 30\text{m}$，锚杆长度为 $0.25B$。

（4）对于开挖墙高高于18m时，帮锚杆最小长度为墙高的1/5；最大锚杆间距 s 是 $0.5L$、$1.5b$ 的最小值。当锚杆间距大于2m时，很少采用焊接金属网。

对于二维楔形体沿 AB 节理滑移破坏（图8.46），忽略采动应力的影响，主要采用极限平衡法设计锚杆支护，假设作用 AB 节理面的力满足库伦剪切强度准则，则楔形体滑移的安全系数为：

$$F = \frac{cA + (W\cos\varphi + T\cos\theta)\tan\phi}{W\sin\varphi - T\sin\theta} \qquad (8.12)$$

式中，W 为楔形体重力；A 滑动面积；T 为锚杆作用力；φ 为滑动面倾角；θ 为锚杆支护方向与作用节理面垂直力方向；c，ϕ 分别为滑动面的内聚力和摩擦角。

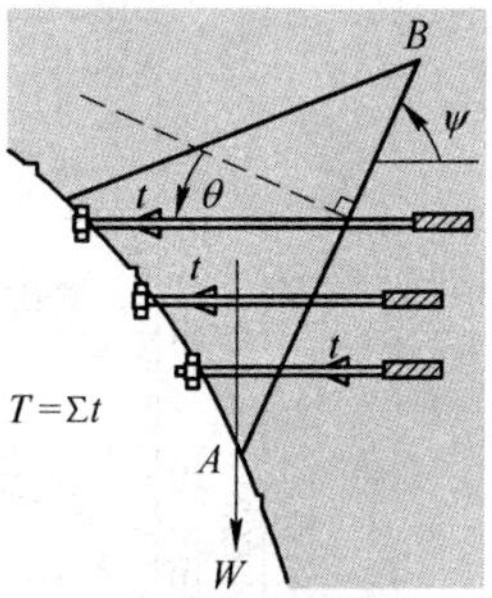

支护楔形体滑移所需锚固力的安全系数：

$$T = \frac{W(F\sin\varphi - \cos\varphi\tan\phi) - cA}{F\sin\theta + \cos\theta\tan\phi} \qquad (8.13)$$

安全系数范围为 $1.5 \sim 2.0$。

如果 $\theta = F\cot\phi$，T 值要保证给定 F 值可靠。

D　组合梁设计锚杆支护

对于层状采场顶板，设计锚杆支护的锚固力主要支护采场顶板潜在冒落区域的稳定性。假设不稳定性区域岩体的重力等于锚杆支护岩体提供的支护力（图8.47），即：

$$T = \gamma D s^2 \qquad (8.14)$$

或：

$$s = \sqrt{T/\gamma D} \qquad (8.15)$$

图8.46　采用锚杆支护控制楔形体滑移

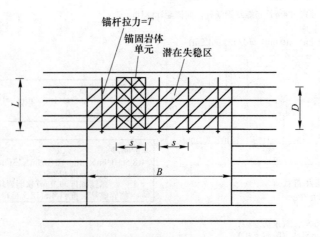

图8.47　层状顶板锚杆设计支护

式中，T 为每根锚杆承受的工作载荷；γ 为岩体容重；D 为不稳定区岩体高度；s 为锚杆的间排距。

对于锚杆支护采场顶板，依据采场顶板任一点剪切强度，锚杆加固可表示为：

$$\frac{T}{AR} = \frac{\alpha}{\mu k}\left(1 - \frac{c}{\gamma R}\right)\left[\frac{1 - \exp\left(-\dfrac{\mu k D}{R}\right)}{1 - \exp\left(-\dfrac{\mu k L}{R}\right)}\right] \tag{8.16}$$

式中，T 为锚杆锚固力；A 为采场顶板单根锚杆锚固面积（$s \times s$ 锚杆间距）；R 为加固顶板岩体的剪切半径，$R = A/P$（P 为剪切半径，对于 $s \times s$ 锚杆间距，$P = 4s$）；α 取决于锚杆安装时间因素（主动支护：$\alpha = 0.5$；被动支护：$\alpha = 1.0$）；L 锚杆锚固长度小于 D 松动区高度。

对于岩体处于松动区：$c = 0$，ϕ 为低值，当 $L/s < 2$ 时，要求采用锚杆的锚固力 T 提高岩体强度特性；当 $L/s > 2$ 时，不能减少锚杆的锚固力 T。

E　巷道交叉点支护设计

巷道交叉点处的受力以及破坏情况不同于其他区域，需要单独对巷道交叉点处进行支护设计，具体方法如图 8.48 所示。

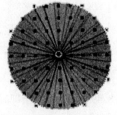
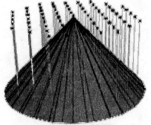

交叉点支护设计

有底锥形体直径等于交叉点直径(D)，破坏区高度(H)=0.5×直径

le.20m直径(D)锥形体 -10mHT(H)

锥形楔形体静载荷
楔形体重量
=1/3π(D^2/4)(高度)×2.7t/m³
=1/3π(20m²/4)(10m)×2.7t/m³
=1047m³×2.7t/m³
=2827t
SG=2.7

标准：①黏结强度超过锥形体②；锚索
超过锥形体边界>0.5×锚索间距

le.10m长2×锚索，间排距2m×2m

超过楔形体0m
(剩余>2m)
锚索超过锥形体边界>1m
支护强度
68根锚索×40t/根=2720t

FS=2720t/2827t=1.0+2.4m长6#螺纹钢组成的标准支护
(间排距1.2m×1.2m)

10m长2×锚索，间排距2m×2m：
强度=40t
黏结力=20t/m
临界黏结长度：2m

图 8.48　巷道交叉点支护设计

8.4.3.2　喷射混凝土支护设计

喷射混凝土支护能力设计可简化为压缩拱理论进行设计。

喷射混凝土支护设计公式为：

$$\text{支护压力} = \text{支护厚度} \times \text{设计强度}/\text{半径} \tag{8.17}$$

　　该公式反映理想状态喷射混凝土真正作用于工程结构过程。对于不同条件围岩质量喷射混凝土作用可表示为：

　　（1）当岩体质量好（$RMR>60$）时，仅喷射一薄层混凝土即可。主要对爆破损伤形成的不规则块体围岩表面，喷射一薄层混凝土，将松散岩块连接在一起形成整体，有效阻止松散岩块的滑落。

　　（2）当岩体质量为中等（$RMR=35\sim60$）时，高速喷射混凝土能够填充进岩体节理裂隙，与松散的岩体一起相互共同作用，喷射混凝土与围岩形成拱形支护结构，保持巷道围岩稳定。

　　（3）当岩体质量很差（$RMR<35$）时，除巷道断面非常小以外，对于分次开挖的巷道掘进工作面，采用多次喷射混凝土支护，防止掘进工作面垮冒。

　　喷射混凝土即时承载能力与混凝土单轴抗压强度关系曲线如图 8.49 所示。

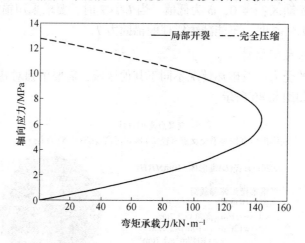

图 8.49　喷射混凝土即时承载能力与混凝土单轴抗压强度关系曲线

　　喷射混凝土的设计支护能力（图 8.49）：

$$f_{cd} = \frac{f_{ck}}{\gamma_s}\left[0.2 + 0.8\left(\frac{RMR}{100}\right)^{\frac{3}{2}}\right] \quad (8.18)$$

式中，f_{ck} 为混凝土试样单轴抗压强度；γ_s 为分项系数。

　　对于 $f_{ck}=30MPa$，$\gamma_s=1.5$。

　　对于 RMR 与设计喷射混凝土支护强度之间关系曲线见图 8.50。

　　基于喷射混凝土支护能力、锚杆支护跨度与岩石质量 RMR 之间关系，则采用图表法设计喷射混凝土厚度，对于喷射混凝土厚度设计图表如图 8.51 和图 8.52 所示。

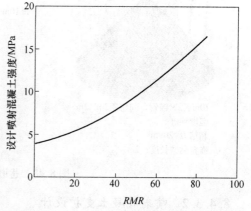

图 8.50　RMR 与设计喷射混凝土支护强度

　　对于掘进施工困难的工作面，采用喷射混凝土支护能够快速、及时封闭破碎区，在巷道掘进与施工过程中应用广泛。

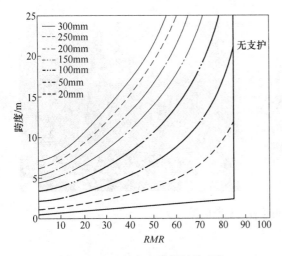

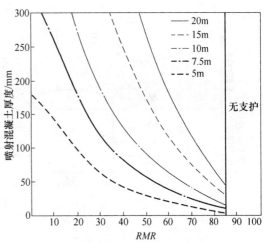

图 8.51　*RMR* 与支护设计跨度和
不同喷射混凝土厚度关系曲线（无钢拱架）

图 8.52　*RMR* 与支护设计跨度和
喷射混凝土厚度关系曲线

8.4.3.3　钢拱架支护

钢拱架支护适合于有水工作面、易垮冒掘进工作面、挤压变形巷道以及产生塑性大变形巷道的支护。

对于钢拱架支护巷道，假设钢拱架支护巷道围岩是离散块体，在承压、折曲-承压组合作用下巷道围岩发生破坏。对于块体承压钢拱架支护能力设计可表示为：

弹性极限
$$P_{el} = \frac{4A_s I_s \sigma_y}{S_r r_i [4I_s + A_s X r_i (1 - \cos\theta)]} \tag{8.19}$$

塑性极限
$$P_{pl} = \frac{2S_{pl} A_s \sigma_y}{S_r r_i [2S_{pl} + A_s r_i (1 - \cos\theta)]} \tag{8.20}$$

式中，A_s 为断面积；I_s 为截面惯性矩；S_{pl} 为塑性截面模量；X 为断面深度；S_r 为钢拱架间距。

如果顶板块体角度 θ 小，喷射混凝土与钢拱架相互作用产生的裂缝，则二者共同作用下，圆形喷射混凝土与钢拱架作用塑性承载能力可表示为：

$$P = A_s \sigma_y / r \tag{8.21}$$

两钢拱架间需要采用喷射混凝土支护。在此种条件下，设计喷射混凝土支护需要充分考虑喷射混凝土梁的承载能力，因此喷射混凝土厚度为：

$$t = \sqrt{\frac{3S_r^3 \rho_r \gamma_r \gamma_f}{4f_{flex}}} \tag{8.22}$$

式中，S_r 为钢拱架间距；ρ_r 为岩体密度；γ_r，γ_f 分别为荷载作用下喷射混凝土弯曲强度和分项系数；f_{flex} 为喷射混凝土弯曲拉伸强度。

8.4.3.4　锚喷网支护

锚喷网支护是喷射混凝土、锚杆、钢筋网、喷射混凝土等结构组合起来的支护形式。根据不同围岩的稳定程度，采用锚喷网支护的一种或几种结构的组合，图 8.53 为锚杆支护断面图，图 8.54 为锚喷网支护断面图。

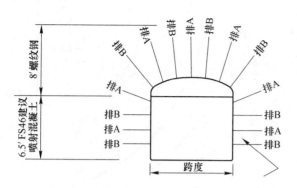

图 8.53　典型巷道锚杆支护断面图

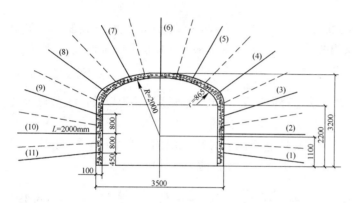

图 8.54　典型巷道锚喷网支护断面图

锚喷网支护特点：

（1）提高巷道围岩强度特性；

（2）充分调动对巷道围岩变形失稳的控制作用，有效控制巷道围岩大变形，并为巷道围岩提供较强的应力和位移约束；

（3）提高破碎围岩承载能力，具有让压与抵抗巷道围岩变形能力；

（4）通过对巷道围岩施加应力和位移约束，改善巷道围岩受力状态，充分利用巷道深部围岩强度，依靠支护围岩体抵抗围岩变形破坏。

8.5　释能支护

随着矿山开采深度的增加，深部采动诱发的岩爆灾害发生强度、频度不断增加，严重威胁着井下施工人员与设备安全，造成矿石损失、贫化，制约着矿山的正常生产。因此，需要根据岩爆发生的机理、强度、位置、深度、层位等，提出岩爆发生的判断准则，建立控制岩爆灾害发生的安全防治体系，制定行之有效的释能支护技术措施。

释能支护是控制深部岩爆等动力冲击条件下巷道围岩体稳定性重要支护方法，通过采用释能支护结构使岩体中积蓄的高弹性能以和缓的方式释放，使高应力岩体处于低储能、缓变形的稳定状态，有效抵抗岩爆等动力灾害的往复动力冲击作用，在深部采矿工程、隧道工程等高岩爆风险岩体稳定性控制中得以广泛应用。

8.5.1 释能支护原理

在岩爆等动力冲击作用下，巷道围岩表面积聚的高应变能快速释放，将岩块从围岩表面抛出[52]；从能量耗散角度，如果巷道围岩破坏深度达到 1.5m 以上，就会为灾害性岩爆发生提供必要条件。岩爆发生条件取决于应力水平、系统刚度、破坏岩体的体积（取决于破坏深度）。巷道断面积越大其单位面积释放能量越大，弹射速度越低，因此，巷道断面越大其支护系统承担的能量释放能力越大。在能量释放方面，巷道围岩破坏程度可以用单位岩块弹射速度或者能量来表达。由于该动能必须通过释能支护系统来释放，因此，在设计释能支护系统时考虑单位面积岩体释放能量更有意义。释能支护系统能够抵抗的能量释放能力在 $5\sim20kJ/m^2$，最大可达到 $50kJ/m^2$。释能支护原理是以高应力岩体动能释放程度为基础，释能支护系统选择的基本要求（图 8.55）：

(1) 在高动力冲击作用下，释能支护区域内岩体以相同的加速度移动；

(2) 动力冲击作用后，释能支护系统控制岩体移动速度减小到零；

(3) 释能支护系统能提供高支护阻力，同时能够产生大的恒定位移；

(4) 释能支护系统最薄弱位置等于或高于冲击能量。

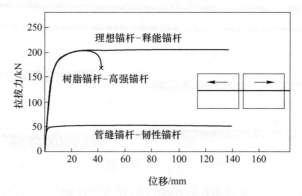

图 8.55　理想释能锚杆支护效果

在不考虑相邻释能支护系统影响区域及稳定跨度影响的条件下，释能支护原理要同时满足上述条件。释能支护原理未充分考虑动载荷循环、震动以及滞后特点。目前，释能支护设计主要考虑岩石质点峰值速度替代岩块弹射速度。在设计释能支护系统时，需考虑质点振动速度为 $3\sim10m/s$，以此作为释能支护系统的锚杆（索）承担的岩体能量释放能力。

8.5.2 释能锚杆

普通锚杆锚固强度高，但在高应力作用下，特别是动力冲击作用下，普通杆体只能产生小位移变形，且锚杆阻尼作用小；一旦岩爆灾害发生时，普通锚杆易被动力冲击破坏，而不能有效地释放岩爆等动力冲击释放的能量。因此，为有效释放岩爆冲击过程中产生动能，释能锚杆既具有高静止拉拔力，又能抵抗岩爆等动力往复冲击载荷，并在冲击作用同时锚杆产生一定位移，释放积聚在岩体内的高动力冲击能量[51]。当前，常见释能锚杆类型及其性能见表 8.5。

表 8.5　释能锚杆类型及其参数

名　称	锚固力/kN	位移/mm	释能范围/kJ	锚杆直径/mm	屈服强度/MPa
Durabar 锚杆	120	600	48	16	450
Swellex 锚杆	200	80	18~29	M24	355
Garford 刚性锚杆	199	390	27~33	21.7	550
Roofex 锚杆	80	200	12~27	12.5	733
D 锚杆	200	100~120	36~39	22	450
Cone 锚杆	200	200	39	22	N/A
J(ack) 释能锚杆（图 8.56）	165~195	105~114	39	22	450

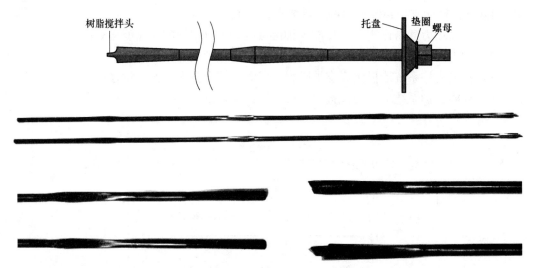

图 8.56　J(ack) 释能锚杆结构

　　依据岩石动力学、能量积累和耗散原理、锚杆支护作用等作为设计基础，东北大学研发了一种新型 J(ack) 释能锚杆满足上述要求，该锚杆由锚固模块和搅拌模块组成。在 J(ack) 释能锚杆安装过程中，J(ack) 释能锚杆通过使用搅拌模块搅拌安放在锚杆孔中的树脂药卷或水泥药卷，使锚固模块与锚杆孔黏结牢固；新型 J(ack) 释能锚杆的最大特点是既具有南非 Cone 锚杆的整体滑移能力，又具有 D 锚杆的多点锚固作用，同时两点锚固间产生滑移作用，使得释能锚杆既可以与围岩共同移动释放积聚在围岩内部的动能，又可以保持较高的锚固力，保持围岩与支护体的稳定，使其在高应力、岩爆（冲击地压）以及脆-延性大变形作用下，仍然能保持巷道围岩的稳定。

　　新型 Jack 释能锚杆作用分为两个阶段：

　　（1）弹塑性变形阶段。巷道围岩的变形通过托盘和螺母施加到锚固模块之间的圆钢上，锚固件完全固定在浆料中，而且由于圆钢表面光滑，具有非常弱的或没有黏结力。在高应力作用下巷道围岩受压产生变形膨胀，释能锚固模块可以控制巷道围岩变形膨胀，从而使释能锚杆在圆钢锚固段产生拉伸载荷。当拉伸载荷到达圆钢材料的屈服载荷前，释能锚杆圆钢锚固段产生弹性形变；当载荷大于圆钢材料的屈服载荷后，锚杆内圆钢锚固段产生塑性形变。

（2）弹黏性变形阶段。在高应力、岩爆（冲击地压）以及脆-延性大变形作用下，由于新型 J 能锚杆锚固模块受到的轴向力大于锚固模块与树脂或水泥锚固剂之间的摩擦力，导致锚固模块可以产生一定滑移甚至是快速滑动，通过阻尼作用迅速释放积聚在围岩表面的动能，此时释能锚杆发生的变形以弹黏性为主。

新型 J 释能锚杆不仅具有 D 锚杆锚点固定、自由段伸长的特点；同时还具有锥体（Cone）锚杆能够在锚固体中产生滑移的特点。新型 J 释能锚杆在既具有锥体（Cone）锚杆和 D 锚杆特点，同时该释能锚杆又弥补了上述两种锚杆存在的不足，是一种新型且能在高应变地区进行支护工作的新型释能锚杆。J 释能锚杆支护工业试验如图 8.57 所示。

图 8.57　J 释能锚杆现场工业试验

8.5.3　释能支护设计方法

目前，释能支护设计主要是针对具有岩爆倾向的巷道进行支护设计，国外释能支护经验通常是先对岩爆发生的可能性、岩爆等级进行预测，然后根据岩爆发生等级不同采取工程类比法进行支护。对有岩爆倾向的巷道支护可以从以下思路来研究：

（1）围岩加固角度。地下开采扰动打破了原岩已有的平衡状态，在一定开采深度地下开挖空间范围内的应力状态发生变化，开挖围岩分为弹性区和塑性区。在塑性区又分为塑性应力升高区和塑性应力降低区。对于地下空间一定深度围岩内，围岩加载与岩石全应力-应变曲线具有一定对照关系，如图 8.58 所示。图中，σ_0 为原岩应力、σ_{max} 为峰值应力、σ_r 为残余应力。图 8.58 中 A'、B' 为塑性区，对应于图中的 A、B 区。A' 区为岩石峰值强度后区，此区域内岩石因所受的应力超过其抗压强度，而在围岩内产生宏观破裂，导致围岩体弱化，承载能力下降。B' 区为塑性高应力区，对应此区是岩石损伤初始、演化、扩展区，即岩石已开始产生微、细观破裂。

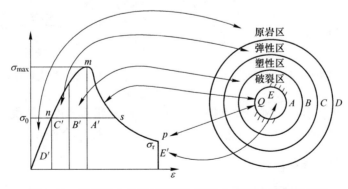

图 8.58　围岩应力状态与岩石加载应力-应变曲线对照关系

围岩加固区域是与图中 B'、A' 区对应的 B、A 区。加固 B 区，可以提高岩体峰值强度；加固 A 区或 Q 点围岩表面采取的支护约束，可以提高围岩的残余强度，增大其承载能力。加固围岩提高围岩体的强度，防止围岩强度下降，使巷道围岩体能够提高其自身的承载能力，从而提高了岩爆诱致围岩发生破坏极限。围岩加固可控制岩体破碎膨胀和弱化，充分利用岩体的黏聚力和内摩擦力。

（2）能量角度。由于岩爆是一种动力破坏，其破坏过程伴随着能量积聚和释放。从能量角度考虑设计释能支护结构，假设巷道围岩在岩爆过程中产生的动能为 $E_e = \dfrac{1}{2}mv^2$，还有一部分势能变化 $E_p = mg\Delta h$，那么，在支护过程中，要求支护体系所释放的能量 E 要大于 E_e 与 E_p 之和。

$$E \geqslant E_e + E_p \tag{8.23}$$

将岩体屈服破坏范围近似等于岩体表面产生裂隙的范围，即近似等于巷道围岩破裂厚度。通过对大量矿山岩爆实际监测数据分析发现，巷道围岩发生岩爆处的峰值质点震动速度为 1m/s，是设计巷道安全支护的最低质点震动速度；当峰值质点震动超过 2.5m/s，巷道严重破坏；Jager 研究认为发生中等强度岩爆的峰值质点速度为 3m/s。岩体峰值质点震动速度可按下式计算：

$$2.20\log Rv = 0.5M_L + \log 2.6 \tag{8.24}$$

式中，Rv 为巷道参数；R 为远离震源中心的距离；v 为振动的峰值质点速度；M_L 为岩爆震级。

（3）动能角度。岩爆等动力灾害发生一般都是瞬时的，且其作用时间特别短。由动量守恒定律可知，岩爆对支护构件产生的反作用力 F 较大。根据反比例函数的性质（图8.59），在 Δt 值很小时，增大 Δt，F 值会迅速降低。由此可知，对岩爆支护系统的要求是：支护系统既要有较高的承载力，同时也要有很强的瞬时变形能力。

$$F\Delta t = mv_0 - mv_t \tag{8.25}$$

根据对有岩爆危险巷道的支护要求可知，塑性变形特点的支护系统最适合岩爆巷道的支护。典型的刚塑性支护系统的应力-变形曲线如图 8.60 所示。

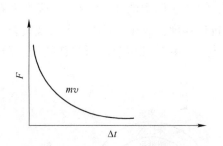

图 8.59　岩爆作用力与作用时间关系

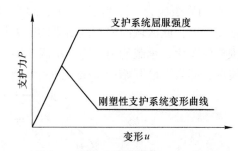

图 8.60　刚塑性支护载荷-位移曲线

从图 8.60 中可以看出，刚塑性支护系统具有较高的屈服强度，屈服后允许的变形较大，即释放岩块动能的能力大，因此释能支护最适于有岩爆危险巷道的支护。

8.5.4　释能支护设计安全标准

岩爆等动力冲击下巷道释能支护设计结构需抵抗往复动载荷作用，依据动荷载作用造成岩体剧烈变形破坏引起的巷道围岩膨胀。传统的支护设计方法主要通过支护能力与支护要求比值评价其设计的安全系数；高岩爆倾向岩体的巷道支护设计同样应满足上述安全系数，该安全系数不仅仅满足静止支护载荷，还应考虑动态荷载作用产生的位移与释能大小等。在高岩爆倾向地层释能支护设计，需考虑荷载、位移和能量三个支护指标，逐一进行评价，具体过程如下：

（1）载荷指标。载荷安全系数定义如下：

$$FS_{载荷} = \frac{支护系统支护力}{围岩压力} \tag{8.26}$$

通常，载荷设计指标包含动载荷与静载荷两种。在动载荷条件下，动载加速度将增加载荷与位移需求，要求柔性支护系统释放部分动能，直到静载支护需求降低到释能支护系统极限承载以下。

（2）位移指标。如果应力超过岩体强度，巷道围岩体发生破坏，并产生膨胀变形、体积增大等现象。当巷道受采动应力作用产生切向破坏、破碎巷道围岩产生膨胀变形，采用支护系统控制巷道径向变形。因此，设计支护系统必须允许支护系统产生较大的位移，满足或超过巷道围岩变形需求。其位移安全系数定义如下：

$$FS_{位移} = \frac{支护系统最大变形量}{围岩最大变形量} \tag{8.27}$$

（3）能量指标。当巷道发生岩爆破坏，岩块从巷道围岩表面产生弹射，其具有较大动能，导致巷道围岩垮落，释能支护要求控制潜在岩爆动载变化产生的动能冲击作用。因此，设计释能支护系统的能量释放能力必须满足或超过巷道围岩能量释放要求。其能量安全系数定义如下：

$$FS_{能量} = \frac{支护系统最大释放能量}{围岩最大释放能量} \tag{8.28}$$

8.5.5　释能支护设计

在岩爆等动力冲击作用下，释能支护设计的安全标准是在传统支护设计安全标准的基础上，增加了有关动荷载、位移与能量校核等设计要求。岩爆等动力冲击巷道围岩释能支护设计过程为：（1）选择合适的支护结构与支护参数（详见 8.4 节），相应支护结构改为释能支护结构；（2）计算支护系统支护能力与岩爆等动力冲击巷道围岩支护需求；（3）按照 8.5.4 节所述安全标准对提出支护系统的载荷、能量与位移等指标进行逐一校核；（4）调整支护结构与支护参数，并对其进行载荷、能量与位移等指标的再校核，直至满足 8.5.4 节所述所有安全标准为止。

在上述支护设计中，岩爆等动力冲击巷道围岩支护需求的确定以及支护系统支护能力的计算为释能支护设计的核心，结合 8.5.4 节提出的释能支护安全标准，在传统巷道围岩支护需求计算以及支护系统支护能力计算的基础上增加了包括载荷安全校核中岩爆等动力冲击诱发动载荷的计算、位移安全校核中基于围岩破坏深度的最大膨胀位移计算、岩爆等动力冲击巷道围岩弹射岩块的动能计算以及释能支护系统有关载荷、位移与能量等支护能力指标的相关计算等。

8.5.5.1　巷道围岩破坏深度计算

巷道围岩破坏区域岩体的厚度指在无支护的条件下，巷道围岩体内部的黏结力降低，破裂岩体的碎块可在自重作用下脱离岩体。脆性岩体的破裂厚度取决于应力大小（相对

于单轴抗压强度 σ_c 的最大诱发应力 σ_{max}）、侧压力系数 σ_1/σ_3，岩体结构、开挖体形状、以及远处地震事件诱发的动态应力增量 $\Delta\sigma_d$。根据现场经验和数值模型，提出圆形或近圆形开挖体围岩破裂厚度的计算方法。

A 静止应力状态下井巷围岩破坏

在完整硬岩中，开挖区附近岩体的最大应力（切应力）大于 $(0.3\sim0.5)\sigma_c$，围岩内出现高应力集中，可能会以稳定或不稳定的方式发生脆性破坏。对于近圆形开挖体，破裂区的最大应力为开挖边界的切向应力 σ_{max}，计算如下：

$$\sigma_{max} = 3\sigma_1 - \sigma_3 \qquad (8.29)$$

井巷围岩破坏的附加深度见第 5 章计算。

B 岩爆等动力冲击巷道动载荷及相应破坏深度计算

岩爆或井巷开挖爆破等动态加载，导致巷道围岩应力增大，提供岩石破裂过程的附加能量。在开挖区域附近非均匀应力场作用下，受远场震动荷载作用，使巷道断面附近应力集中迅速传递，在巷道断面产生椭圆形的破裂区。动态载荷改变了巷道围岩的应力集中状态，由剪切波引起动态应力（图 8.61）的峰值 c_s、ρ、ppv_s，其中 c_s 为剪切应力波的传播速度，ρ 为岩石密度，ppv_s 为剪切波速度的峰值。动态加载改变原岩应力状态，动态荷载引起的应力增量，通过 $\Delta\sigma_1^d = c_s\rho ppv_s$，$\Delta\sigma_3^d = -c_s\rho ppv_s$ 可换算为静态应力。由于 $\Delta\sigma_1^d$ 和 $\Delta\sigma_3^d$ 符号相反，主应力差值是动态荷载增量的两倍。纵波速度 ppv_p，远低于剪切应力波的传播速度 ppv_s。因此，远场地震波只考虑剪切应力波的传播速度 ppv_s。对于圆断面巷道，最大的动态应力集中：

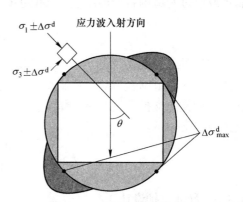

图 8.61 动态应力波作用下其井巷围岩应力变化

$$\Delta\sigma^d = nc_s\rho ppv_s \qquad (8.30)$$

参数 n 取决于动态应力波的入射角。$n = 4\cos2\theta$，θ 为相对于 σ_1 的入射角，因此（$-4<n<4$）。

对于入射角为 θ 的剪切波，总应力（静态加动态）可表示为：

$$\Delta\sigma_{max}^{s+d} = 3\sigma_1 - \sigma_3 + nc_s\rho ppv_s \qquad (8.31)$$

对于 $\theta=45°$ 的剪切应力波，引起 σ_1 增加和 σ_3 减小 $\Delta\sigma_d$，最大总应力（静态加动态）可表示为：

$$\Delta\sigma_{max}^{s+d} = 3\sigma_1 - \sigma_3 + 4c_s\rho ppv_s \qquad (8.32)$$

由此将动载荷转化为静荷载进行计算，同时将动载作用下巷道围岩破坏深度转化为静态应力条件下的岩体破坏深度进行讨论。

8.5.5.2 井巷围岩最大位移估算

当岩体内存储的应变致使岩体产生破裂，其支护系统只需控制岩体膨胀变形。此种情况下，需建立分析井巷围岩位移和裂隙岩体变形的平均应变，以此来选择支护类型。

井巷围岩平均应变等于膨胀因子：$\varepsilon_{\text{ave}} = BF$。

在岩爆等冲击动力作用下，常规锚杆支护不能在瞬间提供大的位移变形，因此采用常规的支护结构，不能有效控制岩体产生的10%±3%应变。因此，释能支护结构系统能产生5%±1%的平均应变，并且提供大约$200\text{kN}/\text{m}^2$的支护力，岩体应变可以减少约1.5%±0.5%，从而降低对支护的整体位移要求。

释能锚杆可用来承受岩体的膨胀变形，同时结合刚性支护结构使巷道围岩膨胀变形减小。巷道围岩u_{wall}可通过围岩的破裂厚度（$\Delta + d_{\text{f}}$）乘以膨胀系数BF来估算，对于巷道围岩的最大位移可通过下式来估算：

$$\frac{u_{\text{wall}}}{a} = BF\left(1.34\frac{\sigma_{\text{max}}}{\sigma_c} - 0.27(\pm 0.05)\right) \tag{8.33}$$

式中，u_{wall}为巷道位移；a为巷道开挖半径。

图8.62提供一个估算巷道围岩最大变形估算方法。

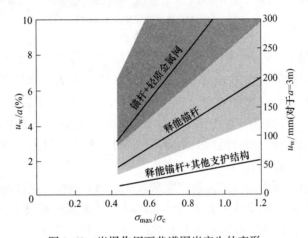

图8.62 岩爆作用下巷道围岩产生的变形

图8.62表明采用锚杆和金属网支护低应力下的岩体膨胀变形效率低，当$\sigma_{\text{max}}/\sigma_c > 0.4\sim0.5$，巷道围岩产生位移超过$3\%a$，巷道围岩产生中等程度破裂，锚杆金属网不能满足最低岩爆倾向的支护要求。图8.63还说明刚性支护结构和释能锚杆的组合能最大化控制膨胀变形过程。即便当$\sigma_{\text{max}}/\sigma_c > 0.65$，围岩发生严重破裂，该释能支护结构仍能控制巷道围岩变形。

8.5.5.3 破裂岩石的弹射

如果加载系统刚性大，残余的应变能或释放的动能E_{k}较小，岩石将以稳定的方式破裂，少量的残余应变能通过支护释放。多余的应变能为岩石中储存的应变能和岩石破裂消耗的应变能之差（图8.63）。对于很小的残余应变能，岩石的弹射速度很小，当超过岩体强度后，支护用来控制B点到D点的塑性变形。如果加载系统的刚性低，开挖区附近的岩石中的大量残余应变能E_{k}释放，围岩不仅会膨胀破坏，还会向巷道内弹射。此时的支护不仅要控制膨胀变形，还要释放岩石中储存的动能。由于残余的动能可通过破裂岩石的变形和支护结构来释放，因此当围岩变形达到D点时，围岩-支护系统将达到新的应力平衡。

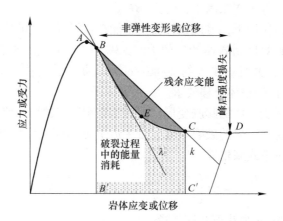

图 8.63　岩体力-位移或应力应变曲线

(峰后斜率 λ，加载系统刚度 k，存储的应变能 $=BCC'B'$ 面积，岩石破裂

能量 $=BECC'B'$ 面积，释放的应变能 $E_k=BECB$ 面积)

如上所述，如果 $E \leqslant 0$ 或 $|\lambda|>|K|$ 时发生稳定应力压裂，如果 $E_k>0$ 时发生不稳定的断裂。然而，释放的应变能 E_k 不能准确测定，即：不能准确地测定岩块弹射速度，除非峰后强度损失非常小（小于百分之几），弹射能量将总大于岩石支护实际所需能量（$E_{sup} \leqslant 50 kJ/m^2$），只要加载刚度低于峰后刚度（50%峰强度损失小于1%）。因此，加载系统刚度必须保证比脆性岩石峰值后的刚度高，防止岩石产生猛烈破坏，通过降低由卸压爆破引起的人为破坏岩体峰后岩体刚度来实现。

岩石破坏过程强度可由岩块的弹射速度来表征，当岩块弹射速度超过 3~5m/s 时难以支护，因为当前支护系统的最大释能约为 $50kJ/m^2$；弹射深度超过 1.5m，岩石释放能量超过 $50kJ/m^2$。如果岩石破裂的深度小于 1.5m，弹射速度小于 1.5m/s 时，常规岩爆支护系统即可满足。因此，岩石破裂膨胀的支护取决于碎裂岩石的弹射速度：

（1）无弹射现象（$v_e<1.5m/s$）；

（2）支护系统能承受的弹射（$1.5m/s<v_e<5m/s$）；

（3）弹射速度过大，支护系统不能阻止岩体破坏（$v_e>5m/s$）；

（4）通常根据岩爆现场来估计岩石碎块弹射的速度。如果没有明显的岩块弹射，岩体支护设计可忽略动能 E_k 和假设 $v_e<1.5m/s$。

8.5.5.4　抛射岩体的动能分析

开挖后巷道围岩破裂深度取决于采动应力与岩石强度比值，估算岩体破坏区域的最大厚度 t_{max}，得到潜在发生弹射岩块的区域，岩体破裂的最大深度 r_f 的径向距离可以由式（5.5）来估算。假设岩石弹射抛物线区域对应的圆心角为 $\pi/2$（图 8.64），所弹射出岩石的横向范围（抛物线宽度）w，即为 1/4 巷道断面周长 $\pi \cdot a/2$，阴影区域的面积 $area$ 计算公式如下：

$$area = \frac{2}{3} \cdot \frac{\pi a}{2} t_{max} = \frac{1}{3}\pi a \cdot t_{max} \tag{8.34}$$

通过岩石厚度 t 乘以岩石密度 ρ，可以计算潜在发生岩爆区域单位面积的岩石质量。

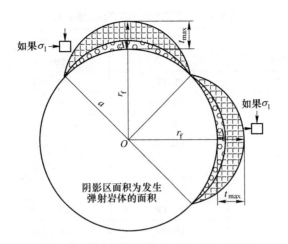

图 8.64 由高应力破碎岩块弹射抛物线区域内的计算岩爆动能

$$m = \frac{2}{3}\rho t_{max} \times 1 = \frac{2}{3}\rho(r_f - a) \tag{8.35}$$

已知抛射岩石的质量和抛掷速度 v_e，可计算出抛射岩体的动能。

$$E_k = \frac{1}{2}mv_e^2 \tag{8.36}$$

8.5.5.5 释能支护系统设计与支护能力估算

对于岩爆倾向性岩体支护的基本原则为：在爆破开挖诱发作用下，产生岩爆灾害，快速释放能量冲击井巷支护结构；在高速动力冲击荷载作用下，其井巷支护结构也能快速产生一定的形变，同时保持支护结构不丧失支护强度，确保井巷支护结构的稳定。释能支护结构既具有高支护承载力，充分提高和发挥围岩自身承载力，与支护结构共同形成互相协调、互相作用的支护系统；同时又能确保在岩爆等动力冲击作用下，能够快速释放岩爆产生的动能，确保井巷支护结构的稳定。在岩爆等动力冲击荷载作用下，如果不进行释能支护，直接冲击井巷衬砌或刚性结构，致使其失稳。

释能支护设计标准基于弹射岩体的质量、速率或动能。表8.6列出了荷载、位移和能量释放的推荐设计值。

表 8.6 岩爆岩体岩石弹射支护系统设计标准

岩体破坏强度	荷载/kN·m⁻²	位移/mm	能量/kJ·m⁻²
低	70	75	5
中等	100	100	10
高	100	250	25
非常高	150	>300	50

表8.7列出了常用支护结构荷载-位移参数、以及能量释放参数。按照表8.6确定巷道岩爆破坏程度后，可根据释放能量大小，依照表8.7选取相应的支护措施，再按照位移与载荷安全标准校核即可。

表 8.7　典型支护构件载荷-位移参数

支 护 构 件	峰值载荷/kN	位移极限/mm	能量吸收/kJ
16mm，2m 长机械锚杆	7～120	20～50	2～4
16mm 砂浆光滑锚杆	70～130	50～100	4～10
19mm 树脂锚杆	100～170	10～30	1～4
16mm 锚索	160～240	20～40	2～6
39mm 管缝锚杆	50～100	80～200	5～15
水力膨胀锚杆	80～90	100～150	8～12
优质水力膨胀锚杆	180～190	100～150	18～25
160mm 锥形锚杆	90～150	100～200	10～25
6 号线焊接金属网	20～30	100～200	1.5～2.5/m²
4 号线焊接金属网	30～45	150～200	2.5～4/m²
9 号线焊接金属网	30～35	350～450	3～4/m²
喷射混凝土+焊接金属网	2×金属网	<金属网	(3～5)×金属网

在满足 3 个释能支护安全指标的基础上，要考虑爆破震动或岩爆等，对巷道围岩支护系统产生的影响。由于巷道开挖处附近的储存应变能转移到弹射岩石中，导致其岩块弹射速度增大，弹射速度远大于 ppv。由此，引入一个弹射速度因子 n：

$$v_e = nppv \tag{8.37}$$

在低频应力波时 $n<1$；有能量转移条件下 $1<n<4$。

$$v_e = nppv = \frac{nC^* \times 10^{\frac{m_N+1}{2}}}{R} = \frac{nC^* \times 10^{\frac{m_L+1.5}{2}}}{R} \tag{8.38}$$

式中，m_N、M_L 分别为 Nuttli 和 Richter 地震震级；R 为距地震发生处的距离，m。参数推荐值 $C^* = 0.25$。

对于一个给定荷载和位移能力的释能支护系统，其能承受的距地震点的最近距离可由下式确定：

$$R = \frac{nC^* \times 10^{\frac{m_N+1}{2}}}{\sqrt{2d_s \dfrac{L_s}{m} - qg}} \tag{8.39}$$

式（8.39）定义了支护系统的承载极限。对于一个给定的支护系统，距地震点安全距离取决于弹射岩石的质量。如果弹射岩石的质量降低，支护系统可以更接近地震点。

8.6　挤压大变形巷道支护

在深井硬岩金属矿床超深开采条件下采矿，必将扰动原岩初始应力场，在其围岩内诱发产生剪切应力，远远超过岩体的极限弹性强度，则巷道围岩"理想的变形破坏模式"表现为连续的脆-延性变形破坏；若在高应力及开挖扰动条件下，将造成巷道围岩地质环境进一步劣化，发生强烈非弹性破坏，致使巷道围岩地压显现剧烈（图 8.65），出现诸如脆-延性转化大变形、高应力强流变、高岩爆风险等破坏，采用传统的支护技术及施工工艺已不能有效控制巷道围岩的稳定。

图 8.65 巷道发生挤压大变形破坏

在深部开采中，通常认为优质硬岩不会产生明显的流变。在 20 世纪 50 年代，南非研究者通过对许多矿山工程实践调查表明[52,53]，在深井高应力条件下开挖巷道，围岩静态破坏特征主要表现为随开挖时间变化的脆-延转化大变形和强流变特性，致其围岩发生挤压大变形破坏现象越来越突出[54]，主要是由于深井开采时局部应力场的变化，围岩随时间发生的移动破坏严重影响深部巷道围岩的稳定[55,56]。各国学者针对深井巷道围岩非线性演化问题及其变形过程的非线性特征，从不同方面开展了一系列的研究工作，并从不同角度揭示出挤压大变形复杂现象中的规律性。King 等人[57]通过对爆破后巷道围岩进行现场变形监测，其高应力硬岩变形率为 6mm/天，并持续 37 天；Leeman[58]以时间函数连续监测不同爆破次序巷道围岩变形时效特性；Hodgson[59]也连续监测巷道的连续变形，发现其持续变形主要是由于工作面前方破裂区时效迁移特性导致巷道围岩变形逐步增大。如果巷道掘进速度超过破裂区迁移速度，岩体内积聚能量不能得以释放，导致巷道围岩发生岩爆的概率大大提高[60]。在围岩变形破坏机理方面，通常应用弹性或者弹塑性模型确定巷道围岩应力-应变关系，但此类模型的缺点未考虑时间因素[61]；在时间因素作用下，围岩变形力学分析就变成流变问题，常采用由 Maxwell 模型和 Kelvin 模型串联形成的经典 Burgers 黏弹性模型[62]，对高应力软岩巷道围岩的瞬时弹性、蠕变、应力松弛、弹性后效及黏性流动等变形特性进行定性分析[63,64]。基于时效性的黏弹性破裂区是深部巷道围岩破裂的主要形式[59,65]。在数值模型中，充分考虑岩体 Burgers 黏弹性模型，能进一步辨识巷道围岩挤压大变形破坏机理。

8.6.1 岩体发生挤压大变形判据

8.6.1.1 经验公式法

Singh 等（1992）基于 Q 岩体质量分级提出岩体发生挤压变形的经验公式，岩体发生挤压变形的临界深度为：

$$H = 350Q^{1/3} \tag{8.40}$$

当 $H \gg 350Q^{1/3}$，发生挤压大变形；反之，则不会发生。

8.6.1.2　半经验公式法

半经验公式法主要考虑高应力条件下圆形巷道采用闭型理论解分析巷道围岩变形和支护压力要求。引入诱发因子（N_c），即分析不同埋深巷道围岩的单轴抗压强度与岩体强度比值，借此判断深部巷道围岩能否发生挤压大变形：

$$N_c = \frac{\sigma_{cm}}{p_0} = \frac{\sigma_{cm}}{\gamma H} \tag{8.41}$$

式中，N_c 为诱发因子；σ_{cm} 为岩体单轴抗压强度；p_0 为围岩应力；γ 为岩体容重；H 为巷道埋深。

依据诱发因子值，岩体发生挤压变形的条件见表 8.8。

表 8.8　岩体发生挤压变形对应的 N_c 值

N_c	围岩破坏类型
<0.4	严重挤压变形
0.4~0.8	中等挤压变形
0.8~2.0	轻微挤压变形
>2.0	无挤压变形

对于不同岩体与围岩受力的 $\sigma_{cm}/2p_0$ 和残余摩擦角 φ_r，则 p_u/p_0 与摩擦角 φ_p 的关系见图 8.66。

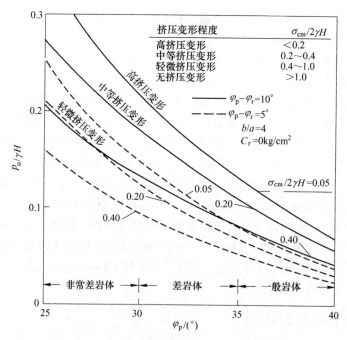

图 8.66　不同岩体与围岩受力的挤压变形和残余摩擦角关系图

8.6.1.3　理论分析法

高采动应力作用下巷道围岩产生挤压大变形研究主要基于岩体发生弹塑性变形表现，

同时考虑岩体变形的时间影响因素。考虑岩体发生蠕变机理分析岩体发生挤压大变形。黏-弹性模型、黏-弹-塑性模型、弹-黏-塑性模型、弹-黏-塑-损伤模型等被用于分析岩体发生挤压大变形破坏。具体理论分析模型见表 8.9。

表 8.9 岩体发生挤压大变形理论分析模型

模型名称	本构模型	本构关系	蠕变变形曲线
Maxwell 模型		$$\frac{d\varepsilon}{dt} = \frac{1}{k}\frac{d\sigma}{dt} + \frac{1}{\eta}\sigma$$	
Kelvin 模型		$$\sigma = k\varepsilon + \eta\frac{d\varepsilon}{dt}$$	
改进的 Maxwell 模型		$$\varepsilon(t) = \frac{\sigma}{E_K}\left[1 - \exp\left(-\frac{E_K t}{3\eta_K}\right)\right] + \frac{\sigma t}{3\eta_M}$$	
改进的 Kelvin 模型		$$\frac{\eta}{k_1}\frac{d\sigma}{dt} + \left[1 + \frac{k_2}{k_1}\right]\sigma = \eta\frac{d\varepsilon}{dt} + k_2\varepsilon$$	
Burger 模型		$$\frac{d^2\sigma}{dt^2} + \left(\frac{k_2}{\eta_1} + \frac{k_2}{\eta_2} + \frac{k_1}{\eta_1}\right)\frac{d\sigma}{dt} + \frac{k_1 k_2}{\eta_1 \eta_2}\sigma = k_2\frac{d^2\varepsilon}{dt^2} + \frac{k_1 k_2}{\eta_1}\frac{d\varepsilon}{dt}$$	

8.6.2 岩体发生挤压大变形支护方法

对于发生不同程度岩体挤压变形巷道围岩稳定性控制，在支护过程中可参考表 8.10 进行支护。

表 8.10 不同程度挤压变形巷道围岩支护建议

变形程度	支 护 建 议
严重挤压大变形	典型巷道围岩变形大于 25%，采用多次修复
中等挤压大变形	典型巷道围岩变形为 10%~25%，采用让压支护系统支护巷道，采用金属网和纤维喷射混凝土进行支护
轻微挤压大变形	典型巷道围岩变形小于 10%，常采用传统有效的支护形式，控制巷道围岩变形

因此，对于挤压大变形巷道围岩支护需要采用锚杆、金属网、钢带、纤维喷射混凝土等，依据巷道围岩变形程度、变形特征以及支护时间等，采用不同组合形式，支护发生挤压大变形巷道。对于不同支护材料的技术要求见表 8.11。

表 8.11 挤压大变形巷道支护要求

支护类型	技术要求
2.4m 管缝锚杆—拉拔力	90% 达到 80kN
纤维喷射混凝土—抗压强度	28 天强度 32MPa
纤维喷射混凝土—圆板试验	360J
注浆锚杆浆液强度	7 天强度达到 50MPa

参 考 文 献

[1] Cai, Kaiesr. Rockburst Support Reference Book [M].Sudbury, 2018.

[2] 罗元华. 地质灾害风险评估方法 [M].北京：地质出版社, 1998.

[3] 张春山, 吴满路, 张业成. 地质灾害风险评价方法及展望 [J].自然灾害学报, 2003 (1)：96~102.

[4] Wael Abdellah, Hani S Mitri, et al. Geotechnical risk assessment of mine development intersections with respect to mining sequence [J].Geotech. Geol. Eng., 2014, 32：657~671.

[5] 宋卫东, 徐文彬, 万海文, 王文潇, 王文景. 大阶段嗣后充填采场围岩破坏规律及其巷道控制技术 [J].煤炭学报, 2011, 36 (S2)：287~292.

[6] 原虎军, 陈玉明, 赵继锋. FAPH 在采场安全风险分析中权重分配的应用 [J].有色金属科学与工程, 2010, 1 (5)：55~58.

[7] 滕冲. 金属矿山地质灾害评估系统及综合预测模型研究 [D].长沙：中南大学, 2008.

[8] 铁永波, 唐川, 周春花. 基于信息熵理论的泥石流沟谷危险度评价 [J].灾害学, 2005 (4)：43~46.

[9] 陈廷方, 崔鹏, 刘岁海, 侯兰功. 矿产资源开发与泥石流灾害及其防治对策 [J].工程地质学报, 2005 (2)：179~182.

[10] 廖国礼, 吴超. 模糊数学方法在矿山环境综合评价中的应用 [J].环境科学动态, 2004 (3)：15~17.

[11] 何满潮, 谢和平, 彭苏萍, 姜耀东. 深部开采岩体力学研究 [J].岩石力学与工程学报, 2005 (16)：2803~2813.

[12] Sellers E J, Klerck P. Modeling of the effect of discontinuities on the extent of the fracture zone surrounding deep tunnels [J].Tunneling and Underground Space Technology, 2000, 15 (4)：463~469.

[13] Kidybinski A, Dubinski J. Strata Control in Deep Mines [M].Rotterdam：A. A. Balkema, 1990.

[14] Malan D F, Spottiswoode S M. Time-dependent fracture zone behavior and seismicity surrounding deep level stopping operations [C] //Rockburst and Seismicity in Mines. Rotterdam：A. A. Balkema, 1997：173~177.

[15] 钱七虎. 非线性岩石力学的新进展——深部岩体力学的若干问题 [C].见：中国岩石力学与工程学会编. 第八次全国岩石力学与工程学术大会论文集, 北京：科学出版社, 2004：10~17.

[16] Sun J, Wang S J. Rock mechanics and rock engineering in China：developments and current state-of-the-art [J].International Journal of Rock Mechanics and Mining Science, 2000, 37：447~465.

[17] 谢和平. 深部高应力下的资源开采——现状、基础科学问题与展望 [C].见：香山科学会议编. 科学前沿与未来 (第六集), 北京：中国环境科学出版社, 2002：179~191.

[18] Gurtunca R G. Keynote：Mining below 3000m and challenges for the South African gold mining industry [C].In：Proceedings of Mechanics of Jointed and Fractured Rock, Rotterdam：A. A. Balkema, 1998：3~10.

[19] Singh J. Strength of rocks at depth [C].In：Rock at Great Depth, Rotterdam：A. A. Balkema, 1989：37~44.

[20] 陈颙，黄庭芳. 岩石物理学 [M].北京：北京大学出版社, 2001.

[21] 周维垣. 高等岩石力学 [M].北京：水利水电出版社, 1990：87~90.

[22] 解世俊. 金属矿床地下开采 [M].北京：冶金工业出版社, 1986：400.

[23] 沈明荣，石振明，张雷. 不同加载路径对岩石变形特性的影响 [J].岩石力学与工程学报, 2003, 22 (8)：1234~1238.

[24] 卢萍. 深部采场结构参数及回采顺序优化研究 [D].重庆：重庆大学, 2008.

[25] 采矿设计手册-矿床开采卷（下）[M].北京：中国建筑工业出版社, 1987.

[26] 《采矿手册》编辑委员会. 采矿手册 [M].北京：冶金工业出版社, 1990.

[27] 曹祥伟. 凹地苴矿采场结构参数优化及采空区处理的研究 [D].昆明：昆明理工大学, 2005.

[28] 甫瑜琳，梁超，扈守全，等. 两步骤充填采矿法回采顺序优化研究 [J].采矿技术, 2014 (2)：10~12.

[29] 安龙，徐帅，任少峰，等. 深部厚大矿体回采顺序设计及优化研究 [J].东北大学学报（自然科学版）, 2013, 34 (11)：1642~1646.

[30] 邓建. 无间柱连续采矿的数值模拟与优化研究 [D].长沙：中南工业大学, 1999.

[31] 管佳林. 深部地压分析及安全开采顺序研究 [D].长沙：中南大学, 2014.

[32] 李元辉，刘炜，解世俊，等. 矿体阶段开采顺序的选择及数值模拟 [J]，东北大学学报（自然科学版）, 2006, 27 (1)：88~91.

[33] 彭康，李夕兵，彭述权，等. 三山岛金矿中段盘区间合理回采顺序动态模拟选择 [J]，矿冶工程, 2010, 30 (3)：8~11.

[34] 赵兴东. 谦比希矿深部开采隔离矿柱稳定性分析 [C].中国岩石力学与工程学会. 第十一次全国岩石力学与工程学术大会论文集, 2010：7.

[35] 李元辉，南世卿，赵兴东，等. 露天转地下开采境界矿柱的稳定性分析 [J].岩石力学与工程学报, 2005, 24 (2)：278~283.

[36] 于学馥，郑颖人，刘怀恒，等. 地下工程围岩稳定性分析 [M].北京：煤炭工业出版社, 1983.

[37] 王明旭. 胶结充填体与围岩相互作用机理及变形演化规律研究 [D].武汉：武汉科技大学, 2018.

[38] Sun W, Wu A X, Hou K P, et al. Real-time observation of meso-fracture process in backfill body during-mine subsidence using X-ray CT under uniaxial compressive conditions [J].Construction and Building Materials, 2016 (113)：153~162.

[39] Zaid Aldhafeeri, Mamadou Fall. Time and damage induced changes in the chemical reactivity of cemented paste backfill [J].Journal of Environmental Chemical Engineering, 2016 (4)：4038~4049.

[40] Tang Baoyao. Rockburst control using destress blasting [M].Montreal, 2000.

[41] 王卫军，等. 动压巷道底鼓 [M].北京：煤炭工业出版社, 2003.

[42] 彭欣. 复杂采空区稳定性及近区开采安全性研究 [D].长沙：中南大学, 2008.

[43] Nomikos P P, Sofianos A L, Tsiytrekus C E. Structural response of vertically multi-jointed roof rockbeams [J].International Journal of Rock Mechanics and Mining Sciences, 2002, 39 (1)：79~94.

[44] Swift G M, Reddish D J. Stability problems associated with an abandoned ironstone mine [J].Bulletinof engineering Geology and the Environment, 2002, 61 (3)：227~239.

[45] 徐继涛. 红透山铜矿-767m 中段 1-1 采场顶板稳定性分析及锚索支护研究 [D].沈阳：东北大学, 2016.

[46] 王茹. 矿山巷道支护设计的可靠性研究 [D].沈阳：东北大学, 2009.

[47] 韩瑞庚. 地下工程新奥法 [M].北京：科学出版社, 1987.

［48］许百立，刘世煌. 地下工程设计理论与实践［C］.中国水利水电技术发展与成就，北京：中国电力出版社，1997（3）：186~189.

［49］王思敬，杨志法，刘竹华. 地下工程岩体稳定分析［M］.北京：科学出版社，1984.

［50］Lawrence W J C. Method for the design of longwall gateroad roof support［J］.Trueman Robert，2007.

［51］赵兴东，杨晓明，牛佳安，李怀宾. 岩爆动力冲击作用下释能支护技术及其发展动态［J］.采矿技术，2018，18（3）：23~28.

［52］Roux A J A, Denkhaus H G. An investigation into the the problem of rock bursts—An operational research project［J］.J. Chem. Metall. Min. Soc. S. Afr.，1954，55：103~124.

［53］Denkhaus H G, Hill F G, Roux A J A. A review of recent research into rockbursts and strata movement in deep-level mining in South Africa［J］.Ass. Min. Mngrs. S. Afr.，1958：245~268.

［54］Barla G. Squeezing rocks in tunnels［J］.ISRM News Journal，1995，2（3~4）：44~49.

［55］Malan D F, Vogler U W, Drescher K. Time-dependent behaviour of hard rock in deep level gold mines［J］.The Journal of the South African Institute of Mining and Metallurgy，1997：135~148.

［56］Malan D F, Basson F R P. Ultra-deep mining：The increased potential for squeezing conditions［J］.The Journal of the South African Institute of Mining and Metallurgy，1998：353~364.

［57］King R G, Jager A J, Roberts M K C, Turner P A. Rock mechanics aspects of stoping without back-area support［R］.COMRO（Now CSIR Miningtek）Research Report no. 17/89，1989.

［58］Leeman E R. Some measurements of closure and ride in a stope of the East Rand Proprietary Mines［J］.Pap. Ass. Min. Mngrs. S. Afr.，1958~1959，1958：385~404.

［59］Hodgson K. The behaviour of the failed zone ahead of a face，as indicated by continuous seismic and convergence measurements［R］.C. O. M. Res. Rep. 31/61，Transvaal and Orange Free State Chamber of Mines Res. Org.，1967.

［60］Cook N G W, Hoek E, Pretouius J P G, Ortlepp W D, Salamon M D G. Rock mechanics applied to the study of rock bursts［J］.J. S. Afr. Inst. Min. Metall.，1966，66：435~528.

［61］谢和平，陈忠辉. 岩石力学［M］. 北京：科学出版社，2004：64~95.

［62］张向东，李永靖，张树光，等. 软岩蠕变理论及其工程应用［J］.岩石力学与工程学报，2004，53（10）：35~39.

［63］万志军，周楚良，罗兵全，等. 软岩巷道围岩非线性流变数学力学模型［J］.中国矿业大学学报，2004（4）：468~472.

［64］薛琳，王在泉，王思敬. 具有水平表面岩土斜坡黏弹性位移解析解［J］.岩石力学与工程学报，2005，98（6）：199~121.

［65］Adams G R, Jager A J. Petroscopic observations of rock fracturing ahead of stope faces in deep-level gold mines［J］.J. S. Afr. Inst. Min. Metall.，1980，44：204~209.